高职高专食品类专业"十三五"规划教材

食品安全与质量控制

SHIPIN ANQUAN YU ZHILIANG KONGZHI

●主编 曹正 曹淼 张明

郑州大学出版社

图书在版编目(CIP)数据

食品安全与质量控制/曹正,曹淼,张明主编.—郑州:郑州大学出版社,2018.6
(2022.10重印)

高职高专食品类专业"十三五"规划教材
ISBN 978-7-5645-5443-9

Ⅰ.①食… Ⅱ.①曹…②曹…③张… Ⅲ.①食品安全-高等职业教育-教材
②食品-质量控制-高等职业教育-教材 Ⅳ.①TS201.6②TS207.7

中国版本图书馆 CIP 数据核字 (2018) 第 082410 号

郑州大学出版社出版发行
郑州市大学路 40 号
出版人:孙保营
全国新华书店经销
河南大美印刷有限公司印制
开本:787 mm×1 092 mm   1/16
印张:14
字数:325 千字
版次:2018 年 6 月第 1 版

邮政编码:450052
发行部电话:0371-66966070

印次:2022 年 10 月第 2 次印刷

书号:ISBN 978-7-5645-5443-9   定价:29.80 元

本书如有印装质量问题,由本社负责调换

 作者名单

主　　编　曹　正　曹　淼　张　明
副 主 编　许俊齐　吴春昊　张　雪　董　静
参　　编　（按姓氏笔画排序）
　　　　　王　充　安晓婷　许俊齐　吴春昊
　　　　　张　明　张　雪　曹　正　曹　淼
　　　　　董　静　鞠慧丽

前　言

本书按照"夯实基础→学习能力→应用能力"的主线设计教材,由浅入深,逐层递进,符合学生的学习规律,有利于学生掌握专业知识、锻炼专业能力。书中内容根据"项目引领、任务驱动"的设计理念,以食品品控员和内审员的岗位所需知识和能力将教材内容分解为典型的工作任务,使学生能够在完成工作任务中发现问题、提出问题,逐步掌握专业知识,提高专业能力。

本书按项目编写,共分为三篇九个项目,由曹正、曹淼、张明担任主编,具体编写分工如下:江苏农林职业技术学院曹淼编写项目一,濮阳职业技术学院吴春昊编写项目二,江苏财经职业技术学院董静编写项目三,河南质量工程职业学院鞠慧丽编写项目四,河南牧业经济学院张雪编写项目五、项目六,江苏农林职业技术学院王充编写项目七,江苏农林职业技术学院许俊齐编写项目八,滁州职业技术学院安晓婷编写项目九。江苏农林职业技术学院曹正和天宁香料(江苏)有限公司张明对全书进行了统稿。

全书内容丰富,覆盖面广,内容紧扣食品品控员和内审员的岗位所需知识和能力,各高职高专院校可根据教学情况的不同,结合毕业生就业情况选择相应的项目进行教学,其余可作为学生的拓展知识学习。

由于编者水平有限,书中可能会有不妥之处,敬请各位同行、广大读者给予批评指正。

编　者

2018 年 1 月

目　录

第三篇　食品安全与质量控制技术应用案例

第一篇 食品安全与质量控制基础知识

项目一
食品安全与质量控制概述

知识目标

1. 掌握食品安全、食品卫生、食品质量的定义。
2. 了解国内外食品安全与质量控制现状。

能力目标

能够分析国内外食品安全问题产生的原因及对策。

素质目标

1. 能够遵守法律法规和行业行为规范。
2. 能够具有安全生产意识。

任务一　食品安全概述

"国以民为本,民以食为天,食以安为先。"食品是人类赖以生存和发展的最基本的物质。食品的安全性关系到广大人民群众的身体健康和生命安全,关系到经济健康发展和社会稳定,关系到国家和政府的形象。近年来,国内外食品安全事件频发,食品安全形势不容乐观。保障食品安全已经成为政府工作的重点和企业及科技工作者义不容辞的责任。

一、食品、食品安全、食品卫生的定义与内涵

1. 食品的定义与内涵

2015 年最新修订的《中华人民共和国食品安全法》对食品的定义:食品是指各种供人食用或者饮用的成品和原料以及按照传统既是食品又是中药材的物品,但是不包括以治疗为目的的物品。我们通常认为的食品是指内源性物质成分,即食品本身所具有的成分。食品还包括外源性物质成分,即食品从加工到摄食全过程中人为添加的或混入的其他成分。因此,广义的食品概念还涉及:所生产食品的原料,食品原料种植,养殖过程接触的物质和环境,食品的添加物质,所有直接或间接接触食品的包装材料、设施以及影响

食品原有品质的环境。

2. 食品安全的定义及内涵

1996 年世界卫生组织（Word Health Organization, WHO）在其《加强国家级食品安全计划指南》中把食品安全定义为：食品按其原定用途进行制作或食用时不会使消费者健康受到损害的一种担保。食品安全要求食品对人体健康造成急性或慢性损害的所有危险都不存在，起初是一个较为绝对的概念。后来人们逐渐认识到，绝对安全是很难做到的，食品的安全性是有条件的，食品安全更应该是一个相对的、广义的概念。一方面，任何一种食品，即使其成分对人体是有益的，或者其毒性极微，如果食用数量过多或食用条件不合适，仍然可能对身体健康引起毒害或损害。比如，食盐过量会中毒，饮酒过度会伤身。另一方面，一些食品的安全性又是因人而异的。比如，鱼、虾、蟹类水产品对多数人是安全的，可有人吃了这些水产品就会过敏，会损害身体健康。因此，评价一种食品或者其成分是否安全，不能单纯地看它内在固有的"有毒、有害物质含量"，更要紧的是看它是否造成实际危害。

国务院发布的《国家重大食品安全事故应急预案》7.0（国办函［2005］52 号）附则重新给食品安全下了定义：食品安全是指食品中不应包含有可能损害或威胁人体健康的有毒、有害物质或不安全因素，不可导致消费者急性、慢性中毒或感染疾病，不能产生危及消费者及其后代健康的隐患。

后来学术界也为食品安全提出了一个共识的定义：在合理的食用方法和正常食量的情况下，长期食用，不会在普遍群体中引起健康损害或遗留健康隐患的实际确定性。食品安全的程度通常以不得检出或检出量不超过某一有害物质的阈值（标准值）作为评定标准。食品的安全性是有条件的，即在合理的食用方式和正常的食用量下。

3. 食品卫生的定义及内涵

WHO 对于食品卫生的定义为：食品卫生是为确保食品安全性和适合性，在食品链的所有阶段必须采取的一切条件和措施。对食品而言，食品卫生旨在创造一个清洁生产并且有利于健康的环境，是食品在生产和消费过程中进行有效的卫生操作，确保整个食品链的安全卫生。

4. 食品安全与食品卫生的关系

WHO 在 1984 年把"食品安全"等同于"食品卫生"，定义为："生产、加工、储存、分配和制作食品过程中确保食品安全可靠，有益于健康并且适合人消费的种种必要条件和措施"。但在 1996 年世界卫生组织在《加强国家级食品安全性计划指南》中把"食品卫生"和"食品安全"作为两个不同的用语加以区别。所以在实际运用中，应注意两个概念的区别，避免混用。

食品安全是指用于消费者最终消费的食品，不得出现对人体健康、人身安全及后代造成任何不利的影响；食品卫生是为确保食品安全性和适合性，在食物链的所有阶段必须采取的一切条件和措施。食品安全是以最终产品为评价依据的，食品卫生则是贯穿在食品生产、消费的全过程中。食品安全是以食品卫生为基础，食品安全包括了食品卫生的定义。

二、国内外食品安全现状

(一)国内外食品安全事件

1. 国际上近年来发生的食品安全事件

目前,全球食品安全形势不容乐观,食品安全事件时有发生。这些食品安全事件对国际贸易带来了深远的影响。下面列举部分重大国际食品安全事故及其影响。

二噁英:1999年5月底首先在比利时发现的食品污染事件。在部分鸡肉和鸡蛋中测出含有高浓度二噁英,可能受到污染的食品还包括牛肉、猪肉、牛奶及数以百计的衍生产品,在欧洲引发食品恐慌,也波及其他国家。二噁英是一种无色无味、毒性严重的脂溶性物质,包括210种化合物,这类物质非常稳定,熔点较高,极难溶于水,可以溶于大部分有机溶剂,是无色无味的脂溶性物质,所以容易在生物体内积累,尤其生物体内的脂肪组织中,不易被降解和排出,对人体危害严重。

疯牛病:疯牛病于1986年最早发生于英国,随后在其他许多国家和地区也相继有病例报道。至2001年1月,已有英国、爱尔兰、葡萄牙、瑞士、法国、比利时、丹麦、德国、卢森堡、荷兰、西班牙、列支敦士登、意大利、加拿大、日本等15个国家发生过疯牛病。这种病多发生在4岁左右的成年牛身上。其症状不尽相同,多数病牛中枢神经系统出现变化,行为反常,烦躁不安,对声音和触摸,尤其是对头部触摸过分敏感,步态不稳,经常乱踢以至摔倒、抽搐。人感染后患"克雅氏症",发病后表现为进行性痴呆,记忆丧失,共济失调,震颤,神经错乱,最终死亡。

丙烯酰胺事件:2002年4月,瑞典斯德哥尔摩大学的科学家发布一项研究报告指出,包括炸薯条在内的多种油炸淀粉类食品中含有致癌物质——丙烯酰胺。这份报告指出,1千克炸薯片的丙烯酰胺含量是1 000微克,炸薯条是400微克,而蛋糕和饼干中的含量则为280微克。丙烯酰胺这种物质人们并不陌生,在诸如塑料和染料等许多材料中都有使用。动物试验证明它有致癌危险,而2002年以来的多项研究又陆续证实,在对土豆等含有淀粉的食品进行烤、炸、煎的过程中也会自然产生丙烯酰胺。

毒黄瓜事件:2011年5月,由于毒黄瓜引发的溶血性尿毒症综合征在欧洲一些国家爆发,瑞典、丹麦、英国和荷兰都受到影响。德国已确认受肠出血性大肠杆菌污染的毒黄瓜导致16人死亡,感染人数超过1 500例。

僵尸肉事件:2016年2月24日,罗马尼亚警方近期在该国旅游胜地康斯坦察一家商店查获5吨"僵尸肉",这些肉已被冷冻30多年,但无良商家仍准备将其出售。据报道,警方是在调查一宗逃税案期间查获这批"僵尸肉"的。化验结果显示,这些肉早在20世纪80年代初就被冷冻,6年前经解冻之后再冷冻,然后卖给被查商店的店主。店主准备本月将冷冻肉出售。报道称,调查期间,涉嫌逃税的商店店主还向警方展示了伪造证书,试图证明这些冷冻肉适宜食用。罗马尼亚公共卫生部门发言人表示,如果这些肉流入市场后被消费者食用,可能造成"灾难性后果",甚至危及人的性命。

纵观这些事件,有的引起的病例虽然不多,但病死率高,社会影响大,如疯牛病引起人克雅氏病;也有的化学污染物造成广泛的食品污染,对人体健康具有长期和严重的潜在健康危害,如二噁英、农药和兽药残留的污染等,结果非常严重。除了对人类带来疾病危害外,各类食品安全事件给当事国也造成了十分严重的经济损失和恶劣的社会影响。如英国自1986年公布发生疯牛病以来,仅禁止牛肉出口一项,每年就损失52亿美元。为杜绝"疯牛病"而不得已采取的宰杀行动损失300亿美元。比利时发生的二噁英污染事件不仅造成了比利时的动物性食品被禁止上市并大量销毁,而且导致世界各国禁止其动物性产品的进口这一事件造成的直接损失达3.55亿欧元。

2. 国内近年来发生的食品安全事件

孔雀石绿事件:2005年6月,《河南商报》记者对湖北、河南等地的养鱼场和水产品批发市场进行了调查,辽宁《华商晨报》记者对辽宁的养殖场和鱼药商店进行了调查,调查结果都表明,在水产品的养殖过程中,很多渔民仍然用它来预防鱼的水霉病、鳃霉病、小瓜虫病等;在运输过程中,为了使鳞受损的鱼延长生命,鱼贩也常使用孔雀石绿。至于卖孔雀石绿的鱼药商店,由于孔雀石绿市场的存在,仍然在买卖孔雀石绿。2005年11月,继三款"珠江桥牌豆豉鲮鱼罐头"被查出含致癌物孔雀石绿后,香港食物环境卫生署公布的食物最新测试结果显示,"鹰金钱"牌金奖豆豉鲮鱼和甘竹牌豆豉鲮鱼等三个食物样本被查出含有致癌物"孔雀石绿"。2006年11月17日,上海媒体率先报道了山东产多宝鱼药残超标情况。2007年4月,山东省日照市一养殖企业正式起诉台湾统一企业股份有限公司及其在山东青岛的独资企业青岛统一饲料农牧有限公司生产的饲料产品"孔雀石绿"超标。孔雀石绿具有高毒素的副作用:它能溶解很多的锌,引起水生动物急性锌中毒;能引起鱼类的鳃和皮肤上皮细胞轻度炎症,使肾管腔有轻度扩张,肾小管壁细胞的细胞核也扩大;还影响鱼类肠道中的酶,使酶的分泌量减少,从而影响鱼的摄食及生长。美国国家毒理学研究中心研究发现,给予小鼠无色孔雀石绿104周,其肝肿瘤明显增加。试验还发现,孔雀石绿能引起动物肝、肾、心脏、脾、肺、眼睛、皮肤等脏器和组织中毒。孔雀石绿进入人类或动物机体后,可以通过生物转化,还原代谢成脂溶性的无色孔雀石绿,具有高毒素、高残留和致癌、致畸、致突变作用,严重威胁人类身体健康。

三聚氰胺奶粉事件:2008年6月28日,兰州市的中国人民解放军第一医院收治了首宗患"肾结石"病症的婴幼儿。家长反映,孩子从出生起,就一直食用河北石家庄三鹿集团所产的三鹿婴幼儿奶粉。7月中旬,甘肃省卫生厅接到医院婴儿泌尿结石病例报告后,随即展开调查,并报告卫生部。随后短短两个多月,该医院收治的患婴人数,迅速扩大到14名。9月11日,除甘肃省外,中国其他省区都有类似案例发生。经相关部门调查,高度怀疑石家庄三鹿集团的产品受到三聚氰胺污染。三聚氰胺是一种化工原料,可导致人体泌尿系统产生结石。同日晚上,三鹿集团发布产品召回声明称,为对消费者负责,该公司决定立即从市场召回约700吨奶粉产品。9月13日,卫生部证实,三鹿奶粉中含有的三聚氰胺是不法分子为增加原料奶或奶粉的蛋白含量而人为加入的。三鹿毒奶案由2008年12月27日开始在河北省开庭研审,2009年1月22日下判。总共有6名婴幼儿因喝了毒奶粉死亡,逾30万儿童患病。三鹿停产后已宣告破产。三聚氰胺是一种以尿素为原料生产的氮杂环有机化合物,常温下为白色单斜晶体,没有显著异味。目前主要用于木材加工、塑料、涂料、造纸、黏合剂、纺织、皮革、电器、医药、阻燃剂等生产过程中。动物的毒理学试验表明,以三聚氰胺给小鼠灌胃的方式进行急性毒性试验,灌胃死亡的小鼠输尿管中均有大量晶体蓄积,部分小鼠肾脏被膜有晶体覆盖。以连续加有三聚氰胺饲料喂养动物,进行亚慢性毒性试验,试验动物肾脏中可见淋巴细胞浸润,肾小管管腔中出现晶体;而生化指标观察到血清尿素氮(BUN)和肌酐(CRE)逐渐升高。依据以往的动物毒理学试验和当前摄入三聚氰胺污染奶粉婴幼儿的临床表现,三聚氰胺造成患儿多发泌尿系统结石的可能性存在。

地沟油事件:2010年3月19日,地沟油调查负责人武汉工业学院教授何东平召开新闻发布会,建议政府相关部门加紧规范废弃油脂收集工作,再次引起了人们对食品安全的担忧。据报道,目前我国每年返回餐桌的地沟油有200万~300万吨。2011年10月,金华市苏梦乡村民经常闻到附近很臭的味道。传出恶臭的院子位于金华市婺城区一个城乡接合部。地沟油中有很多种毒性物质,砷就是其中之一,如果食用一定量,一般就会出现头痛、头晕、乏力等,更多的是严重影响消化道疾病,导致消化系统紊乱。从地沟油的来源分析,一般都是来源于酒店餐馆的排污道,这里面含有黄曲霉素和苯并芘,黄曲霉素的毒性比砒霜高100多倍,极易导致脏器的癌变。

瘦肉精事件:2011年3月15日,央视"3·15"特别节目曝光,双汇宣称"十八道检验、十八个放心",但猪肉不检测"瘦肉精"。河南孟州等地添加"瘦肉精"养殖的有毒生猪,顺利卖到双汇集团旗下公司。而该公司采购部业务主管承认,他们厂的确在收购添加"瘦肉精"养殖的所谓"加精"猪。遭曝光后,因流入含有"瘦肉精"生猪的济源双汇食品有限公司已经被停产整顿,紧急召回涉案的肉制品和冷鲜肉,估计全部直接和间接损失将会超过100亿元,甚至可能接近200亿元。相关涉案人员也收到了法律的制裁。"瘦肉精"属于肾上腺类神经兴奋剂,添加到饲料中可以增加动物的瘦肉量。国内外的相关科学研究表明,食用含有"瘦肉精"的肉会对人体产生危害,瘦肉精的主要添加成分盐酸克伦特罗属于非蛋白质激素,耐热,使用后会在猪体组织中形成残留,尤其是在猪的肝脏等内脏器官残留较高,食用后直接危害人体健康。其主要危害:出现肌肉震颤、心慌、战栗、头疼、恶心、呕吐等症状,特别是对高血压、心脏病、甲亢和前列腺肥大等疾病患者危害更大,严重的可导致死亡。

塑化剂事件:2011年6月3日,国家药监局的一则通知,让公众进一步意识到了"塑化剂"的威胁。药监局的通知要求,各地暂停生产销售含"邻苯二甲酸酯"的两种保健食品,分别为协和牌灵芝孢子粉片和美中清素牌的多种氨基酸片,对市场上正在销售的这两种产品,要立即下架。上述两种保健品分别含有的"邻苯二甲酸二丁酯"和"邻苯二甲酸二乙酯",均为卫生部2010年第16号公告中点名的违法食品添加剂。尽管其与台湾地区检出的塑化剂略有不同,但同属"塑化剂类"。这也是大陆地区首次在本土产品中查出塑化剂成分。国家药监局要求,"凡配方中含邻苯二甲酸酯的保健食品,相关保健食品生产企业应立即暂停生产,对市场上正在销售的产品立即召回,并即时报告所在地食品药品监督管理部门"。塑化剂对健康的影响取决于其摄入量,偶然食用少量受污染的问题食品不会对健康造成危害。香港浸会大学生物系研究表明,发现曾经服食"塑化剂"的老鼠,诞下的后代以雌性为主,并会影响其正常的排卵;即使诞下雄性,其生殖器官较正常的小三分之二,而精子数量亦大减,反映"塑化剂"毒性属抗雄激素活性,造成内分泌失调,影响其正常生育能力。专家表示,研究可以应用到人类身上,显示长期摄入"塑化剂"对男性的影响较女性大。台湾师范大学研究团队更发现,塑化剂会造成基因毒性,会伤害人类基因,长期食用对心血管疾病危害风险最大,对肝和泌尿系统也有很大伤害,而且被毒害之后,还会通过基因遗传给下一代。

毒生姜事件:2013年5月9日,山东潍坊农户使用剧毒农药"神农丹"种植生姜,被央视《焦点访谈》曝光,引发全国舆论哗然。而这次曝光则是记者在山东潍坊地区采访时,一次意外的反面查获报道。本来是准备对生姜种植大市,收集素材对潍坊菜篮子工程作正面的典型报道,没有想到从当地田间,突然发现了剧毒农药包装袋,记者看到这个蓝色包装袋,上面显示"神农丹"农药。每包重量1千克,正面印有"严禁用于蔬菜、瓜果"的大字,背面有骷髅标志和红色"剧毒"字样。这一发现让记者大吃一惊,这里竟然还有人明目张胆滥用剧毒农药种植生姜,这可不是一般的小问题,而是涉及众多老百姓的生命安全问题。记者不动声色,在3天的时间里,默默走访了峡山区王家庄街道管辖的10多个村庄,发现这里违规使用"神农丹"的情况比较普遍。田间地头随处都能看到丢弃的"神农丹"包装袋,姜农们不是违法偷偷地用,而是大批公开使用这种剧毒农药。"神农丹"主要成分是一种叫涕灭威的剧毒农药,50毫克就可致一个50千克重的人死亡。当地农民对"神农丹"的危害性都心知肚明,使用剧毒农药种出的姜,他们自己根本就不吃。而且当地生产姜本身就有两个标准:一个是出口国外的标准,那是绝对不使用剧毒农药的,因为检测严格;另一个就是国内销售的标准,可以使用剧毒农药,因为国内的检测不严格,当地农民告诉记者,只要找几斤不施农药的姜送去检验,就能拿到农药残留合格的检测报告出来。

纵观近年来国内发生的食品安全性事件,主要以化学性安全问题为主。这与我国食品企业的特点(规模小、产业化程度不高、企业自律性较弱等)不无关系。频发的食品安全事件给消费者带来极大困惑,影响到政府的公信力,也给相关食品的国内、进出口销售带来很大的经济损失。

(二)我国食品安全存在的主要问题

1. 食品污染

(1)生产中原材料的污染 农业生产过程中农药、杀虫剂、杀菌剂以及防莠剂的大量使用,如小麦在结籽时大量使用有机硫及有机磷农药,玉米及水果成熟期喷洒大量的乐果、对硫磷、滴滴涕等农药,都是造成食品污染的重要原因。目前,全国农药使用量大约为20万吨,利用率仅为10%~20%,其余进入环境。有报道表明,癌症发病率的逐年提高与农药使用量成正比,农村儿童白血病40%~50%的诱因是农药。另外,妇女的自然流产率与畸形胎儿出生率的增高都与农药使用有关,某些除草剂可致胎儿畸形,如小头畸形、多趾等。许多农民由于知识缺乏,施用农药的技术不过关,因此农药中毒事件屡有发生。土壤中的重金属如铅、镉、汞等引起的污染。现在我国有许多地区采用污水灌溉,许多没有达到标准的污水进入河流和农田,引起水产品和粮食的污染。

(2)食品加工过程中人为污染 食品加工过程中大量使用食品添加剂、激素、抗生素,如增稠剂、防腐剂、甜味剂、增色剂等。虽然我国早已有食品添加剂的标准,但许多企业为了自己的利益常常过量使用食品添加剂。我国目前的食品生产和零售条件都比较差,突出地表现为食品生产企业多小散乱,虽然目前正在实行食品生产企业准入制,但许多食品加工小企业仍旧生产销售假冒伪劣产品,消费者对任何一类食品安全的信任程度均低于50%。

（3）成品包装与运输过程中产生的污染　食品包装容器、工具、管道等材料中含有有害物质。最常见的如用塑料袋包装肉类制品，致使聚乙烯或聚氯乙烯随着肉类进入人体。由于运输条件简陋，违规装配，一些运输工具不经消毒处理，就用来装载食品或粮食，在运输中造成大量的食品污染。

（4）食品污染的卫生监督模式陈旧　传统的生监督侧重于经常性卫生监督领域，对预防性卫生监督不够重视，给食品污染问题埋下极大的隐患。对食品卫生质量控制侧重于对终端产品的监督和检查，不重视对产品的生产过程进行控制。

2. 食源性疾病

食源性疾病是指通过摄食进入人体内的各种致病因子引起的、通常具有感染性质或中毒性质的一类疾病。我国每年向卫生部上报的数千件食物中毒中，大部分都是致病微生物引起的，如在上海因食用毛蚶引起食源性甲肝的大爆发，涉及30万人；在江苏、安徽等地爆发的肠出血性大肠杆菌O157食物中毒，造成177人死亡，中毒人数超过2万人。

3. 食品新技术所带来的问题

随着食品工业的发展，大量食品新资源、食品添加剂新品种、新型包装材料、新加工技术，以及现代生物技术、基因工程技术、酶制剂等新技术不断出现，这些技术在一定程度上提高了生产效率。转基因技术可使产品的产量提高、抗病虫害能力增强、营养价值提高，具有广阔的发展前景。辐照、X射线等冷杀菌技术可快速杀灭食品中的微生物和寄生虫，延长食品保藏期，而且对食品的营养元素损伤较小。但如果剂量控制不好可能导致生成致癌物、诱变物等有害物质，对人类健康产生新的危害。

4. 食品安全和追踪惩罚的制度不健全

虽然在食品安全立法和组织体系建设做出了巨大努力，但从事食品加工、生产和经营的企业或个人受利益驱使，宁愿违法也置消费者生命和健康于不顾，因为在他们看来，侵权的成本远远低于因其违法行为所谋取的暴利。由于监管模式不清晰和法制松弛，追踪惩罚力度不够，尚未对食品经营者的侵权行为形成足够的威慑。

三、加强食品安全控制的重要性

随着我国经济的不断发展，食品种类越来越丰富，产品数量供给充足有余。食品安全关系着一个民族的基本身体素质水平，关乎每个人的生存、健康、成长、安全、幸福与尊严，关乎家庭与社会的和谐、稳定。食品安全是民族生存之本，食品安全已经超越社会治安、医疗等问题成为国人最关心的话题。党的十九大报告提出："实施食品安全战略，让人民吃得放心"。国家高度重视食品安全，早在1995年就颁布了《中华人民共和国食品卫生法》。在此基础上，2009年2月28日，十一届全国人大常委会第七次会议通过了《中华人民共和国食品安全法》。所以说，食品安全事关重大，不仅仅是食品问题，关系到我们每个的身心健康，关系到社会的和谐发展。

四、食品安全保障体系

食品安全质量水平受多种因素制约，不仅受到整个生产流通环节的影响，还受到社会经济发展、科学技术进步和人们生活水平的影响,因此提高食品安全质量是一项范围广泛的系统工程,需要建立一个完整的食品安全保障体系。这个体系主要包括食品安全行政管理体系、食品法律法规体系、食品标准体系、食品质量认证体系、食品检测体系、食品生产质量管理体系。

(1)食品安全行政管理体系。我国形成以农业、食药为监管主体,卫计委为科技支撑,国务院食品安全委员会为综合协调的两段式的监管新格局。国家食品安全委员会总协调,农业部负责农产品,国家卫生与计划委员会负责风险评估和标准制定,食药总局负责监管食品加工、食品流通和食品消费。

(2)食品法律法规体系(为开展食品执法监督管理提供依据)。

(3)食品标准体系(食品生产、检验和评定的依据)。

(4)食品质量认证体系(出具权威证书)。

(5)食品检测体系(企业自检、民间检测、政府监管)。

(6)食品生产质量管理体系(为了落实具体生产工作)。

任务二　食品质量控制概述

一、质量概念

1.狭义的质量概念

是指产品的质量。克劳斯比(1923—1999年)把质量定义为"符合规格",即依据标准对于对象做出合格与否的判断。朱兰(1904—2008年)把质量概括为"适用性",即产品在使用时能成功地满足顾客要求的程度。

2.广义的质量概念

朱兰和菲根堡姆:质量是产品和服务在市场营销、工程、制造、维护的各个方面、综合的特性,要通过这些各个方面的使用来满足顾客的期望。

石川馨(1916—1989年):质量是指工作质量、服务质量、信息质量、过程质量、部门质量、人员质量(包括工人、工程师、经理和行政人员)、系统质量、公司质量、目标质量等。

美国波多里奇国家质量奖(现代):追求卓越绩效。

3.国际标准化组织(ISO)对质量的定义

ISO 9000:2015《质量管理体系 基础和术语》中对质量的定义:客体的一组固有特性满足要求的程度。特性分为固有的特性和赋予的特性;固有特性指在某事或某物中本来就有的特性,赋予特性是指完成产品后因不同要求而对产品所增加的特性。不同产品的固有特性和赋予特性不同,某些产品赋予特性可能是另一些产品的固有特性。要求是指明示的、通常隐含的或必须履行的需求或期望。明示的可以理解为是规定的要求,如在文件中阐明的要求或顾客明确提出的要求。通常隐含的是指组织、顾客和其他相关方的惯例或一般做法,所考虑的要求或期望是不言而喻的,应该这样做。必须履行的是法律、法规或强制性标准要求的。

二、食品质量

1. 食品质量的概念

食品质量是食品满足消费者明确的或者隐含的需要的特性。它包括诸如外观（大小、形状、颜色、光泽和稠度）、质构和风味在内的外在因素，也包括分组标准（如蛋类）和内在因素（化学、物理、微生物性）。

2. 食品质量的特性

（1）功能性 食品的功能性是指产品满足使用要求所具备的功能，包括外观性功能和使用功能。外观性功能指产品的状态、造型、光泽、颜色等。使用功能指包装物的保藏功能、食品的营养功能、感官功能等。

传统食品的功能包括基本营养功能和感官功能。基本营养功能是指供给热能，维持生命；建造和修补肌体组织；调节生理功能。感官功能是指满足嗅觉、视觉和味觉的功能。最新食品的功能满足上述两条基础上，增加了特殊生理功能特性，即功能性食品。

（2）可信性 食品的可信性指食品的可用性、可靠性、可维修性等。食品在规定时间具有规定功能的能力，如产品的保证期。

（3）安全性 食品的安全性是指食品在制造、流通、交易和食用等过程中能保证对人身和环境的伤害或损害控制在一个可接受的水平。食品在规定时间具有规定功能的能力，如产品的保证期。

（4）适应性 食品的适应性是指食品适应外界环境的能力，包括自然环境和社会环境。自然环境包括温度、湿度和海拔，例如军用食品要求打开即食。社会环境包括政治、宗教和风俗习惯，例如清真食品。

（5）经济性 食品的经济性是指企业和顾客经济都是可接受的。对企业来说，食品的开发、生产和流通都应最低。对于顾客来说，食品的购买价格和食用费用最低。经济性是市场竞争最关键性的因素。

（6）时间性 食品的时间性是指数量和时间上满足顾客的需求。例如顾客对食品的需要有明显的时间要求，许多食品周期很短，如茶叶、蛋类、肉类等。

3. 食品质量与食品安全、食品卫生的关系

食品质量包括食品卫生与食品质量，而食品卫生与食品质量之间存在着一定的交叉关系；食品质量包括感官质量、营养质量和卫生质量等。食品质量可以用好坏来形容，是个中性词，是一个度的概念。

三、食品质量管理

质量管理是在质量方面指挥和控制组织的协调的活动。通常包括制定质量方针和质量目标以及质量策划、质量控制、质量保证和质量改进。

1. 组织

组织是指职责、权限和相互关系得到安排的一组人员及设施。例如，公司、集团、商行、企事业单位、慈善机构、代理商、社团或上述组织的组成部分。组织可以是公有的或私有的，安排通常是有序的。

2. 质量方针

质量方针是一个组织的最高管理者正式发布的该组织总的质量宗旨和方向。质量方针是组织总方针的组成部分,应与组织的总方针(如果组织是一个经济实体,则应同组织的经营方针)相一致。质量方针是一种精神,是企业文化的一个组成部分。企业的最高管理者应确定质量方针并形成文件。质量方针的基本要求应包括供方的组织目标和顾客的期望和需求,也是供方质量行为的准则。

3. 质量目标

质量目标是组织在质量方面所追求的目的。最高管理者应确保在组织的相关职能和层次上建立质量目标,并与质量方针保持一致。组织可以在调查、分析自身管理现状和产品现状的基础上,与行业内的先进组织相比较,制定出既先进,经过努力在近期可以实现的质量目标。质量目标应当量化,尤其是产品目标要结合产品质量特性加以指标化,达到便于操作、比较、检查和不断改进的目的。

4. 质量策划

质量策划是致力于制定质量目标并规定必要的运行过程和相关资源以实现质量目标。根据管理的范围和对象不同,组织内存在多方面的质量策划,例如质量管理体系策划、质量改进策划、产品实现策划及设计开发策划等。

通常情况下,组织将质量管理体系策划的结果形成质量管理体系文件,对于特定的产品,项目策划的结果所形成文件称之为质量计划。

5. 质量控制

质量控制是致力于满足质量要求。质量控制是通过采取一系列作业技术和活动对各个过程实施控制的,包括对质量方针和目标控制、文件和记录控制,设计和开发控制、采购控制、生产和服务运作控制、监测设备控制、不合格品控制等。

质量控制是为了使产品、体系过程达到规定的质量要求,是预防不合格发生的重要手段和措施。因此,组织要对影响产品、体系或过程质量的因素加以识别和分析,找出主导因素,实施因素控制,才能取得预期效果。

6. 质量保证

质量保证是致力于提供质量要求会得到满足的信任。质量保证是组织为了提供足够的信任表明体系、过程或产品能够满足质量要求,而在质量管理体系中实施并根据需要进行证实的全部有计划和有系统的活动。

质量保证定义的关键词是"信任",对能达到预期的质量提供足够的信任。这种信任是在订货前建立起来的,如果顾客对供方没有这种信任则不会与之订货。质量保证不是买到不合格产品以后的保修、保换、保退。

信任的依据是质量管理体系的建立和运行。因为这样的质量管理体系将所有影响质量的因素,包括技术、管理和人员方面的,都采取了有效的方法进行控制,因而质量管理体系具有持续稳定地满足规定质量要求的能力。

7. 质量改进

质量改进是致力于增强满足质量要求的能力。作为质量管理的一部分,质量改进的目的在于增强组织满足质量要求的能力,由于要求可以是任何方面的,因此,质量改进的对象也可能会涉及组织的质量管理体系、过程和产品,可能会涉及组织的方方面面。同时,由于各方面的要求不同,为确保有效性、效率或可追溯性,组织应注意识别需改进的项目和关键质量要求,考虑改进所需的过程,以增强组织体系或过程实现产品并使其满足要求的能力。

四、质量管理的发展

1. 质量检验阶段

第二次世界大战以前,主要通过百分之百检验的方式来控制和保证产品的质量。这种做法只是从成品中挑出废、次品,实质上是一种"事后的把关"。此阶段经历了操作工人检验、工长检验和专职检验员检验3个小阶段。质量检验是在成品中挑出废品,以保证出厂产品质量。但这种事后检验把关,无法在生产过程中起到预防、控制的作用。且百分之百的检验,增加检验费用。在大批量生产的情况下,其弊端就突显出来。

2. 统计质量控制(SQC)阶段

这一阶段从第二次世界大战以后至20世纪50年代,其特征是数理统计方法与质量管理的结合。质量检验不是一种积极的质量管理方式。因为它是"事后把关"型的质量管理,无法防止废品的产生。如何才能预防废品的产生,实现被动的"事后把关"向积极的"事前预防"的转变呢?数理统计方法为实现这一转变提供了可能。其中,美国贝尔实验室的统计学家 W. A. 休哈特发明的工序质量控制图以及他的同事道奇和罗米格提出的统计抽样检验理论奠定了统计质量控制的基础。

在统计质量控制阶段,质量管理的重点主要在于确保产品质量符合规范和标准。人们通过对过程进行分析,及时发现生产过程中的异常情况,确定产生缺陷的原因,迅速采取对策加以消除,使工序保持在稳定状态。这一阶段的主要特点:从质量管理的指导思想上看,由以前的事后把关转变为事前的积极预防;从质量管理的方法上看,广泛深入地应用了统计的思考方法和统计的检验方法;从管理方式上看,从专职检验人员把关转移到专业质量工程师和技术员控制。

实践证明,统计质量控制是保证产品质量、预防不合格品产生的有效方法。但是由于在统计质量控制阶段,只对生产过程进行控制,忽略了产品质量的产生(设计阶段)、形成(生产制造阶段)和实现(使用和售后服务阶段)中各个环节的作用,而且还忽视了人的主观能动作用和企业组织管理(质量体系)的作用,使人误解为"质量管理就是统计方法的应用"。

3. 全面质量管理(TQM)阶段

20世纪60年代至今,全面质量管理在早期称为 TQC(total quality control),以后随着进一步发展而演化成为 TQM(total quality management)。菲根堡姆于1961年在其《全面质量管理》一书中首先提出了全面质量管理的概念:"全面质量管理是为了能够在最经济的水平上,并考虑到充分满足用户要求的条件下进行市场研究、设计、生产和服务,把企业内各部门研制质量、维持质量和提高质量的活动构成为一体的一种有效体系。"修改后的 ISO 9000 族标准中对全面质量管理的定义为:一个组织以质量为中心,以全员参与为基础,目的在于通过让顾客满意和本组织所有成员及社会受益而达到长期成功的管理途径。这一定义反映了全面质量管理概念的最新发展,也得到了质量管理界广泛共识。

全面质量管理具有如下"三全一多样"的特点。

(1)全面的质量概念　全面质量管理中的"质量"概念,是一个广义的质量概念。它不仅包括产品质量,还包括过程质量和体系质量;它不仅包括一般的质量特性,而且包括成本质量和服务质量。

(2)全过程的质量管理　全过程的质量管理包括了从市场调研、产品的设计开发、生产(作业),到销售、服务等全部有关过程的质量管理。换句话说,要保证产品或服务的质量,不仅要搞好生产或作业过程的质量管理,还要搞好设计过程和使用过程的质量管理。

(3)全员的质量管理　产品和(或)服务质量是企业各方面、各部门、各环节工作质量的综合反映。企业中任何一个环节,任何一个人的工作质量都会不同程度地直接或间接地影响着产品质量或服务质量。因此,产品质量人人有责,人人关心产品质量和服务质量,人人做好本职工作,全体参加质量管理,才能生产出顾客满意的产品。

(4)多方法的质量管理　目前,质量管理中广泛使用各种方法,统计方法是重要的组成部分。除此之外,还有很多非统计方法。常用的质量管理方法有所谓的旧七种工具,具体包括因果图、排列图、直方图、控制图、散布图、分层图、调查表;还有新七种工具,具体包括关联图法、KJ法、系统图法、矩阵图法、矩阵数据分析法、PDPC法、矢线图法。除了以上方法外,还有很多方法,尤其是一些新方法近年来得到了广泛的关注,具体包括质量功能展开(QFD)、田口方法、故障模式和影响分析(FMEA)、头脑风暴法(brainstorming)、六西格玛法(6σ)、水平对比法(benchmarking)、业务流程再造(BPR)等。

发达国家组织运用全面质量管理使产品或服务质量获得迅速提高,引起了世界各国的广泛关注。全面质量管理的观点逐渐在全球范围内获得广泛传播,目前举世瞩目的ISO 9000族质量管理标准就是以全面质量管理的理论和方法为基础的。

项目小结

食品是人类赖以生存和发展的最基本的物质。食品的质量和安全性不仅关系到广大人民群众的身体健康和生命安全,同样关系到经济健康发展和社会稳定、国家和政府的形象,是食品工业的核心问题。

食品安全是指食品中不应包含有可能损害或威胁人体健康的有毒、有害物质或不安全因素,不可导致消费者急性、慢性中毒或感染疾病,不能产生危及消费者及其后代健康的隐患。食品卫生是为确保食品安全性和适合性,在食物链的所有阶段必须采取的一切条件和措施。食品质量是食品满足消费者明确的或者隐含的需要的特性。食品质量包括食品卫生与食品质量,而食品卫生与食品质量之间存在着一定的交叉关系;食品质量包括感官质量、营养质量和卫生质量等。食品质量可以用好坏来形容,是个中性词,是一个度的概念,而后两者不能。

质量管理是"在质量方面指挥和控制组织的协调的活动"。通常包括制定质量方针和质量目标以及质量策划、质量控制、质量保证和质量改进。质量管理各阶段特点如表

1.1所示。

表1.1 质量管理各阶段特点

质量检验阶段	事后把关,百分之百检验
统计质量控制(SQC)阶段	统计过程控制:预防缺陷,控制过程质量 统计抽样检验:根据概率统计理论确定抽样方案
全面质量管理(TQM)阶段	全面的质量概念; 全过程的质量管理; 全员的质量管理; 多方法的质量管理

食品安全质量水平受多种因素制约,需要建立一个完整的食品安全保障体系,主要包括食品安全行政管理体系、食品法律法规体系、食品标准体系、食品质量认证体系、食品检测体系、食品生产质量管理体系等。

 **课后测验**

1.名词解释

食品安全;食品卫生;食品质量;质量管理。

2.判断题

(1)"食品安全"与"食品卫生"是一个概念,两种说法。 (   )

(2)食品安全只在我国发生。 (   )

(3)民以食为天,天以食为先。食品安全是天大的事。 (   )

3.简答题

(1)简述食品安全、食品卫生、食品质量三者的关系。

(2)列举国内外发生的5例典型食品安全事件。

(3)我国食品安全存在的主要问题有哪些?

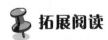 **拓展阅读**

食品安全国际组织

协调管理全球食品安全的国际组织有联合国粮农组织(FAO)、世界卫生组织(WHO)、国际食品法典委员会(CAC,隶属于 FAO/WHO)、世界贸易组织(WTO)、世界动物卫生组织(OIE)和国际标准化组织(ISO),其中联合国粮农组织和世界卫生组织以及它们下设的国际食品法典委员会是主要组织。

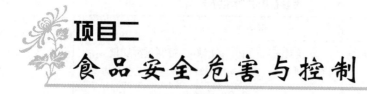

项目二
食品安全危害与控制

知识目标

1. 了解生物性、化学性、物理性污染对人体健康造成的危害。
2. 掌握生物性、化学性、物理性污染食品的途径及控制措施。

能力目标

1. 能分析造成食品污染的来源及其对人体健康造成的影响和危害。
2. 能根据食品污染来源制定预防和控制措施。

素质目标

1. 培养学生热爱专业工作,自觉执行食品相关法律法规的意识及素质以及食品从业者必备的职业道德。
2. 培养学生具备食品安全的风险意识、质量管理的基本意识。
3. 培养学生获取信息、分析问题和解决问题的能力。

任务一　生物危害及控制措施

一、细菌危害及控制

(一)细菌对人体健康的伤害

细菌对人体的伤害主要表现为食品感染和食品中毒。

1. 食品感染

细菌随食物被摄入后,停留在人体内生长繁殖,直接侵害人体的器官和组织,造成腹泻、呕吐等症状。由于感染是细菌本身的侵袭所致,所以从摄入到出现症状所需的时间相对较长,即有一定的潜伏期。

2. 食品中毒

某些特定的细菌在食物中生长并产生毒素后,被人体摄入,造成食品中毒,即是细菌的代谢产物——毒素致病,而不是细菌本身造成的侵害。由于毒素通过肠道吸收就可以引起发病,因此出现中毒症状的时间明显短于食品感染。

3. 中毒性感染

中毒性感染是前两种类型的结合,其特点是细菌本身没有侵袭性,但它可以在肠道内生长繁殖并产生毒素,引起中毒。一般而言,这类疾病的发病时间比食品中毒要长,比食品感染要短,但不绝对。

细菌对食品的污染主要是通过以下几种途径:一是对食品原料的污染,食品原料品种多、来源广,细菌污染的程度因不同的品种和来源而异;二是对食品加工过程中的污染;三是在食品储存、运输、销售中对食品造成的污染。

（二）常见的有害细菌及其控制措施

根据细菌有无芽孢,可将细菌分成芽孢菌和非芽孢菌。芽孢是细菌是在生命周期中处于休眠阶段的生命体,相对于其生长状态下营养细胞或其他非芽孢菌而言,对化学杀菌剂、热力或其他加工处理具有极强的抵抗能力。处于休眠状态下的芽孢是没有危害的,但一旦食品中残留的致病性芽孢因条件成熟而萌芽、生长,即会成为危害,使食品不安全。因此,对此类食品的微生物控制必须以杀灭芽孢为目标,显然用于控制芽孢菌的加工条件要比控制非芽孢菌需要的条件严格得多。芽孢菌有肉毒梭菌、产气荚膜梭菌、蜡状芽孢杆菌;非芽孢菌有沙门菌、副溶血性弧菌、葡萄球菌、致病性大肠杆菌、布氏杆菌、李斯特菌、志贺氏杆菌等。下面介绍几种常见的有害细菌及其预防控制措施。

1. 肉毒梭菌

（1）生物学性状　肉毒梭菌属于梭菌属,为革兰氏阳性内生芽孢杆菌,厌氧。菌体两端略圆,有 4~6 根鞭毛,无荚膜,芽孢卵圆形,位于菌体的近端或中央,宽于菌幅。按抗原性不同,可分 A、B、C、D、E、F、G 等 7 种血清型,能产生一种独特的神经麻痹毒素即肉毒毒素,该毒素对消化酶、酸和低温稳定,但易被碱和热破坏而失去毒性。对人致病者以 A、B 和 E 型为主,F 型较少见,C、D 型主要见于畜禽感染。

肉毒梭菌芽孢的耐热性强,煮沸加热数小时或 120 ℃高压蒸汽加热至少 5 min,180 ℃干热 5~15 min 均能耐受。B 型及 F 型的芽孢耐热最强,C 型及 D 型次之。E 型较弱,80 ℃、20 min 的加热即可杀灭其芽孢。新生芽孢比陈旧芽孢的耐热力强。介质的 pH 值越低,芽孢越容易死灭。

（2）流行病学特征　肉毒梭菌广泛分布于土壤、江河湖海的泥沙、水下沉积物及人畜粪便中,环境温度、水分活度(A_w)值、土壤 pH 值、养分供应情况、生理学差异或某些不明原因等,可影响各型肉毒梭菌的生存环境和分布地区。

食品被肉毒毒素污染,在食用前又未进行彻底的加热处理,可引起肉毒梭菌食物中毒,多发生在冬季、春季。潜伏期一般为 1~7 天。

我国的肉毒梭菌食物中毒地区分布主要在新疆、青海、东北地区及沿海或湖泽地区,江苏、山东也有发生;常见的致病毒素类型是 A、B、E 三型肉毒毒素。

（3）食品安全危害

1）食品安全隐患　世界各地均有发生,但不是经常普遍发生,其发生常与特殊的饮食习惯有密切关系。我国多发地区引起中毒的食品大多数是家庭自制的发酵食品,例如臭豆腐、豆豉、豆酱和制造面酱的一种中间产物——玉米糊等。这些发酵食品所用的原料(如豆类)常带有肉毒梭状芽孢杆菌,发酵过程往往是在封闭的容器中和高温环境中进行,为芽孢的生长繁殖和产毒提供了适宜的条件,故易引起中毒。在国外,发生于家庭自制的各种罐头食品、熏制食品或腊制品为主。

肉毒梭菌广泛存在于外界环境中,在土壤、地面水、蔬菜、粮食、豆类、鱼肠内溶物以及海泥中均可发现。其中土壤是该菌的主要来源。各种食品的原料受到土壤肉毒梭菌的污染,加热不彻底,芽孢残存,可在无氧条件下生长繁殖,产生毒素。

2)致病性 肉毒梭菌为肉毒素中毒的病原菌,进食含有肉毒梭菌外毒素的食物可引起食源性疾病,如不及时治疗,死亡率可高达70%。

肉毒梭菌中毒潜伏期一般为1~7天。最短6 h,最长60天,其长短与摄入毒素量有密切关系。潜伏期越短死亡率越高。中毒症状为全身乏力,头痛、头晕等,继之或突然出现特异性神经麻痹,视力降低、复视、眼睑下垂、瞳孔放大,再相继引起口渴、舌短、失言、下咽困难、声哑、四肢运动麻痹。重症呼吸麻痹、尿闭而死亡,且死亡率极高。患者体温正常,意识清楚。患者经治疗可于4~10天缓慢恢复,一般无后遗症。

(4)控制措施 防止土壤对食品的污染,当制作易引起中毒的食品时,原料要充分洗净;生产罐头和瓶装食品时,除建立严格合理的卫生制度外,要严格执行灭菌的操作规程。顶部有鼓起或破裂的罐头一般不能食用;由于肉毒毒素不耐热,对可疑食品食用前要彻底加热,确保安全。

2. 沙门菌

(1)生物学性状 沙门菌属肠杆菌科,革兰氏阴性短杆菌,不产生芽孢及荚膜,但在黏液状变异时可见菌体黏液层增厚,除鸡白痢和鸡伤寒沙门菌外都具有鞭毛,能运动,兼性厌氧菌。依其菌体抗原结构不同可分为A、B、C、D、E、F及G七大组,国际上已发现2 300多个血清型,我国有200多种,对人类致病的沙门菌99%属A~E组。沙门菌属生长繁殖的最适温度为37 ℃,在水中可生存2~3周;在粪便和冰水中可生存1~2个月,在冰冻土壤中可过冬;在含盐12%~19%的咸肉中可存活75天。沙门菌属在100 ℃时立即死亡,70 ℃、5 min,60 ℃、1 h可被杀死。水经氯化消毒5 min可杀灭其中的沙门菌。沙门菌属不分解蛋白质,污染食品后无感官性状的变化。

(2)流行病学特征 沙门菌属有广泛宿主,健康家畜,家禽肠道及正常人粪便中均有检出,病畜、病禽检出率更高;引起中毒的食物主要是动物性食物引起,以畜肉类及其制品多见,其次为禽肉、蛋类、奶类及其制品。沙门菌食物中毒全年均可发生。以夏秋两季多见,造成食物中毒的沙门菌是伤寒和副伤寒菌以外的血清型,多为人畜共患的病原菌。最常见的是鼠伤寒沙门菌,其次为猪霍乱沙门菌、病牛沙门菌、都柏林沙门菌、汤卜逊沙门菌、德尔卑沙门菌、肠炎沙门菌、纽波特沙门菌等。

(3)食品安全危害

1)食品安全隐患 沙门菌污染的食品主要是肉类食品,少数也可由鱼虾、家禽、蛋类和奶类引起。沙门菌污染肉类食品的来源有两方面:一是生前感染,家畜生前已感染沙门菌(牛肠炎、猪霍乱),或动物宰前由于过度疲劳消瘦以及患有其他疾病,抵抗力降低,肠内原带有的沙门菌便可通过血液系统进入肌肉和内脏,使肌肉和内脏含有大量活菌;

二是屠后污染,家畜在宰杀后其肌肉、内脏接触粪便、污水、容器或带菌者而污染沙门菌。此外,蛋类可因家禽带菌而污染;水产品可因水体污染而带菌;带菌的牛、羊所产的奶中亦可有大量沙门菌。已被沙门菌污染的物品或食品,通过人的手、苍蝇、鼠类或其他物品作为媒介,可将病菌带至其他食品。如果食品被污染的沙门菌数量不多,不易造成食物中毒,但少量污染食品的沙门菌却能够在一定的条件下进行繁殖使细菌数量增多,这将大大增加发生食物中毒的可能性。

2)致病性 沙门菌进入肠道后大量繁殖,除使肠黏膜发炎外,大量活菌释放的内毒素可同时引起机体中毒。当人体摄入沙门菌污染的食品后,是否发病,取决于食入的菌量和身体的健康状况。一般认为,随同食物吃进 10 万~10 亿个沙门菌才会发病。食入菌量较多,健康状况较差的,发病率高,且症状重。

沙门菌属食物中毒的临床表现有不同的类型,多见急性胃肠炎型。其潜伏期数小时至 3 天,一般 12~24 h。突然恶心、呕吐、腹痛、腹泻黄绿色水样便,有时有恶臭,带脓血和黏液。多数病人体温可达 38 ℃以上,重者有寒战、惊厥、抽搐和昏迷;病程 3~7 天,一般预后良好,但老人、儿童及病弱者,如不及时处理,也可导致死亡。除上述胃肠炎型外,沙门菌属食物中毒还可表现为类霍乱型、类伤寒型、类感冒型和败血病型。

(4)控制措施 生产中严格执行 OPRP、PRP/GMP,并采用巴氏消毒、蒸煮等方法消除该菌的危害;对可能存在沙门菌污染的食品,食用前要充分加热以杀灭沙门菌。通常应将产品置于 4 ℃或 4 ℃以下冷藏,以防沙门菌生长,并尽量缩短储存时间;注意饮食卫生,不吃病、死畜禽的肉类及内脏,不喝生水;加强食品卫生管理,应加强对屠宰场、肉类运输、食品厂等部门的卫生检疫及饮水消毒管理;消灭苍蝇、蟑螂和老鼠;搞好日常卫生,健全和执行饮食卫生管理制度。

3. 葡萄球菌

1974 年 Bergey 将葡萄球菌分为金黄色葡萄球菌、表皮葡萄球菌及腐生葡萄球菌。绝大多数对人不致病,少数可引起人或动物化脓性感染,属于人畜共患病原菌,其中以金黄色葡萄球菌致病力最强,常引起食物中毒。

(1)生物学性状 金黄色葡萄球菌为革兰氏阳性球菌,兼性厌氧菌,生长温度为 6.5~46 ℃,最适宜温度为 30~37 ℃,产毒素最适温度为 21~37 ℃,最低水活度为 0.83,pH 值 4.0~10.0,最高盐浓度为 25%。能在冰冻环境下,及 15% NaCl 和 40% 胆汁中生长。金黄色葡萄球菌对热抵抗力较一般无芽孢细菌强,加热至 80 ℃经 30 min 才能被杀死。金黄色葡萄球菌在 20~37 ℃及适宜的 pH 值和合适的食品条件下能产生肠毒素,吃了这样的食品就会发生食物中毒。

人和动物是金黄色葡萄球菌的主要宿主,50% 健康人的鼻腔、咽喉、头发、皮肤上都能发现其存在。该细菌可存在于空气、灰尘、污水以及食品加工设备的表面,是最常见的化脓性球菌之一。可能引起金黄色葡萄球菌食物中毒的食品主要是各种动物性食品(如肉、奶、蛋、鱼及其制品)。此外,凉粉、剩饭、米酒等都会引起金黄色葡萄球菌食物中毒。

(2)流行病学特征 葡萄球菌在空气、尘埃、水、食物、污水及粪便中均可检出,如污染食品能获大量增殖。经口、经呼吸道、密切接触等均为该菌的传播途径,另外也可因机体抵抗力下降造成自身感染。金黄色葡萄球菌的产肠毒素菌株污染食品可产生毒素,引起食物中毒。全年皆可发生,多见于夏秋季,发病率达90%以上。

（3）食品安全危害

1）食品安全隐患 葡萄球菌是常见的化脓球菌之一,广泛分布于空气、土壤、水以及物品上,健康人带菌达20%～30%,上呼吸道感染者的鼻腔带菌率可高达80%,人和动物的化脓部位易使食品污染,如母畜由金黄色葡萄球菌感染的乳腺炎,可污染乳制品,造成病原菌的传播。

适宜于葡萄球菌繁殖和产生毒素的食品主要为乳及乳制品、腌制肉、鸡、蛋及蛋制品、各类熟肉制品和含有粉的食品等,其次为含有乳制品的冷冻食品,个别含有淀粉的食品。病原菌在乳中很容易繁殖,虽然进过消毒或食用前再煮滯,但不能破坏其毒素。被葡萄球菌污染后的食品在较高温度下保存时间过长,如在25～30 ℃环境中放置5～10 h,就能产生足以引起食物中毒的葡萄球菌肠毒素。

2）致病性 在葡萄球菌中金黄色葡萄球菌致病性最强,致病的物质基础是其产生的多种毒素和酶。如肠毒素、血浆凝固酶、耐热核酸酶,其他还有杀白细胞素、表皮剥脱毒素、毒性休克综合征毒素Ⅱ等,均能对机体造成不同损伤。所致疾病可分为感染化脓性疾病(如局部与内脏化脓性炎症、全身性的败血症、脓毒血症等)及毒素性疾病两类。

摄食了被葡萄球菌肠毒素污染的食品便可引起食物中毒,潜伏期短,为2～4 h。可呈散发或爆发,主要症状为恶心、反复剧烈呕吐,呕吐物常有胆汁、黏液和血,伴有腹部痉挛性疼痛,腹泻物为水样便。一般不发烧,由于剧烈呕吐,导致严重失水和休克。病程短,1～2天即可恢复。

（4）控制措施 防止污染,对饮食加工、制作、销售的人员要定期进行健康检查,发现化脓者或有化脓性病灶者,以及上呼吸道感染和牙龈炎症者,应暂时调换工作,及早治疗;加强对奶牛、奶羊的健康检查,牛、羊在患乳腺炎未愈前,所产乳不得食用;低温保藏食品,缩短存放时间,控制细菌繁殖和肠毒素的形成;剩饭剩菜除低温保存外,以不过夜最好。放置时间在5～6 h,食前要彻底加热,一般加热100 ℃经2.5 h才能有效。严重污染有不良气味者不能食用,以防中毒。

4.大肠埃希菌

（1）生物学性状 大肠杆菌是革兰氏阴性杆菌,需氧或兼性厌氧。生长温度为7～49.5 ℃,最适生长温度为37 ℃,最低水活度为0.95,pH值4.0～9.0,最高盐浓度为6.5%。在冷冻和酸性环境下能存活。大肠杆菌属包括普通大肠杆菌、类大肠杆菌和致病性大肠杆菌等,一般情况下,它是肠道中的正常菌群,不产生致病作用。其中致病性大肠埃希菌分为产毒素大肠埃希菌、肠道致病性大肠埃希菌、肠道侵袭性大肠埃希菌、肠道出血性大肠埃希菌和肠道聚集性大肠埃希菌。

（2）流行病学特征 大肠埃希菌可随粪便排出污染水源和土壤,受污染的水源、土壤及带菌者的手均可直接污染食物或通过食品容器再污染食物。摄入被该菌污染的食品,易引起食物中毒,好发于夏季和秋季。其中肠出血性大肠杆菌 $O_{157}:H_7$ 被认为是20世纪90年代最重要的食源性病原菌之一,其宿主为牛、猪、羊、鸡等家畜和家禽。

（3）食品安全危害

1）食品安全隐患 大肠埃希菌所引起的食源性疾病主要由动物性食品引起,常见中毒食品为：各类熟肉制品、蛋及蛋制品、生牛奶及奶制品、汉堡包、乳酪，其次为蔬菜、水果、鲜榨果汁、饮料等。中毒原因主要是食品未经彻底加热，或加工过程中造成的交叉污染，老人及婴幼儿为易感人群。

2）致病性 致泻性大肠埃希菌能使人类致病，临床表现主要为严重腹泻及败血症，但不同种类则有不同的致病机制及不同的临床表现。肠产毒性大肠埃希菌、肠出血性大肠埃希菌引起毒素型食物中毒，其潜伏期为 10~15 h，临床症状为水样腹泻、腹痛、恶心，重者便血，发热 38~40 ℃；或为出血性结肠炎，表现为剧烈的腹痛和便血，重者出现溶血性尿毒症。肠侵袭性大肠杆菌和肠致病性大肠杆菌可引起感染型食物中毒，主要表现为胃肠炎、腹部痉挛性疼痛、水样腹泻，重者出现血性腹泻，酷似痢疾，发烧，体温为 38~40 ℃。

（4）控制措施 避免饮用生水、少吃生菜等，对肉类、乳类和蛋类食品食前应煮透，吃水果要洗净去皮，从而防止"病从口入"；动物粪便、垃圾等应及时清理并妥善处理，注意灭蝇、灭鼠，确保环境卫生；定期检疫监测，及时淘汰阳性畜群；把好口岸检疫与食品检验关。

二、真菌危害及控制

（一）常见的有害霉菌及其毒素

霉菌广泛存在于自然界，大多数对人体有益无害，但有的霉菌却是有害的。某些霉菌的产毒菌株污染食品后，会产生有毒的代谢产物，即霉菌毒素。食品受霉菌和霉菌毒素的污染非常普遍，当人类进食被霉菌及其毒素污染的食品后，能使人的健康受到直接损害。霉菌毒素是一些结构复杂的化合物，由于种类、剂量的不同，造成人体危害的表现也是多样的，可以是急性中毒，也可以表现为肝脏中毒、肾脏中毒、神经中毒等。

1. 黄曲霉毒素

黄曲霉毒素是由黄曲霉和寄生曲霉中产毒菌株所产生的有毒代谢产物。黄曲霉毒素中毒是人畜共患疾病之一。20 世纪 50 年代末首先在英国发生 10 万只火鸡死亡事件，称"火鸡 X 病"。研究发现火鸡饲料花生粉中含有一种荧光物质，证实该物质为黄曲霉的代谢产物，是导致火鸡死亡的病因，故命名为黄曲霉毒素。

（1）理化性状 黄曲霉毒素的化学结构为二氢呋喃氧杂萘邻酮的衍生物，即双呋喃环和氧杂萘邻酮（又叫香豆素）。根据其在紫外线中发生的颜色、层析 R_f 值的不同而命名，目前已明确结构的有 20 种以上，主要有 B_1、B_2、G_1、G_2 4 种，有 2 种这些毒素的代谢产物，命名为 M_1 和 M_2。不同种类的黄曲霉毒素毒性相差甚大，其毒性与结构有关，凡二呋喃环末端有双键者毒性最强，其中 B_1 毒性最大，致癌性亦最强，所以在食品卫生标准中都以毒素 B_1 作为代表，M_1 及 G_1 次之，B_2、G_2 和 M_2 较强。

黄曲霉毒素易溶于油和一些有机溶剂，如氯仿、甲醇、丙酮、乙醇等，不溶于水、乙烷、石油醚和乙醚。其毒性较稳定，耐热性强，280 ℃时才发生裂解，一般的烹调加工不被破坏。在中性及酸性溶液中稳定，但 pH 值 9~10 的强碱溶液中则可迅速分解、破坏。

黄曲霉和寄生曲霉产毒需要适宜的温度、湿度及氧气。如相对湿度 80%~90%、温度 25~30 ℃、氧气 1%以上，湿的花生、大米和棉籽中的黄曲霉在 48 h 内即可产生黄曲霉毒素,而小麦中的黄曲霉最短需要 4~5 天才能产生黄曲霉毒素。此外,天然基质培养基(大米、玉米、花生粉)比人工合成培养基产毒高。

(2)流行病学特征　黄曲霉是分布最广的菌种之一,分布遍及全世界。我国华中、华南和华东等高温、高湿地区的产毒菌株多,产毒量也高,粮油及制品常受到污染,东北和西北地区较少。

寄生曲霉在美国夏威夷、阿根廷、巴西、荷兰、印度、印度尼西亚、日本、约旦、波兰、斯里兰卡、土耳其、乌干达等国有分布,中国罕见,仅在广东、广西隆安、湖北等地分离到。它是以寄生方式存在于热带和亚热带地区甘蔗或葡萄的一种害虫水蜡虫体内。

随着气候条件由温带到热带,地势由高地到低洼草原地区,食品中黄曲霉毒素随之增高,人们摄入的黄曲霉毒素增多,原发性肝癌的发病率也高。

(3)食品安全危害

1)食品安全隐患　黄曲霉毒素主要污染粮、油及其制品,常在收获前后、储藏、运输期间或加工过程中产生。其中污染最严重的是棉籽、花生、玉米及其制品,其次是稻米、小麦、大麦、高粱、芝麻等,大豆是污染最轻的农作物之一。

谷物不能及时干燥和储藏期间水分过高,就有利于霉菌的生长;昆虫和鼠类的危害会促进霉菌的生长;黄曲霉毒素偶尔也能在牛奶、奶酪、棉籽、花生仁、杏、无花果、香料和其他一些食品和饲料中发现;用黄曲霉毒素污染的玉米和棉籽作奶牛的饲料,会导致黄曲霉毒素 M_1 污染奶牛和奶制品,牛奶、鸡蛋和肉类有时也会因动物食用含黄曲霉毒素的饲料而被污染。

食品加工有利于降低食品中黄曲霉毒素的污染,特别在碱性条件下加工和加工工艺中有氧化处理措施等都有利于黄曲霉毒素的降解。

2)致病性　黄曲霉毒素是毒性极强的剧毒物,对家畜、家禽等动物有强烈的毒性,按毒性级别分类,应列入超剧毒级。它的毒性比氰化钾强 10 倍,比砒霜强 68 倍。据计算,黄曲霉毒素 B_1 的致癌力为二甲基亚硝胺的 75 倍,为奶油黄(二甲基偶氮苯)的 900 倍。

黄曲霉毒素有很强的急性毒性,也有明显的慢性毒性及致癌性。

动物急性中毒主要表现为胃肠紊乱、贫血、黄疸、肝脏损伤,急性中毒黄曲霉毒素 B_1 最强,其顺序是 $B_1>M_1>G_1>B_2>M_2$;慢性中毒表现为生长缓慢、发育停滞、体重减轻,生殖能力降低,可降低产奶和产蛋量,造成免疫抑制和反复侵染;B_1、M_1 和 G_1 可引起不同动物的癌症。

2.赭曲霉毒素 A

赭曲霉毒素是曲霉属和青霉属的一些菌种产生的一组结构类似,主要危及人和动物肾脏的有毒代谢产物,分为 A、B、C、D 四种化合物,其中赭曲霉毒素 A(Ochratoxins A,OA)分布最广,产毒量最高,毒作用最大,农作物污染最重,与人类关系最密切,是一种强力的肝脏毒和肾脏毒,并有致畸、致突变和致癌作用。

(1)理化性状　赭曲霉毒素 A 是异香豆素联结 β-苯丙氨酸在分子结构上类似的一组无色结晶化合物,溶于极性溶剂和稀的碳酸氢钠水溶液中,微溶于水。在紫外光下赭曲霉毒素 A 呈绿色荧光。该化合物相当稳定,在乙醇中置冰箱避光可保存一年。自然界中产生赭曲霉毒素 A 的真菌以纯绿青霉、赭曲霉和炭黑曲霉三种菌为主。

赭曲霉最佳生长温度为 24～31 ℃,最适水分活性为 0.95～0.99,在 pH 值 3～10 范围内生长良好,pH 值低于 2 时生长缓慢;纯绿青霉生长所需温度 0～30 ℃,最适温度为 20 ℃;炭黑曲霉以侵染水果为主,为腐物寄生菌,最适繁殖温度为 32～35 ℃,低 pH 值、高糖、高温环境促进炭黑曲霉的生长繁殖。

(2)流行病学特征　世界各国均有从粮食中检出赭曲霉毒素 A 的报道,但其分布很不均匀,以欧洲国家如丹麦、比利时、芬兰等最重。赭曲霉产赭曲霉毒素 A 主要是污染热带和亚热带地区在田间或储存过程中的农作物;纯绿青霉是寒冷地区如加拿大和欧洲等粮食及其制品中赭曲霉毒素 A 的产毒真菌,纯绿青霉产赭曲霉毒素 A 的能力较赭曲霉强,因此在以赭曲霉为赭曲霉毒素 A 主要产毒菌的温热带地区,农产品(粮食、咖啡豆等)中赭曲霉毒素 A 的污染水平一般不高,而以纯绿青霉为主要污染;荷兰、挪威、瑞典、巴西、美国、英国、乌拉圭、中国谷物中赭曲霉毒素 A 的污染率和污染水平较低;炭黑曲霉是新鲜葡萄、葡萄干、葡萄酒和咖啡中赭曲霉毒素 A 的主要产生菌。

(3)食品安全危害

1)食品安全隐患　由于纯绿青霉、赭曲霉和炭黑曲霉等赭曲霉毒素 A 产生菌广泛分布于自然界,因此多种农作物和食品均可被赭曲霉毒素 A 污染,包括粮谷类、罐头食品、豆制品、调味料、油、葡萄及葡萄酒、啤酒、咖啡、可可和巧克力、中草药、橄榄、干果、茶叶等。

动物饲料中赭曲霉毒素 A 的污染也非常严重,进食被赭曲霉毒素 A 污染的饲料后导致动物体内赭曲霉毒素 A 的蓄积,由于赭曲霉毒素 A 在动物体内非常稳定,不易被代谢降解,因此动物性食品,尤其是猪的肾、肝、肌肉、血液、奶和奶制品等常有赭曲霉毒素 A 检出,人通过进食被赭曲霉毒素 A 污染的农作物和动物组织而暴露于赭曲霉毒素 A,赭曲霉毒素 A 是欧洲国家膳食中的主要污染物。

2)致病性　短期试验结果显示,赭曲霉毒素 A 对所有单胃哺乳类动物的肾均有毒性。除特异性肾毒性作用以外,赭曲霉毒素 A 还对免疫系统有毒性、对肝有毒性,并有致畸、致癌和致突变作用。导致人和动物的急性中毒目前尚无报道。

(二)控制措施

(1)花生、大豆、玉米、小麦等谷物,在储存前应根据不同的品种将其水分含量迅速降低至 8% 以下,并储存于干燥地方,75% 相对湿度以下,室温控制在 10 ℃ 以下较好,以免高温高湿产生毒素。

(2)储存期间要注意通风防潮,以避免霉菌的生长和毒素的产生。

(3)减少食品表面环境的氧浓度,即气调防霉,通常采取除氧或加入 CO_2、N_2 等气体,运用密封技术控制和调节储存环境的气体成分。

(4)储存运输尽量减少产品的损伤,花生脱壳后勿长期保存。

(5)豆类、谷类应淘洗后再烹煮,不吃霉变食品。

(6)化学防霉,如溴甲烷、二氯乙烷、环氧乙烷等熏蒸剂。

三、寄生虫危害及控制

(一)寄生虫对食品的污染及危害

寄生虫是指不能或不能完全独立生存,需寄生于其他生物体内的虫类。寄生虫所寄生的生物体称为寄生虫的宿主,其中,成虫和有性繁殖阶段寄生的宿主称为终宿主;幼虫和无性繁殖阶段寄生的宿主称为中间宿主。寄生虫在其寄生宿主内生存,通过争夺营养、机械损伤、栓塞脉管及分泌毒素给宿主造成伤害。寄生虫及其虫卵直接污染食品或通过患者、病畜的粪便污染水体或土壤后,再污染食品,人经口摄入而发生食物源性寄生虫病。

食物在环境中有可能被寄生虫和寄生虫卵污染,例如某些水果、蔬菜的外表可被钩虫及其虫卵污染,食之可引起钩虫在人体寄生;猪、牛等家畜有时寄生有绦虫,人食用了带有绦虫包囊的肉,可染上绦虫病;某些水产品是肝吸虫等寄生虫的中间宿主,食用这些带有寄生虫的水产品也可造成食源性寄生虫病,食源性寄生虫病是由摄入含有寄生虫幼虫或虫卵的生的或未经彻底加热的食品引起的一类疾病,严重危害人群的健康和生命安全。

(二)常见的寄生虫及其预防措施

1. 囊虫

(1)病原体　囊虫即囊尾蚴,指有钩绦虫即猪肉绦虫和无钩绦虫即牛肉绦虫的幼虫。人可被成虫寄生,也可以被猪肉绦虫的幼虫(猪囊尾蚴)寄生,特别是后者对人类的危害更为严重。

引起人类囊虫病的病原体有猪肉绦虫和牛肉绦虫。猪肉绦虫属于带科,带属。成熟的猪囊虫呈椭圆形,乳白色,半透明,囊内充满液体,大小为(6~10)mm×5 mm,位于肌纤维间的结缔组织内,其长径与肌纤维平行。囊壁为一层薄膜,肉眼隔囊壁可见绿豆大小乳白色小点,向囊腔凹入,为内翻的头节,头节有4个吸盘和1个顶突,顶突上有11~16对小钩。猪囊尾蚴主要寄生在股内侧肌肉、深腰肌、肩胛肌、咬肌、腹内斜肌、膈肌和心肌中,还可寄生于脑、眼、胸膜和肋间肌膜之间等。在肌肉中的囊尾蚴呈米粒或豆粒大小,习惯称为"米猪肉"或"豆猪肉"。

猪肉绦虫成虫呈带状,长达2~8 m,可分为头节、颈节与体节,有700~1 000个节片。其头节与囊尾蚴相同,可牢固地吸附于小肠壁上,以吸取营养物质。颈节纤细,紧连在头节的后面,为其生长部分。体节分未成熟、成熟及妊娠体节三部分。虫卵呈深黄色,内含3对小钩的胚胎,称六钩蚴。成虫主要寄生于人的小肠。

牛肉绦虫的幼虫和成虫与猪肉绦虫的幼虫和成虫相似,但其头节无钩,通过吸盘固定在肠壁。

(2)发病原因及临床症状　人因生吃或食用未煮熟的"米猪肉"而被感染。在胃液和胆汁的作用下,于小肠内翻出头节,然后吸附于肠壁上。从颈部逐渐长出节片,经2~3个月发育为成虫,开始有孕节随粪便排出。一条成虫的寿命可达25年以上。一般一个人可感染1~2条,偶有3~4条。患者表现食欲减退、体重减轻、慢性消化不良、腹泻或腹泻与便秘交替发生。

人除了是绦虫的终宿主外,还可以是中间宿主。此外,还有猪、野猪、犬、羊也是中间宿主。绦虫的虫卵必须经胃在胃酸的作用下脱囊,才可以发育为囊尾蚴而感染人类。因此,人感染囊虫的途径有异体感染、自体体外感染、自体体内感染三种途径。

(3)预防措施

1)预防 防治本病,平时应加强猪场管理,做到猪有圈,不放养,人有厕所;人粪便须经过堆肥发酵处理,尤其是疫源区要杜绝猪吃人粪的现象发生。同时应做好猪肉、食品卫生检验工作,发现有囊虫寄生的猪肉应严格按食品卫生检验的有关规定作高温、冷冻和盐腌等无害化处理。

2)处理 高温要求肉块质量不超过 2 kg,厚度不超过 8 cm,用高压蒸汽法时,以0.15 MPa(1.5 atm)持续 1 h,切面呈灰白色,流出的肉汁无色时即可。冷冻要求深层肌肉的温度降至−12 ℃以下,持续 4 天以上,如盐腌则要求不少于 20 天,食盐量不少于肉重的 12%,腌过的肉含盐量必须达到 5.5% ~ 7.5%。

2.蛔虫

(1)病原体 蛔虫似蚯蚓线虫寄生于人体小肠内,也可寄生于猪、犬、猫等动物体内。蛔虫病是一种常见寄生虫病,呈世界性分布。据近年估计,我国感染人数约有 5.31 亿,农村人群感染率高于城市,儿童高于成人。

蛔虫属于线虫纲,蛔科,蛔属。成虫呈圆柱形,似蚯蚓状,活的呈粉红色,死后为黄白色。雄虫(15 ~ 25)cm×(0.2 ~ 0.4)cm,雌虫(20 ~ 35)cm×(0.3 ~ 0.6)cm。受精卵为椭圆形,大小为(45 ~ 75)μm×(35 ~ 50)μm,卵壳表面常附有一层粗糙不平的蛋白质膜,因受胆汁染色而呈棕黄色,卵内有一圆形的卵细胞。未受精的卵大小为(88 ~ 94)μm×(39 ~ 44)μm,形状不规则,一般为长椭圆形,卵内含有许多折光性较强的卵黄粒。只有受精卵才能发育。蛔虫卵对各种环境因素的抵抗力很强。虫卵在土壤中能生存 4 ~ 5 年,在粪坑中生存 6 ~ 12 个月,在污水中生存 5 ~ 8 个月,在 5 ~ 10 ℃生存 2 年;在 2%的甲醛溶液中可以正常发育;用 10%的漂白粉溶液、2% NaOH 溶液均不能杀死虫卵;但在阳光直射或高温、干燥、60 ℃以上的 3.5%碱水、20% ~ 30%热草木灰水或新鲜石灰水可杀死蛔虫卵。

(2)发病原因及临床症状 虫卵随粪便排出体外,在适宜温度、湿度和氧气充足的环境中经 10 天左右发育为第一期幼虫,再经过一段时间的生长和一次蜕化变为第二期幼虫,再经过一段时间才发育为感染性虫卵。感染虫卵一旦与食品、水、尘埃等一起经口摄入,则在人体肠道内孵化,钻进肠壁,随血流经肝脏和心脏而至肺,再穿过微血管壁进入肺泡,然后再沿支气管、气管至会咽部,被咽下又经食管、胃而入小肠内发育为成虫。人从食入感染性虫卵到粪便中有虫卵排出,约需 2.5 个月。成虫每天排卵可达 20 万个,蛔虫的寿命一般为 1 年。

蛔虫卵通过灰尘、水、土壤或蝇、鼠及带虫卵的手等污染食物如蔬菜、水果及水生生物,人可因生食未洗净的这类食物而感染。肠蛔虫患者可有腹部不适或上腹部或脐部周围疼痛,食欲减退、易饿、便秘或腹泻、呕吐、烦躁、夜间磨牙、低热、哮喘、荨麻疹等症状。若成虫钻入胆道可发生胆管蛔虫症,钻入胆囊、肝脏、阑尾、胰腺等部位而引起并发症,若造成肠穿孔可导致腹膜炎。成虫可互相扭结成团,造成肠梗阻。

（3）预防措施

1）控制传染源 驱除人体肠道内的蛔虫是控制传染源的重要措施。应积极发现、治疗肠蛔虫病患者,对易感者定期查治。尤其是幼儿园、小学及农村居民区等,抽样调查发现感染者超过半数时可进行普治。在感染高峰后 2～3 个月(如冬季或秋季),可集体服用驱虫药物。驱出的虫和粪便应及时处理,避免其污染环境。

2）注意个人卫生 养成良好个人卫生习惯,饭前便后洗手;不饮生水,不食不清洁的瓜果、勤剪指甲、不随地大便等。对餐馆及饮食店等,应定期进行卫生标准化检查,禁止生水制作饮料等。

3）加强粪便管理 搞好环境卫生,对粪便进行无害化处理,不用生粪便施肥,不放牧猪等。

3. 弓形体

（1）病原体 弓形体即刚地弓形虫,为细胞内寄生原虫,其宿主种类十分广泛。由其引起的弓形虫病是人兽共患寄生虫病,呈世界性分布,全世界有 25%～50% 的人受感染,隐性感染居多。

弓形体是一种原虫,病原体为龚地弓形体。在猪及其他中间宿主体内为滋养体和"伪囊"两种形态,而在终末宿主猫的体内则为滋养体期、包囊期、裂殖体期、配子体期和卵囊期五种形态。

处于各个发育阶段之中的弓形虫其形态结构完全不同。滋养体期是弓形虫的增殖期,呈香蕉形或弓形,包囊期多见于脑、心肌和骨骼肌中,内含虫体多达 3 000 个。包囊形成后可在宿主体内存活数年。

（2）临床症状 弓形体病是一种人畜共患的原虫性疾病。人、猫、狗、猪、牛等均可感染。人是弓形体原虫的中间宿主,是通过食入孢子化的卵囊或另一种动物的肉、乳或蛋中的包囊、滋养体而感染的。弓形虫病多数为隐性感染,仅少数感染者发病,人患本病多见为胎盘感染、胎儿早产、死产、小头病、脑水肿、脑脊髓炎、脑后灰化、运动障碍等,成人发病极少,一般无症状经过。

（3）预防措施 加强肉品卫生检验及处理制度;对从事畜牧业及肉类食品加工人员,应定期进行血清学检查;粪便无害化处理;不养猫等宠物;不食生蛋、生乳和未煮熟的肉;生熟用具严格分开。

四、病毒危害及控制

（一）病毒及其危害

病毒(virus)是一类比细菌更微小、无细胞结构的、只含有一种核酸的活细胞内的寄生物。病毒颗粒很小、以纳米为测量单位、结构简单、寄生性严格,最大的病毒也不超过伤寒菌的四分之一,最小的病毒在葡萄球菌的壳内可容纳千余只。病毒具有很大的危害性,能以食物为传播载体和经粪、口途径传播。病毒感染在未发病时很难检测到病毒,有些病毒对人的危害极大,除可引起急性感染外,还对感染者造成可持续性感染,包括隐性感染、潜伏感染、慢性感染和迟发性临床症状的急性感染。近年来的研究表明人类的多肿瘤与病毒感染有关。但自然界的大多数病毒目前还未发现其对人有直接危害,一般认为植物病毒对人无感染能力。

(二) 常见的病毒及预防措施

1. 口蹄疫病毒

(1)病原体　口蹄疫(foot and mouth diseasevirus)俗称为口疮或蹄癀,是由口蹄疫病毒感染引起的急性、热性、接触性传染病,主要侵害偶蹄类动物,如牛、猪、骆驼、羊等。也侵害人,但较少见。

口蹄疫病毒对外界的抵抗力很强,在含病毒的组织和污染的饲料、皮毛及土壤中可保持传染性达数周至数月,在腌肉中可存活 3 个月,其骨髓中的病毒可生存半年以上。但对高温、酸和碱都比较敏感,阳光直射 60 min、煮沸 3 min 即可杀死。70 ℃经 10 min,80 ℃经 1 min 或 1%NaOH 经 1 min 即被灭活,在 pH 值 3.0 环境中也失去感染性。

(2)临床症状　牛、羊、猪、骆驼等患病偶蹄动物是主要的传染源。患病初期排毒量大,毒力强,最具有传染性。经唾液、粪便、乳、尿、精液和呼出的气体以及破溃的水疱向外界排出病毒。这种病的潜伏期一般为 2～5 天,最初症状表现为体温升高,食欲减退,无精打采,接着在鼻镜、口腔、舌面、蹄部和乳房等部位出现大小不一的水疱,水疱破烂后形成烂斑,严重者蹄壳脱落流血、跛行或卧地不起而瘦弱死亡。幼畜常发生无水疱型口蹄疫,引起胃肠炎,出现腹泻,有时引起急性心肌炎而突然死亡。恶性口蹄疫,病死率高达 50% 以上。

处于潜伏期和治愈后的病畜也可携带病毒并向外排毒,也是重要的传染源之一。人通过接触或饮食而发生感染,潜伏期为 2～18 天,一般为 3～8 天。常突然起病,出现发热、头痛、呕吐。2～3 天后口腔内有干燥和烧灼感,唇、舌、齿龈及咽部发生水疱。皮肤上的水疱多见于手指、足趾、鼻翼和面部。水疱破裂后形成薄痂,逐渐愈合,有的形成溃疡,一般愈合快,不留瘢痕。有的患者有咽喉痛、吞咽困难、低血压、缓脉等症状。重者可并发胃肠炎、神经炎、心肌炎,以及皮肤、肺部的继发感染,因心肌炎而死亡的较多。

(3)预防措施　口蹄疫病毒对热、酸和碱敏感。最常用的消毒方法是对可疑受到污染的车、船等运输工具,场地,圈舍,饲槽,生产车间和设备,工作人员的衣帽、靴子等用 1% 烧碱水或沸水进行消毒。保持圈舍清洁卫生,每半个月用石灰水消毒一次。应加强对动物的检验和检疫,疑似患病动物加工的食品应及时销毁,以防止食品中有病毒的污染,也要防止食品加工过程中造成的交叉污染。加强对动物饲养管理,注射有效疫苗,发现疫情后及时报告当地有关部门,并采取捕杀、消毒、封锁隔离等防疫措施。

2. 朊病毒

(1)病原体　疯牛病的病原体是一类蛋白质侵染颗粒,即朊病毒(prion),具有传染性。疯牛病朊病毒是一类非正常的病毒,它不含有通常病毒所含的核酸,而是一种不含核酸仅有蛋白质的蛋白感染因子。其主要成分是一种蛋白酶抗性蛋白,对蛋白酶具有抗性。

朊病毒对紫外线、辐射、超声波、蛋白酶等能使普通病毒灭活的一些理化因素有较强的抵抗力,高温(134～138 ℃经 30 min)不能完全使其灭活,核酸酶、羟胺、亚硝酸之类的核酸变性剂都不能破坏其感染性;病牛脑组织用常规福尔马林处理,不能使其完全灭活;

能耐受的 pH 值为 2.7~10.5。其传染性强、危害性大,极不利于人类和动物的健康。

(2)临床症状 疯牛病多发生于 4 岁左右的成年牛,大多表现为烦躁不安,行为反常,对声音和触摸极度敏感,常由于恐惧、狂躁而表现出攻击性。少数病牛出现头部和肩部肌肉震颤和抽搐。被感染的人会出现睡眠紊乱、个性改变、共济失调、失语症、视觉丧失、肌肉萎缩、肌痉挛、进行性痴呆等症状,并且会在发病的一年内死亡。此病临床表现为脑组织的海绵体化、空泡化、星形胶质细胞和微小胶质细胞的形成以及致病型蛋白积累,无免疫反应。病原体通过血液进入大脑,将脑组织变成海绵状,完全失去功能。

(3)传染途径 疯牛病可以通过受孕母牛经胎盘传染给犊牛,也可经患病动物的骨肉粉加工的饲料传播到其他的牛。传染给人的途径:食用感染了疯牛病的牛肉及其制品会导致感染;某些化妆品除了使用植物原料之外,也有使用动物原料的成分,所以化妆品也有可能含有疯牛病病毒(化妆品所使用的牛羊器官或组织成分有脑、脾脏、胎盘、羊水、胸腺、胶原蛋白等);通过医药生物制品公司的医药产品造成医源性感染。

(4)预防措施 为了防止疯牛病的发生传播,对于动物饲料加工厂的建立和运作,必须加以规范化,包括严格禁止使用有可疑病的动物作为原料,使用严格的加工处理方法,包括蒸汽高温、高压消毒。严格禁止流通和食用有疯牛病的牛羊以及与牛羊有关的加工制品,包括牛血清、血清蛋白、动物饲料、内脏、脂肪、骨及激素类等。

3. 甲型肝炎病毒

(1)病原体 甲型肝炎病毒(Hepatitis Avirus,HAV)属于微小 RNA 病毒科嗜肝病毒属,球形颗粒,直径一般为 27~32 nm,无囊膜,为单股 RNA。

HAV 抵抗力较强,对乙醚、60 ℃经 1 h 及 pH 值 3.0 条件下均有相对的抵抗力(在 4 ℃可存活数月),低温可长期存活。85 ℃经 5 min、98 ℃经 1 min 可完全灭活。紫外线照射 1~5 min,用甲醛溶液和氯处理,均可使之灭活。非离子型去垢剂不能破坏病毒的传染性。

(2)传染源及传染途径

1)传染源主要是急性期感染者和亚临床感染者。后者无症状,不易发现,是重要的传染源。

2)HAV 通常随患者粪便排出体外,通过污染水源、食物、蔬菜、食具、手等经口的传播可造成散发性流行或大流行。甲型肝炎流行以秋冬为主,也有春季流行的。

3)HAV 多侵犯儿童及青年,发病率随年龄增长而递减。

(3)发病体征 潜伏期为 15~45 天(平均 30 天),急性黄疸型患者常有发热、畏寒、食欲减退、厌油、恶心或呕吐、腹泻或便秘,进而患者的皮肤、角膜发黄、肝大、肝区疼痛、尿黄等,患者肝功能异常。无黄疸型患者仅有疲乏、恶心、肝区痛、消化不良、体重减轻等。经彻底治疗后,预后良好。

(4)预防措施

1)加强传染源的管理:对餐饮从业人员、食品生产、加工人员要定期进行健康体检;对患者的排泄物、血液、食具、床单、衣物、用具等要进行严格消毒。

2)切断传播途径:防止食物和饮用水被粪便污染,加强对饮用水的消毒管理。

3)餐饮企业要严格遵守卫生规范,个人要养成良好的卫生习惯。

4)接种甲肝疫苗。

4.高致病性禽流感病毒

(1)病原体 高致病性禽流感(highly pathogenic avian influenza,HPAI)是由正黏病毒科流感病毒属甲型流感病毒引起的以禽类为主的烈性传染病。世界动物卫生组织将其列为必须报告的动物传染病,我国将其列为一类动物疫病。

HPAI病毒可以直接感染人类。但是,由于禽流感病毒的血凝素结构等特点,一般感染禽类。当病毒在复制过程中发生基因重配,致使结构发生改变,获得感染人的能力,才可能造成人感染禽流感疾病的发生。至今发现能直接感染人的禽流感病毒亚型有H_5N_1、H_7N_1、H_7N_2、H_7N_3、H_7N_7、H_9N_2和H_7N_9亚型。其中,高致病性H_5N_1亚型和2013年3月在人体上首次发现的新禽流感H_7N_9亚型尤为引人关注,患者病情重,病死率高。

禽流感病毒对乙醚、氯仿、丙酮等有机溶剂均敏感。常用消毒剂容易将其灭活,如氧化剂、稀酸、十二烷基硫酸钠、卤素化合物(如漂白粉和碘剂)等都能迅速破坏其传染性。30 min或煮沸(100 ℃)2 min以上可灭活。病毒在粪便中可存活1周,在水中可存活1个月,在pH值<4.1的条件下也具有存活能力。病毒对低温抵抗力较强,在有甘油保护的情况下可保持活力1年以上。病毒在直射阳光下40~48 h即可灭活,如果用紫外线直接照射,可迅速破坏其传染性。

(2)临床症状 禽流感病毒通常不感染除禽类和猪以外的动物,但人偶尔可以被感染。人类患上人感染高致病性禽流感后,起病很急,早期表现类似普通型流感。主要表现为发热,体温大多在39 ℃以上,持续1~7天,一般为3~4天,可伴有流涕、鼻塞、咳嗽、咽痛、头痛、全身不适,部分患者可有恶心、腹痛、腹泻、稀水样便等消化道症状。除了上述表现之外,人感染高致病性禽流感重症患者还可出现肺炎、呼吸窘迫等症状,甚至可导致死亡。

(3)传染途径 家禽及其尸体是该病毒的主要传染源。禽流感病毒可通过消化道和呼吸道进入人体,传染给人,人类直接接触受禽流感病毒感染的家禽及其粪便或直接接触禽流感病毒也可以被感染。通过飞沫及接触呼吸道分泌物也是传播途径。如果直接接触带有相当数量病毒的物品,如家禽的粪便、羽毛、呼吸道分泌物、血液等,也可经过眼结膜和破损皮肤引起感染。

(4)预防措施 目前认为,携带病毒的禽类是人感染禽流感的主要传染源。减少和控制禽类感染,尤其是有效控制家禽间的禽流感病毒的传播尤为重要。控制禽流感发生具体措施主要是做好禽流感疫苗预防接种,防止禽类感染禽流感病毒。一旦发生疫情后,应将病禽及时捕杀,对疫区采取封锁和消毒等措施。

感染禽类的分泌物、野生禽类、污染的饲料、设备和人都是禽流感病毒的携带者,应采取适当措施切断这些传染源。

饲养人员和与病禽接触的人员应采取相应防护措施,以防发生感染。注意饮食卫生,食用可疑的禽类食品时,要加热煮透。对可疑餐具要彻底消毒,加工生肉的用具要与熟食分开,避免交叉污染。

五、有毒动植物危害及控制

(一)植物毒素

自然界有植物30多万种,但由于绝大多数植物体内含有毒素,从而限制了其作为人类食用的价值。而可作为食用的数百种植物也不是绝对安全的,其中有些物质对人体健康是有害的,如氰苷、龙葵碱、红细胞凝集素等。目前植物毒素已成为人类食源性中毒的重要原因之一,对人类健康和生命有较大的危害。需要说明的是植物毒素是指植物本身产生的对食用者有毒害作用的成分,不包括那些污染和吸收人体的外源性化合物,如农药残留和重金属污染。

1. 毒蛋白

异体蛋白质注入人体组织可引起过敏反应,内服某些蛋白质也可产生各种毒性。植物中的胰蛋白酶抑制剂、红细胞凝集素、蓖麻毒素、巴豆毒素、刺槐毒素、硒蛋白等均属于有毒蛋白或复合蛋白。如存在于未熟透的大豆及其豆乳中的胰蛋白酶抑制剂对胰脏分泌的胰蛋白酶的活力具有抑制作用,从而影响人体对大豆蛋白质的消化吸收,导致胰脏肿大和抑制食用者(包括人类和动物)的生长发育。在大豆和花生中含有的血细胞凝集素还具有凝集红细胞的作用等。

2. 苷类

苷类又称配糖体或糖苷。在植物中,糖分子(如葡萄糖、鼠李糖、葡萄糖醛酸等)中的半缩醛羟基和非糖类化合物分子(如醇类、酚类、固醇类等)中的羧基脱水缩合而形成具有环状缩醛结构的化合物,称为苷。苷类都是由糖和非糖物质(称苷元或配基)两部分组成的。苷类大多为带色晶体,易溶于水和乙醇中,而且易被酸或酶水解为糖和苷元。由于苷元的化学结构不同,苷的种类也有多种,如皂苷、氰苷、芥子苷、黄酮苷、强心苷等。它们广泛分布于植物的根、茎、叶、花和果实中。其中皂苷和氰苷等常引起人的食物中毒。

3. 生物碱

生物碱是一类含氮有机化合物,有类似于碱的性质,可与酸结合成盐,多数具有复杂的环状结构且氮素包含在环内,具有光学活性和一定的生理作用。

生物碱在植物界分布较广,存在于罂粟科、茄科、豆科、夹竹桃科、毛茛科等100多个科的植物中,已发现的生物碱有2 000种以上。存在于食用植物中的主要是龙葵碱、秋水仙碱、吡咯烷生物碱及咖啡因等。

(二)动物毒素

动物类食品是人类最主要的食物来源之一,由于其营养丰富、味道鲜美,很受人们欢迎。但是有些动物性食品中含有天然毒素,对人的身体健康有很大的损害性。

1. 河豚毒素

河豚是一种味道鲜美又含剧毒的鱼类,是暖水性海洋底栖鱼类。河豚在大多数沿海和大江河口均有分布,全球有200种左右,我国有70多种,广泛分布于各海区。河豚毒素是河豚体内的毒素,剧毒,毒性比氰化钠高1 000倍。但河豚毒素不是河豚特有的,在各类海洋脊椎动物(鱼类、两栖类)、无脊椎动物(涡虫类、纽形动物、腹足类和头足类、节肢动物、棘皮动物)中都有分布。通常所谓河豚毒素,实际上是河豚素、河豚酸、河豚卵巢素和肝脏毒素的统称。据分析,有500多种鱼类中含有河豚毒素,河豚是其中最常见的一种。

河豚毒素在体内的分布较广,以内脏为主。毒性大小在不同季节不同部位而不同。河豚毒素在卵巢中含量最多,肝脏次之,血液、眼睛、腮、皮肤都含有少许,肌肉中一般没有。但鱼死后内脏毒素可渗入肌肉,鱼肉中也含有少量的毒素。冬春季节是河豚最为肥美的时候,也是毒性最大的时候。

河豚毒素是一种毒性很强的神经毒素,毒性的产生主要是毒素阻止神经和肌肉的电信号传导,阻止肌肉、神经细胞膜的钠离子通道,使神经末梢和中枢神经发生麻痹。中毒者感觉神经麻痹,其次为各随意肌的运动神经末梢麻痹,使机体无力运动或不能运动。毒素量增大时则迷走神经麻痹,呼吸减少,脉搏迟缓,严重时体温及血压下降,最后发生血管运动神经中枢或横膈肌及呼吸神经中枢麻痹,引起呼吸停止,迅速死亡。毒素不侵犯心脏,呼吸停止后心脏仍能维持相当时间的搏动。

防止河豚毒素中毒首先要提高识别能力,严禁擅自经营和加工河豚,一旦发现中毒者,要及时采取措施,以催吐、洗胃和导泻为主,尽快使食入的有毒物质及时排出体外,同时还要结合具体症状进行对症治疗。

2. 肝毒素

肝是动物的最大解毒器官,动物体内的各种毒素,大多要经过肝来处理、排泄、转化、结合。另外,动物也可能发生肝疾病,如肝炎、肝硬化、肝寄生虫和黄曲霉毒素中毒等。污染环境和饲料的重金属如铅、砷、汞、铬等和其他的一些污染物也主要存在于肝中。动物肝中的毒素就主要表现为外来有毒有害物质在肝中的残留、动物机体的代谢产物在肝中的蓄积和由于疾病原因造成的肝组织受损。这些对动物肝类食品的安全性构成了潜在的威胁。

动物肝中的主要毒素是胆酸、牛磺胆酸和脱氧胆酸,以牛磺胆酸的毒性最强,脱氧胆酸次之。动物肝中的胆酸是中枢神经系统的抑制剂,我国在几个世纪之前,就知道将熊肝用作镇静剂和镇痛剂。许多动物研究发现,胆酸的代谢物———脱氧胆酸对人类的肠道上皮细胞癌如结肠癌、直肠癌有促进作用。在世界各地普遍用作食物的猪肝并不含足够数量的胆酸,因而不会产生中毒作用,但是当大量摄入动物肝,特别是处理不当时,可能会引起中毒症状。

在选购动物肝脏时应注意,凡是肝脏呈暗紫色,异常肿大,有白色小硬结,或一部分变硬变干等,不宜食用。食用前要反复用清水洗涤,浸泡3~4 h,彻底去除肝脏内的积血,烹饪时加热要充分,使肝脏中心温度达到烹饪时的温度,并保持一定时间,使之彻底熟透,否则不能食用,并且一次食入的肝脏不能太多。

3. 贝类毒素

贝类是人类动物性蛋白质食品的来源之一。世界上可作食品的贝类约有28种,已知的大多数贝类均含有一定数量的有毒物质。只有在地中海和红海生长的贝类是已知无毒的,墨西哥湾的贝类也比其他地区固有的那些贝类的毒性低。实际上,贝类自身并不产生毒物,但是当它们通过食物链摄取海藻或与藻类共生时就变得有毒了,足以引起人类食物中毒。

任务二 化学危害及控制措施

一、农药残留危害与控制

(一)农药残留的概念

农药残留是指农药使用后残存于环境、生物体和食品中的农药及其衍生物和杂质的总称,残留的数量称为残留量。植物在生长期间、食品在加工和流通中均可受到农药的污染,导致食品中农药残留。

(二)常见农药种类及其危害

1. 有机氯农药

(1)常用种类和性质 有机氯农药是用于防治植物病、虫害的组成成分中含有有机氯元素的有机化合物。主要有两大类,一类是氯化苯及其衍生物,如使用最早、应用最广的杀虫剂 DDT 和六六六等;另一类是氯化脂环类,如狄氏剂、艾氏剂、氯丹、七氯及毒杀芬等。我国已于 1983 年停止生产滴滴涕、六六六,1984 年停止使用。

有机氯农药一般为脂溶性,不溶或微溶于水,在碱性环境中易分解失效,滴滴涕和六六六具有高度的物理、化学及生物学稳定性,在自然界不易分解,在土壤中消失 95% 所需要的时间可达数年甚至数十年。

(2)有机氯农药对人体的危害 在有机氯农药中,氯化脂环类对哺乳动物毒性较氯化苯类高,有机氯主要损害中枢神经系统和肝、肾等实质性器官,中毒时中枢神经的应激性显著增加,狄氏剂类化合物严重中毒时,机械、声、光等刺激都能诱发患者抽搐。大部分有机氯可引起动物慢性中毒,损害肝、肾、造血器官,引起慢性肝大、中毒性肾炎、肾功能障碍、白细胞减少等病理变化。

2. 有机磷农药

(1)常用种类和性质 有机磷农药除敌百虫外,多为油状液体,微溶于水,易溶于有机溶剂或动植物油。对光、热和氧较稳定,遇碱易分解,降解半衰期一般在几周至几个月。有机磷农药多为广谱、高效、低残留的杀虫剂,如乐果、敌百虫、杀螟松、倍硫磷等;毒性较低的有马拉硫磷、双硫磷、氯硫磷、辛硫磷、碘硫磷、地亚农、灭乐松等;高效高毒的有对硫磷、甲胺磷、内吸磷等。

(2)有机磷农药对人体的危害 有机磷酸酯属于神经毒剂,可竞争性抑制乙酰胆碱酯酶的活性,导致神经传导抵制递质乙酰胆碱的累积,从而引起中枢神经中毒,表现出一系列的中毒症状,如流涎、流汗、流泪、恶心、呕吐、腹痛、腹泻、心动过缓、瞳孔缩小等。严重者可出现呼吸麻痹,支气管平滑肌痉挛甚至窒息死亡。有些中毒者可出现迟发型神经病。较重者肢体远端出现肌萎缩,少数可发展为痉挛性麻痹,病程可持续多年。

3. 氨基甲酸酯类农药

(1)常用种类和性质 用于农业上的氨基甲酸酯类化合物可分为两类:一类是具 N-烷基化合物,用作杀虫剂;另一类是 N-芳香基化合物,用作除草剂。常见的品种有西维因,为白色结晶,在水中的溶解度约为 50 mg/L,在室温下对光、热及酸性物质以及空气中的氧气的作用较稳定,在碱性环境下易分解。

20 世纪 60 年代以来,氨基甲酸酯类杀虫剂进入高速发展时期,新品种不断出现,在全世界得到广泛应用,成为继有机磷农药之后又一重要杀虫剂,目前氨基甲酸酯类农药已有一千多种。这类杀虫剂分为五大类:萘基氨基甲酸酯类,如西维因;苯基氨基甲酸酯类,如叶蝉散;氨基甲酸肟酯类,如涕灭威;杂环甲基氨基甲酸酯类,如呋喃丹;杂环二甲基氨基甲酸酯类,如异索威。除少数品种如呋喃丹等毒性较高外,大多数属中、低毒性。

氨基甲酸酯类农药具有高效、低毒、低残留、选择性强等优点。这类农药被微生物分解后产生的氨基酸和脂肪酸,还可作为土壤微生物的营养来源,促进微生物的繁殖,同时还可提高水稻蛋白质和脂肪的含量,改善大米品质。

(2)氨基甲酸酯类农药对人体的危害 氨基甲酸酯类农药虽然克服了有机氯农药的高残留和有机磷农药的耐药性的缺点,但在农业生产中实施后,仍可污染食品而导致农药残留。氨基甲酸酯类在作物上的残留时间一般为 4 天,在动物肌肉和脂肪中的明显蓄积时间约为 7 天。

氨基甲酸酯类农药可对人体产生急性毒性和慢性毒性。发生急性中毒时,可出现流泪、颤动、瞳孔缩小等胆碱酯酶抑制症状。其慢性毒性具有致畸、致突变、致癌作用,但还有待进一步研究证实。氨基甲酸酯农药具有氨基,在环境中或动物胃内酸性条件下与亚硝酸盐反应易生成亚硝基化合物,具有致癌作用。

4. 拟除虫菊酯类农药

(1)常用种类和性质 拟除虫菊酯类农药是模拟天然除虫菊素由人工合成的一类杀虫剂,有效成分是天然菊素。由于其具有杀虫谱广、效果好、低残留、无蓄积作用等优点,近30 年来应用日益普遍。拟除虫菊酯类农药多不溶于水或难溶于水,可溶于多种有机溶剂,对光热和酸稳定,遇碱(pH 值>8)时易分解。在自然环境中降解比有机磷农药稍慢,可经消化道、呼吸道和皮肤黏膜进入人体。

目前使用的主要有醚菊酯、苄氯菊酯、溴氰菊酯(敌杀死)、氯氰菊酯(安绿保)、高效氯氰菊酯、顺式氯氰菊酯、杀灭菊酯、氰戊菊酯(速灭杀丁)、戊酸氰醚酯、氟氰菊酯、氟菊酯等。这类杀虫剂具有广谱、高效、低毒、低残留的特点,除防治农业害虫外,并在防治蔬菜、果树害虫等方面取得较好的效果;对蚊、蟑螂、头虱等害虫,亦有相当满意的灭杀效果。由于其使用面积大,应用范围广,数量大,接触人群多,所以中毒病例屡有发生。

(2)拟除虫菊酯类农药对人体的危害 拟除虫菊酯类农药可通过在食品中的残留或污染食品后,经消化道进入机体,被吸收后可再迅速分布到全身各组织器官,其中在中枢神经系统的含量较高,拟除虫菊酯类农药在体内代谢较快,主要通过尿液和粪便排出体外。这类农药主要作用于神经系统,中毒机制目前尚未完全清楚。

(三)农药污染食品的途径

(1)直接污染食用作物 如对蔬菜直接喷洒农药,其污染程度主要取决于农药性质、剂型、施用方法、施药浓度、施药时间、施药次数、气象条件、农作物品种等。

（2）通过灌溉用水污染水源造成对水产品的污染　如污染鱼、虾等。

（3）通过土壤中沉积的农药造成对食用作物的污染　对农作物施用农药后，大量农药进入空气、水和土壤中，成为环境污染物。而这些环境中残存的农药又会被作物吸收、富集，而造成食品污染。

（4）通过食物链污染食品　农药残留被一些生物摄取或通过其他方式吸入后累积于体内，造成农药的高浓度储存，再沿着食物链移动转移至另一生物，经过食物链生物富集作用后，若食用该类生物性食品，可使进入人体的农药残留量上千倍甚至上万倍的增加，从而严重影响人体健康。一般在肉、乳品中含有的残留农药主要是畜禽摄入被农药污染的饲料，造成体内蓄积，尤其在动物的脂肪、肝、肾等组织中残留量较高。动物体内的农药有些可随乳汁进入人体，有些则可以转移至蛋中，产生富集作用。鱼、虾等水生动物摄入水中污染的农药后，通过生物富集和食物链可使体内农药的残留浓集至数百倍甚至数万倍。

（5）意外事故造成的食品污染　运输及贮运过程中由于和农药混放，可造成食品污染。尤其是运输过程中包装不严或农药容器破损，会导致运输工具污染，这些被农药污染的运输工具未经彻底清洗，又用于装运粮食其他食品，从而造成食品污染。另外，事故引发的农药泄漏也会对环境造成严重污染。

（四）控制措施

（1）严格执行有关农药法规，加强对食品原料的生产与管理　严格按照《农药安全使用规范》（NY/T 1276—2007）、《农药合理使用准则》（GB/T 8321.9—2009）等施药。根据标准和准则对主要作物和常用农药严格按规定使用量和稀释倍数，最多使用次数和间隔期，最后一次距收获期的天数，以保证食品中农药残留不致超标。同时按2017年国务院修改的《农药管理条例》规定，任何单位和个人不得生产未取得农药生产许可证或者农药生产批准文件的农药。任何单位和个人不得生产、经营、进口或者使用未取得农药登记证或者农药临时登记证的农药。

（2）合理饮食　对国民加强科普知识的宣传教育，注意饮食安全和卫生，在食用食物前应充分洗涤、削皮、烹饪、加热等处理。据试验，粮食中的六六六经加热处理可减少34%～56%，滴滴涕可下降13%～49%。各类食品经加热处理（94～98 ℃）后，六六六的平均去除率为40.9%，滴滴涕为30.7%。有机磷农药在碱性条件下更易消除。

二、兽药残留危害与控制

（一）兽药残留的概念

兽药残留是"兽药在动物源食品中的残留"的简称，根据联合国粮农组织和世界卫生组织（FAO/WHO）食品中兽药残留联合立法委员会的定义，兽药残留是指动物产品的任何可食部分所含兽药的母体化合物及（或）其代谢物，以及与兽药有关的杂质。

兽药残留既包括原药，也包括药物在动物体内的代谢产物和兽药生产中所伴生的杂质，包括抗生素类、驱肠虫药类、生长促进剂类、抗原虫药类、灭锥虫药类、镇静剂类、β-肾上腺素能受体阻断剂等。兽药残留是影响动物源性食品安全的重要因素之一。

(二) 常见的兽药种类

1. 抗微生物药物

抗生素是指由细菌、放线菌、真菌等微生物经过培养而得到的产物,或用化学半合成方法制造的相同或类似的物质,在低浓度下对细菌、真菌、立克次氏体、病毒、支原体、衣原体等特异微生物有抑制或杀灭作用。某些完全由合成的药物如磺胺类和呋喃类在低浓度下对病原微生物也具有抑制生长或杀灭作用,成为合成抗菌药物或化学治疗药物。虽然合成抗菌药物本身不是抗生素,但由于具有抗菌作用,被作为抗生素同等看待,因此与抗生素一起称为抗微生物药。常见的抗生素类型、作用和代表物见表2.1。常见的合成抗菌药类型、作用和代表物见表2.2。

表2.1　常见的抗生素类型、作用和代表物

抗生素类型	作用	代表物
β-内酰胺类	抑制细菌细胞壁的合成,抗革兰氏阳性菌	青霉素、氨苄西林、阿莫西林、头孢氨苄、头孢类
氨基糖苷类 氨基环多醇类	抑制细菌蛋白质合成,抗革兰氏阴性菌	链霉素、双氢链霉素、卡那霉素、庆大霉素、新霉素、大观霉素
四环素类	抑制细菌蛋白质合成,广谱抗生素	四环素、金霉素、土霉素、多西环素
氯霉素类	抑制细菌蛋白质合成,广谱抗生素	氯霉素、甲砜霉素、氟甲砜霉素
大环内酯类	抑制细菌蛋白质合成,主要抗革兰氏阳性菌	红霉素、泰氏菌素、替米卡星、北里霉素、罗红霉素
林可胺类	抑制细菌蛋白质合成,主要抗革兰氏阳性菌	林可霉素、克林霉素
多肽类	损伤细胞壁和细胞膜,主要抗革兰氏阳性菌	杆菌素、黏杆菌素、维吉尼霉素
多烯类	损伤真菌细胞膜,广谱抗真菌药	制霉菌素、两性霉素B

表2.2　常见的合成抗菌药类型、作用和代表物

抗菌药类型	作用	代表物
磺胺类	抑制细菌叶酸代谢,干扰细菌核酸和蛋白质的合成。广谱抗菌药、抗球虫药	磺胺二甲基嘧啶、磺胺嘧啶、磺胺间甲氧嘧啶、磺胺-2,6-二甲氧基嘧啶
喹诺酮类	抑制细菌DNA回旋酶,干扰DNA合成。广谱抗菌药	诺氟沙星、恩诺沙星、沙拉沙星、单诺沙星、环丙沙星
硝基呋喃类	抑制乙酰辅酶A,干扰细菌糖代谢。广谱抗菌药	呋喃西林、妥因、唑酮
二氨基嘧啶类	抑制细菌叶酸代谢,干扰细菌核酸和蛋白质的合成。广谱抗菌药、抗球虫药	二甲氧苄氧嘧啶、三甲氧苄氧嘧啶
硝基咪唑类	损害细菌DNA、抗厌氧菌感染	甲硝基咪唑、二甲硝基咪唑、磺甲硝咪唑

2. 抗寄生虫剂和杀虫剂

抗寄生虫剂是指能够杀灭或驱除体内、体外寄生虫的药物,包括驱虫剂和抗球虫剂等,球虫病是养禽业中造成损失最大的疾病,鸡和兔的球虫病是极少数可以给畜牧业生产造成毁灭性影响的寄生虫病之一。目前公认的防治球虫病的最有效的方法是对幼年动物在感染初期用抗球虫剂进行防治。有些抗生素有较强的抗球虫活性,其中药效最高的是聚醚类抗生素(包括莫能霉素、盐霉素、拉沙洛西钠、马杜霉素、甲基盐霉素等)。人工合成的抗球虫剂有氨丙啉、二甲硫胺、氯羟吡啶、磺胺类、尼卡巴嗪等几十种。

驱虫剂的种类很多,最常用的包括越霉素 A 和潮霉素 B 两种抗生素,更多的是人工合成化学品。常用的药物包括:苯并咪唑类,如丙硫苯咪唑、康苯咪唑、苯硫咪唑、氟苯咪唑、氧苯咪唑、丁苯咪唑、磺唑氨酯、苯硫脲酯等;吩噻嗪、哌嗪、咪唑并噻唑、苯硫氨酯、左旋咪唑、噻吩嘧啶等。这些化合物的毒性较大,只能作为发病时的治疗药短期使用,不能长期加在饲料中作为添加剂使用。

中国还使用某些有机磷农药(如敌百虫、敌敌畏、哈罗松、驱虫磷等)、氨基甲酸酯类及拟除虫菊酯类作寄生虫剂,包括经口直接用药,也可以用于动物饲养中厩舍杀虫。

3. 激素与促生长剂

在畜牧业生产中使用激素主要是用来防治疾病、调整繁殖和加快生长发育速度。使用于动物的激素有性激素和皮质激素,而以性激素最常用,包括雌激素、孕激素和雄激素。常见残留于动物源性食品中的激素主要有以下几类。

(1)内源性性激素是动物体内天然存在的性激素,如孕酮、睾酮、甲基睾酮等。

(2)人工合成的类固醇化合物为人工合成的类似性激素的化合物,如丙酸睾酮、甲基睾酮、苯甲酸雌二醇、醋酸甲烯雌醇、醋酸群勃龙、单棕榈酸雌二醇等。

(3)人工合成的非类固醇化合物为人工合成的具有性激素某些特性的化合物,其化学结构与内源性激素不同,如右环十四酮醇、己烯雌酚、己烷雌酚、双烯雌酚等。

促生长剂主要通过增强同化代谢、抑制异化或氧化代谢、改善饲料利用率或增加瘦肉率等机制发挥促生长效应。这类药物效能高、作用快、使用量小,许多药物属内源性物质,监控难度较高。常见的促生长剂如表 2.3 所示。

(三)控制措施

(1)实施农兽渔药管理的法制化和规范化,加强农兽渔药生产和经营管理。

(2)禁止和限制高毒性、高残留农兽渔药的使用范围。

(3)加强立法建设,建设强有力的执法队伍。

(4)积极研发低毒低残留农兽渔药。

三、重金属危害与控制

1. 汞

(1)理化特性 汞,又称水银,银白色液态金属,常温下即能蒸发。相对密度13.534,熔点-38.87 ℃,沸点356.68 ℃,在自然界以 HgS 的形式存在,不溶于水和有机溶剂,易溶于硝酸,能溶于类脂质。一般土壤中汞的含量不高,汞在自然界中可以进行迁移转化,如沉在泥沙中的可溶性汞盐,在厌氧和需氧微生物作用下,可转化为甲基汞,不溶性的汞

在 Fe^{2+} 的存在下,可氧化为可溶性汞化合物,也能转变为甲基汞,鱼体表面黏液中的微生物也能合成甲基汞。甲基汞易溶于水,能在水中迅速扩散,毒性较高。

表2.3 常见的促生长剂及代表物

促生长剂	代表物
甾类同化激素	群勃龙、睾酮、去甲睾酮、17-β-雌二醇、黄体酮、甲烯雌醇醋酸酯
二苯乙烯	己烯雌酚、乙烷雌酚等
雷索酸内酯类	玉米赤霉素
β-肾上腺素受体激动剂	克伦特罗、塞曼特罗、赛布特罗、马布特罗、沙丁胺醇、莱克多巴胺
生长激素	牛生长激素、猪生长激素
镇静剂	氯丙嗪、乙酰丙嗪、安定、氮哌酮
甲状腺抑制剂	丙硫氧嘧啶、甲硫嘧啶
离子载体类抗生素	莫能霉素、盐霉素
有机砷	对氨基苯砷酸、3-硝基-4-羟基苯砷酸

(2)食品中汞的来源

1)汞的生物富集 污染环境的汞均可通过生物富集作用经食物链进入人体。藻类或某些水昆虫可将水中的汞浓缩 2 000~17 000 倍;加拿大将含汞废水排入圣克莱湖,使该湖鱼体含汞量高达 $7×10^{-6}$。

2)汞的植物内吸作用 水稻可通过根系吸收土壤中的汞;对作物施用含汞农药,汞很快渗入植物组织并迅速到达生长旺盛部位;作物中甲级汞含量约占 10%。

3)汞在鱼体内的甲基化 因鱼体表黏液中的微生物有很强的甲基化功能,故鱼体中的汞几乎都以甲基汞形式存在,是进入人体甲基汞的主要来源。

2. 铅

(1)理化特性 铅是一种柔软略带灰白色的重金属,相对密度11.3,熔点327 ℃,沸点 525 ℃,加热到 400~500 ℃时即有大量铅蒸汽逸出,在空气中迅速氧化、冷凝为铅烟。铅的氧化物多以粉末状态存在,其在酸性条件下溶解度升高。

(2)食品中铅的来源

1)食具、容器、食品包装材料 用内壁有花饰的陶瓷或搪瓷容器,因原料中含有铅盛放酸性食物易造成污染;罐头食品因马口铁和焊锡含有铅,当涂料脱落时铅易溶出迁移于食品中;印刷食品包装材料用的油墨、颜料等也含有铅,在一定条件下,也可成为污染食品的来源。

2)食品加工用的机械设备 食品加工用的机械设备、管道等含铅,有些非金属如聚氯乙烯塑料管材,用铅做稳定剂,在一定条件下,铅均会逐渐迁移于食品中。

3)食品添加剂 有些非食品用化工产品,含有铅和其他杂质,用作食品添加剂,可造成食品污染。某些食品加工时,虽不直接接触铅,但随着时间的延长也会逐渐渗透进去,如加工皮蛋时,要放黄丹粉(氧化铅),铅会透过蛋壳迁移到食品中,加入量过多,蛋白上出现黑斑,含铅量高。

4)汽油燃烧　汽车尾气排放在空气中的铅逐渐沉降,或随雨落到地面,使农作物遭受污染。据报道,车辆行驶繁忙公路两旁的农作物,含铅量可高达 3 000 mg/kg。

3. 镉

(1)理化特性　镉是一种带微蓝色的银白色金属,相对密度 8.65,熔点 320.9 ℃,沸点 767 ℃。易溶于稀硝酸、热硫酸和氢氧化铵。在工业上用途广泛,各种含镉工业"三废"排放后,通过多种途径最终污染水体,水中的镉经生物富集作用由食物链移至人体内,引起中毒。

(2)食品中镉的来源

1)大气污染　工业区上空和公路两旁上空镉污染较严重,主要由于燃料中普遍含有镉,同时汽车轮胎在制作过程中,加了氧化锌,轮胎磨损的尘埃里也含有镉,随着大气中镉飘尘的降落,直接落在作物上,或增加了土壤里镉含量,从而使作物吸收更多的镉。

2)土壤污染　自然状态下,重金属含量与对农作物发生影响的重金属浓度之间间隔,称土壤污染容纳量。土壤中镉稍微增加,就会使作物的镉含量增加,因此污水灌溉会使土壤中镉含量有明显的积累。如某地区经含镉污水灌溉 17 年后,表土中镉的含量平均达 7.18～9.50 mg/kg,最高达 68.8 mg/kg。小麦含镉量平均为 0.45～0.61 mg/kg,最高达 2.67 mg/kg。此外,使用河泥作肥料,也是土壤污染的重要来源。

3)容器污染　镉除了从环境中进入食品外,还可以由容器污染。因镉具有耐高热又有鲜艳颜色,因此工业上用硫化镉和硫酸镉作玻璃、搪瓷上色颜料和燃料稳定剂,因此食品尤其是酸性食品盛放在有颜色花纹的容器内,就会使镉溶解出来,造成污染,引起中毒事故。

4. 铬

(1)理化特性　铬是一种铜灰色,有光泽、质坚、耐腐蚀的金属,熔点 1 615 ℃,沸点 2 200 ℃。二价铬极不稳定,易氧化成高价铬;在酸性条件下,六价铬易还原成三价铬,在碱性环境中,低价铬可氧化成重铬酸盐。铬及其盐类不溶于或稍溶于水,除三价铬外,也不溶于醇、醚等有机溶剂。参与正常代谢的主要是三价铬,六价铬可在体内起毒性作用,并可还原成三价铬。

(2)食品中铬的来源　自然界、水、土壤、植物、动物体内都有铬,美国调查 863 份土壤,含铬 1～1 500 mg/kg,我国对 23 种不同类型土壤进行分析,含铬量为 17～270 mg/kg,一般蔬菜、水果含铬量在 0.1 mg/kg 以下,畜禽肉由于生物浓缩作用,含铬量往往比植物高,但一般不超过 0.5 mg/kg。

含铬废水和废渣是食品主要污染来源,尤其是皮革厂下脚料含铬量极高,污泥含铬量为 0.32%～3.78%。用这种水灌溉农田后土壤和农作物籽实中含铬量随灌溉水的浓度及污灌年限而增加。当污灌水中铬浓度低于 0.1 mg/L 时,水稻、小麦的残留和土壤中积累与对照无明显差异。超过 0.1 mg/L 时,谷壳占 5%。如六价铬超过 10 mg/L 时水稻生长受抑制,超过 5 mg/L 时,小麦生长受抑制。

食品中铬也可由于与含铬器皿接触而增加,特别是酸性食物与金属容器接触,该容器所含微量铬可被释放出来,增高食品含铬量。

5. 控制措施

(1)严格按照环境标准执行工业废气、废水、废渣的排放,减少环境污染和治理污染源。调整不合理的工业布局,改进生产工艺,对工业排放的"三废"加强管理和治理。

(2)加强农用化学物质的管理,禁止使用含汞、铅、镉等金属超标的农药、化肥等化学物质。

(3)限制使用含汞、铅、镉、铬等金属及其化合物的食品加工用具、容器和包装材料,以及含有此重金属的添加剂和各种原材料。

(4)加强食品安全监督管理,完善食品安全标准。

任务三 物理危害及控制措施

一、非食源性物质危害与控制

1. 食品中非食源性物质的种类和污染途径

非食源性物质通常是指从外部来的物体或异物,包括在食品中非正常性出现的能引起疾病或容易造成人身伤害的任何物理物质,非食源性物质也称为物理危害物质。

食品中的物理危害物质来源:被污染的材料(原料、水等),设计或维护不良的粉碎设备和加工设备、设施,加工过程中错误的操作、建筑材料和雇员本身等。常见的引起物理性安全危害的非食源性物质如表2.4。

表2.4 引起物理性安全危害的非食源性物质

物理危害	潜在风险	来源
玻璃	割伤、流血、需外科手术查找并除去危害物	玻璃瓶、罐、各种玻璃器具
木屑	割伤、感染、窒息或需外科手术除去危害物	原料、货盘、盒子、建筑材料
石头	窒息、损坏牙齿	原料、建筑材料
金属	割伤、窒息或需外科手术除去危害物	原料、机器、电线、员工
昆虫及其他污秽	疾病、外伤、窒息	原料、工厂内
绝缘体	窒息,若异物是石棉则会引起长期不适	建筑材料
骨头	窒息、外伤	原料、不良加工过程
塑料	窒息、割伤、感染或需外科手术除去危害物	原料、包装材料、货盘、员工

2. 控制措施

(1)对原材料中物理危害进行控制要建立完整供货商保证体系,利用金属探测器、磁铁吸附、过筛、水洗、人工挑选等方法在生产前对原料筛选。

(2)在生产过程的关键过程中根据实际情况制定和实施、甄别和筛选工序,如对有可能混入金属碎片的半成品采用金属探测器检测。

(3)对可能成为食品中物理危害来源的因素进行控制,如经常检修设备、生产用具以保证其安全和完整性;对生产场所的周边环境进行控制,清除可能带来危害的物质;对职工加强教育和培训,减少人为因素造成的物理危害。

二、辐射、放射性危害与控制

1.放射性污染的来源

放射性元素是能够自发地从不稳定的原子核内部放出粒子或射线(如 α 射线、β 射线、γ 射线等),同时释放能量,最终衰变形成稳定的元素而停止放射的元素,这种性质称为放射性。放射性污染是指环境中放射性物质的放射性水平高于天然本底或超过规定的卫生标准。一般来讲,人体受到某种微量放射性物质的轻微辐射并不影响健康,只有当辐射达到一定剂量时才出现有害作用。

放射性污染的来源有以下几种。

(1)核武器试验的沉降物。

(2)核燃料循环的"三废"。排放原子能工业的中心问题是核燃料的产生、使用与回收、核燃料循环的各个阶段均会产生"三废",能对周围环境带来一定程度的污染。

(3)医疗照射引起的放射性污染。目前,由于辐射在医学上的广泛应用,已使医用射线源成为主要的环境人工污染源。

(4)其他各方面来源的放射性污染。其他辐射污染来源可归纳为两类:一类是工业、医疗、军队、核舰艇,或研究用的放射源,因运输事故、遗失、偷窃、误用,以及废物处理等失去控制而对居民造成大剂量照射或污染环境;另一类是一般居民消费用品,包括含有天然或人工放射性核素的产品,如放射性发光表盘、夜光表以及彩色电视机产生的照射,虽对环境造成的污染很低,但也有研究治理的必要。

2.放射性核素对人体的危害

放射性物质的污染主要是通过水及土壤污染农作物、水产品、饲料等,经过生物圈进入食品,并且可通过食物链转移。某些鱼类能富集金属同位素,如^{137}Cr 和^{90}Sr 等,某些海产动物,如软体动物能富集^{90}Sr,牡蛎能富集大量^{65}Zn,某些鱼类能富集^{55}Fe。

放射性对生物的危害是十分严重的。放射性损伤有急性损伤和慢性损伤。如果人在短时间内受到大剂量的 X 射线、γ 射线和中子的全身照射,就会产生急性损伤。轻者有脱毛、感染等症状。当剂量更大时,出现腹泻、呕吐等肠胃损伤。在极高的剂量照射下,发生中枢神经损伤直至死亡。放射能引起淋巴细胞染色体的变化。放射照射后的慢性损伤会导致人群白血病和各种癌症的发病率增加。少量累积照射会引起慢性放射病,使造血器官、心血管系统、内分泌系统和神经系统等受到损害,发病过程往往延续几十年。放射性也能损伤遗传物质,主要引起基因突变和染色体畸变,使一代甚至几代受害。

项目小结

食品中的有害物质除少量来源于天然动植物原料本身外,主要源于:外界环境污染;食品原料及各种添加剂;食品加工过程中产生或加入的有害物;各种情况下食品成分发生异常变化。食品污染物质主要有三大类:①生物性污染,包括细菌、真菌、病毒、寄生虫、含天然毒素的动植物等。②化学性污染,包括农药、兽药、重金属、其他有害化学物质等,农药、兽药的残留和化肥的不合理使用是造成化学性污染的主要因素,其中农药对人体危害较大,可通过皮肤、呼吸道和消化道三种途径进入人体。工业"三废"对环境造的主要是重金属污染,如汞、镉、铬、铅等污染比较常见。③物理性污染,包括固体物质、放射性污染等。

课后测验

1. 什么是生物性污染? 引起生物性污染的来源及控制措施有哪些?
2. 简述细菌污染食品的途径。引起食物中毒的细菌种类都有哪些?
3. 简述霉菌污染食品的条件。霉菌的控制措施有哪些?
4. 什么是化学性污染?

拓展阅读

"多宝鱼"事件

2006 年 11 月 17 日,上海市食品药品监管局公布对上海市多宝鱼抽检结果:"最近市食品药品监管局对本市沪西、铜川水产品批发市场、超市和部分饭店采样的 30 件冰鲜、鲜活多宝鱼检测结果显示,除重金属指标检测合格外,30 件样品全部检出硝基呋喃类代谢物,且呋喃唑酮代谢物最高检出值为 1 mg/kg 左右。同时,部分样品还检出恩诺沙星、环丙沙星、氯霉素、孔雀石绿、红霉素等禁用鱼药残留,部分样品土霉素超过国家标准限量要求。"此后,北京、杭州、广州、南京等地则相继"封杀"多宝鱼,一时间,各地水产市场对"多宝鱼"避之唯恐不及,造成了全国"多宝鱼"滞销的局面,"多宝鱼"产业陷入危机。

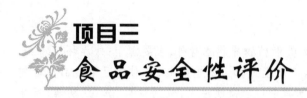

项目三 食品安全性评价

知识目标

1. 理解食品毒理学的基本概念和常用术语。
2. 掌握我国食品安全毒理学评价的四个阶段试验的基本概念。
3. 掌握风险评估的步骤。
4. 掌握风险管理的内容、原则。

能力目标

1. 能根据几个常用的表示毒性大小的指标辨别不同外源化学物质的毒性大小。
2. 针对不同的受试物,能够根据我国食品安全性毒理学评价程序的要求,选择需要做的试验,用相对较少的时间、相对经济的办法得到必要而相对可靠的毒理学试验结果。

素质目标

1. 掌握职业道德基本规范和本行业职业道德规范的内容及要求。
2. 树立敬业精神、质量意识、公正意识、奉献意识,为良好职业道德行为习惯的养成打下基础。

任务一 食品毒理学评价

一、食品毒理学基础知识

1. 食品毒理学概述

(1)食品毒理学概念 食品毒理学是现代毒理学的一门分支学科。食品毒理学是借用基础毒理学的基本原理和方法,研究食品中有毒有害物质的性质、来源及其对人体的损害作用与机制,评价其安全性并确定这些物质的安全限量以及提出预防管理措施的一门学科,从而达到确保人类的健康目的。

（2）食品毒理学的研究任务　　食品毒理学是应用毒理学方法研究食品中可能存在或混入的有毒、有害物质对人体健康的潜在危害及其作用机制的一门学科,包括:急性食源性疾病以及具有长期效应的慢性食源性危害,涉及从食物的生产、加工、运输、储存到销售全过程的各个环节,食物生产的工业化和新技术的采用,以及对食物中有害因素的新认识,并确定这些物质的安全限量和评定食品的安全性。在食品加工过程中,有时可以形成多种污染物,如烧烤食品可以产生某些致癌物和致突变物(如多环芳烃和杂环胺等);腌腊食品可以产生致癌物(如亚硝胺)。另外,还应指出的是维持人类正常生理所必需的营养素,如各种维生素、必需微量元素,甚至脂肪、蛋白质和糖类等,过量摄取也可以引发某些毒副作用,尤其是一些微量元素,如锌、硒、锰等。因此,在食品毒理学领域研究外源化学物的同时,也应研究必需营养素过量摄入所引起的毒性作用。

2. 食品毒理学基本概念

（1）毒物　　毒物是指在一定条件下,较小剂量即能够对机体产生损害作用或使机体出现异常反应的外源化学物。外源化学物质通常为药物、农药、工业化学物质、天然存在的毒物或毒素及环境污染物等。其中生物(细菌、霉菌、蛇、昆虫等)产生的有毒物质称为毒素。毒物可以是固体、液体或气体,在与机体接触和进入机体后,能与机体相互作用,发生物理化学或生物化学反应,干扰或破坏机体的正常生理功能,引起暂时性或永久性的病理损害,严重的甚至危及生命。毒物与非毒物之间并无绝对界限,事实上,某种外源化学物在某些特定的条件下可能是有毒的,而在另外一些条件下又可能是无毒的。早在15世纪,瑞士医师 Paracelsus(1493—1541 年)即指出:"所有的物质都是毒物,没有不是毒物的物质,正确的剂量才使得毒物与药物得以区分",从而提出"剂量决定毒物"的至理名言。如人体对硒的安全摄入量为每日 50～200 μg,当摄入量低于 50 μg 时可能会导致心肌炎、克山病、免疫力下降等疾病;但是,当摄入量超过 200 μg 时,可能会导致中毒,若每日摄入量超过 1 mg,则可能导致死亡。

（2）毒性及剂量

1）毒性　　毒性指外来化学物质能够造成机体损害的能力。描述一种化学物质的毒性总是和剂量相联系的。所谓毒性大的物质,是指使用较少的数量即可对机体造成损伤;而毒性较小的物质,是指需要较多的数量才可对机体造成损伤。从某种意义上说,只有达到一定的数量,任何物质都可能表现出毒性;反之,只要低于一定剂量,任何物质都不具有毒性。

2）剂量　　指动物机体每千克体重接触毒物的量。表示单位为 mg/kg$_{体重}$。上述概念中"接触毒物"的含义从广义上讲,包括各种接触途径,如经口、皮、呼吸道、肌肉、皮下、静脉等。同一毒物,同一剂量,如果接触途径不同,引起的毒性反应不同。

3）毒性作用　　毒作用,又称毒性效应,概括而言是指毒物对动物有机体产生的生物学损害作用。毒作用又称毒效应,是化学毒物对机体所致的不良或有害的生物学改变,故又称不良效应或有害效应。毒作用的特点:在接触化学毒物后,机体表现出各种功能障碍、应激能力下降、维持机体稳态能力降低及对环境中的其他有害因素敏感性增高等。

4）毒效应谱　　外源化学物与机体接触后引起毒效应,效应的范围从微小的生理生化正常值的异常改变到明显的临床中毒表现,直至死亡。毒效应随着剂量的增加而产生一系列的性质与强度的变化,称之为毒效应谱。

5)选择毒性、靶器官　不同外源化学物对机体产生的损害作用可能是不同的,这就是选择毒性。外源化学物可以直接发挥毒效应的器官或组织就称为该物质的靶器官。如甲基汞的靶器官是脑,铜的靶器官是肾。毒作用的强弱主要取决于该物质在靶器官中的浓度。但靶器官不一定是浓度最高的场所。如铅在骨中沉积,骨中含量最高,但对骨头不产生毒效应,而会缓慢释放对造血系统、神经系统等产生毒作用。

3. 毒性指标

化学物的毒性大小可以用两种方法来描述:一种是比较相同剂量外源化学物引起的毒作用强度,另一种是比较引起相同毒作用的外源化学物的剂量。后者更易于定量,被用于描述下列各种毒性指标和安全限值的概念。毒性指标可大致分为两类:一类为毒性上限指标,是在急性毒性试验中以死亡为终点的各项毒性指标;另一类是毒性下限指标,即有害作用的阈剂量及最大无作用剂量,可以从各种毒性试验中得到。当受试物质存在于空气或水中时,上述指标中的计量改为浓度。

(1)致死剂量　致死剂量(lethal dose,LD)是指在急性毒性试验中某种外源化学物能引起实验动物死亡的剂量。常以引起机体不同死亡率所需的剂量来表示。一般用 $mg/kg_{体重}$ 或 $mg/L_{水}$ 表示。但在一个群体中,个体死亡的多少有很大程度的差别。所需的剂量也不一致,因此致死剂量又具有下列不同的概念。

1)绝对致死剂量(LD_{100})　指能造成一群机体全部死亡的最低剂量。

2)半数致死剂量(LD_{50})　是一个用统计学方法表示的,能预期引起一群机体中50%死亡所需的剂量。

3)最小致死量(minimum lethal dose,MLD)　指能引起一群机体中个别个体死亡的最小剂量。

4)最大耐受量(maximum tolerance dose,MTL)　指能引起一群机体全部发生严重的毒性反应但无一死亡的最大剂量。

(2)阈剂量　阈剂量也称最小有作用剂量,即在一定时间内,一种外来化学物质按一定方式或途径与机体接触,能使某项观察指标开始出现异常变化或使机体开始出现损害作用所需的最低剂量,也可称为中毒阈剂量,或中毒阈值。

(3)最大无作用剂量　在一定时间内,一种外来化合物按一定方式或途径与机体接触,根据目前认识水平,用最灵敏的试验方法和观察指标,未能观察到任何对机体的损害作用的最高剂量。最大无作用剂量是评定外来化学物质毒性的重要依据,是制定一种外来化学物质的每日容许摄入量和食品中最高容许限量的基础,具有十分重要的意义。每日容许摄入量是指正常成人每日摄入的某一化学物质而不致引起任何损害作用的剂量;最高容许限量指某一种化学物质可以在食品中存在而不致对人体造成任何损害作用的限量。

4. 安全限值

安全限值即卫生标准,是对各种环境介质(空气、土壤、水、食品等)中的化学、物理和生物有害因素规定的限量要求。它是国家颁布的卫生法规的重要组成部分,是政府管理部门对人类生活和生产环境实施卫生监督和管理的依据,是提出防治要求、评价改进措施和效果的准则,对于保护人民健康和保障环境质量具有重要意义。

二、食品毒理学评价程序

1. 食品安全性毒理学试验的目的

(1)急性毒性试验　测定半数致死量(LD_{50}),了解受试物的性质、毒性强度和可能的靶器官,为进行进一步的毒性试验剂量选择和毒性判定指标提供依据。

(2)遗传毒性试验　对受试物的遗传毒性以及是否具有潜在致癌作用进行筛选。

(3)亚慢性毒性试验　亚慢性毒性试验亦即90天喂养试验、繁殖试验,观察受试物在不同剂量水平经较长期喂养后的毒性作用性质和靶器官,并初步确定最大无作用剂量。了解受试物对动物繁殖及对子代的致畸作用,为慢性毒性试验和致癌试验的剂量选择提供依据。

(4)慢性毒性试验(包括致癌试验)　了解试验动物经长期接触受试物后出现的毒性作用,尤其是进行性或不可逆的毒性作用以及致癌作用;最后确定最大无作用剂量,为受试物能否用于食品的最终评价提供依据。

2. 食品毒理学评价程序的运用原则

投产或申请登记之前,必须进行第一、第二阶段的试验。凡属我国创新的物质,特别是其化学结构提示有慢性毒性、遗传毒性或致癌作用的,或产量大、使用面广、摄入机会多的,必须进行全部4个阶段的毒理学试验。同时,在进行急性毒性、90天喂养试验及慢性毒性(包括致癌)试验时,要求用两种动物。

凡属和已知物质(指经过安全性评价并允许使用者)的化学结构基本相同的衍生物或类似物,则可进行前三阶段试验,并根据试验结果决定是否需要进行第四阶段试验。

凡属我国仿制而又有一定毒性的已知化学物质,世界卫生组织对其已公布每人每日容许摄入量的,同时我国的生产单位又有资料证明其产品质量规格与国外产品一致时,则可以先进行第一、第二阶段试验。如果产品质量或试验结果与国外资料一致,一般不要求继续进行毒性试验。如果产品质量或试验结果与国外资料不一致,还应进行第三阶段试验。对农药、添加剂、高分子聚合物、新食品资源、辐照食品等还有更详细的要求。

3. 食品毒理学评价程序的基本内容

毒理学评价是根据一定的程序对食品所含的某种外来化合物进行毒性试验和人群调查,确定其卫生标准,并依此标准对含有这些外来化合物的食品做出能否商业化的判断过程。按照2014年我国卫生部颁发的《食品安全性毒理学评价程序和方法》(GB 15193—2014)以及目前关于食品安全性评价方法的研究进展,对食品安全性进行评价时需要进行以下4个阶段的试验。

第一阶段:急性毒性试验。经口急性毒性,LD_{50}联合急性毒性。

第二阶段:遗传毒性试验、传统致畸试验、短期喂养试验。

第三阶段:亚慢性毒性试验——90天喂养试验、繁殖试验、代谢试验。

第四阶段:慢性毒性试验(包括致癌试验)。

对不同的物质进行毒理学评价时,可根据具体情况选择全部或部分试验。

(1)第一阶段:急性毒性试验　急性毒性是指机体(人或试验动物)1次接触或24 h

多次接触化学物后在短期(最长14天)内所发生的毒性效应,包括一般行为、外观改变、大体形态改变及死亡效应。急性毒性试验是经口一次性给予或24 h内多次给予受试物后,短时间内动物所产生的毒性反应,包括致死的和非致死的指标参数,致死剂量通常用半数致死剂量 LD_{50} 来表示,其单位是每千克体重所摄入受试物质的毫克数,即 mg/kg体重。急性毒性试验主要是确定受试物使试验动物死亡的剂量水平,即定出 LD_{50},初步了解该受试物的毒性强度。从急性毒性试验中获得的数据为进一步的遗传毒性试验的剂量选择提供依据。

为了评价被检物的急性毒性强弱,国际上(FAO/WHO)提出了外来化合物的急性毒性分级。我国食品安全性毒理学评价借用国际的6级标准(见表3.1)。

表3.1 外来化合物的急性毒性分级

毒性分级	小鼠一次经口 LD_{50}/(mg/kg)	大约相当于体重70 kg人的致死剂量
6级,极毒	<1	稍尝,<7滴
5级,剧毒	1~50	7滴~1茶匙
4级,中等毒	51~500	1茶匙~35 g
3级,低毒	501~5 000	35~350 g
2级,实际无毒	5001~15 000	350~1 050 g
1级,无毒	>15 000	>1 050 g

(2)第二阶段:遗传毒性试验、传统致畸试验、短期喂养试验 遗传毒性试验的组合应该考虑原核细胞与真核细胞、体内和体外试验相结合的原则。从 Ames 试验(鼠伤寒沙门菌回复突变试验)或 V79/HGPRT 基因突变试验、骨髓细胞微核试验或哺乳动物骨髓细胞染色体畸变试验、TK 基因突变试验或小鼠精子畸形分析中分别各选一项。

(3)第三阶段:亚慢性毒性试验——90天喂养试验、繁殖试验、代谢试验 亚慢性毒性(sub-chronic toxicity)是指试验动物连续多日(通常28~90天)重复接触(染毒)受试物所引起的毒性效应。基于上述前期的试验结果便可设计亚慢性毒性试验,亚慢性毒性试验的周期从几个月到一年不等。亚慢性毒性试验是指采用不同剂量水平的受试物较长期喂养试验动物,确定受试物对试验动物的毒性作用,通过试验了解受试物对试验动物繁殖及子代的致畸作用,为慢性毒性试验提供一定的依据,评价受试物能否应用于食品中。亚慢性毒性试验包括90天喂养试验、致畸试验、繁殖试验和代谢试验。

(4)第四阶段:慢性毒性试验(包括致癌试验) 慢性毒性试验是在试验动物生命周期中的关键时期,用适当的方法和剂量给动物饲喂被检物质,观察其累计的毒性效果,有时可包括几代的试验。致癌试验是检验受试物或其代谢产物是否具有致癌或诱发肿瘤作用的慢性毒性试验。

任务二　食品风险分析

一、食品风险评估

1.风险分析框架

风险分析是研究风险的产生、发展和对人们的危害以及如何进行预防、控制和规避风险的科学。食品风险分析理论的理解和应用,必须要正确区分危害和风险这两个基本概念。根据食品法典委员会(Codex Alimentarius Commission,CAC)对风险分析的一系列定义,危害是指食品中含有的、潜在的将对健康造成副作用的生物、化学和物理的致病因子,风险是指由于食品中的某种危害而导致的有害于人群健康的可能性和副作用的严重性。

食品风险分析包含风险评估、风险管理和风险信息交流3个组成部分。在一个食品安全风险分析过程中,这三部分看似独立存在,其实三者是一个高度统一融合的整体。在这一过程中,包括风险管理者和风险评估者在内的各个利益相关方通过风险交流进行互动,由风险管理者根据风险评估的结果以及与利益相关方交流的结果制定出风险管理措施,并在执行风险管理措施的同时,对其进行监控和评估,随时对风险管理措施进行修正,从而达到对食品安全风险的有效管理。

风险评估是一种系统地组织相关技术信息及其不确定度的方法,用以回答有关健康风险的特定问题。要求对相关信息进行评价,并且选择模型根据信息做出推论,风险评估是整个体系的核心和基础,由国际食品法典委员会所描述的危害识别、危害特征描述、暴露评估和风险特征描述4个分析步骤组成。

风险管理有别于风险评估,是权衡选择政策的过程,需要考虑风险评估的结果和与保护消费者健康及促进公平贸易有关的其他因素。如必要,应选择采取适当的控制措施,包括取缔手段。

风险交流是贯穿风险分析整个过程的信息和观点的相互交流的过程。交流的内容可以是危害和风险,或与风险有关的因素和对风险的理解,包括对风险评估结果的解释和风险管理决策的制定基础等;交流的对象包括风险评估者、风险管理者、消费者、企业、学术组织以及其他相关团体。

风险分析三要素之间的关系如图3.1所示。风险评估被认为是风险分析中"基于科学"的部分,风险管理是在选取最优风险管理措施时对科学信息与其他因素(如经济、社会、文化与伦理等)进行整合和权衡的过程,风险交流是相互交流有关风险的信息和建议的过程。

2.食品风险评估定义

(1)风险评估　风险评估是系统地采用一切科学技术及信息来定量、定性或半定量/定性描述某危害或某环境对人体健康风险的方法。明确到食品风险评估就是对人体暴露于某危害时产生或将产生有害效应的严重程度及可能性进行的科学评价。

风险评估是指对人体接触食源性危害而产生的已知或潜在的对健康不良影响的科

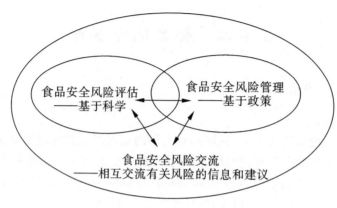

图3.1 风险分析三要素框架

学评估,是一种系统的组织科学技术信息及其不确定性信息,回答关于健康风险的具体问题的评估方法。风险评估要求对相关资料做评价,并选择合适模型对资料做出判断。同时,要明确地认识其中的不确定性,并在某些情况下承认根据现有资料可以推导出科学上合理的不同结论。

(2)食品安全风险评估 食品安全风险评估,即是指对食品、食品添加剂中生物性、化学性和物理性危害对人体健康可能造成的不良影响所进行的科学评估。

食品安全风险评估应当运用科学方法,根据食品安全风险监测信息、科学数据以及其他有关信息进行,食品安全风险评估作为一个科学、客观的过程,必须遵循客观规律、运用科学方法。即食品安全风险评估结果作为权威、专业的科学依据需要科学独立性,根据《食品安全法》规定,卫生部组建了由医学、农业、食品、营养等方面专家组成的国家食品安全风险评估委员会。

3.食品风险评估步骤

(1)危害识别 危害识别是指为确定某种物质的毒性(即科学家鉴定产生的有害效应)的过程,在可能时对该物质导致有害效应的特性进行鉴定。对于化学因素,包括食品添加剂、农药和兽药残留、污染物和天然毒素,可采取动物实验、志愿者实验、定量的结构-活性关系或流行病学调查研究等方式,也可采用"证据力"方法,采用已证实的科学结论来获取危害程度的依据。所用方法可以是定性的,也可以是定量的,但定量方法目前更适合于化学危害的风险评估。

(2)危害特征描述 一旦已经识别了潜在的危害,就必须对危害的特征进行描述。危害特征描述是对存在于食品中可能对健康产生不良影响的生物、化学和物理危害因子的定性和定量评价。危害特征描述是定量风险评估的开始,其核心是剂量-反应关系的评估。一般是由毒理学试验获得的数据外推到人,计算人体的每日容许摄入量(ADI值)。严格来说,对于食品添加剂、农药和兽药残留,制定 ADI 值;对于污染物,针对蓄积性污染物如铅、镉、汞,制定暂定每周耐受摄入量(PTWI 值);针对非蓄积性污染物如砷等,制定暂定每日耐受摄入量(PTDI 值);对于营养素,制定每日推荐摄入量(RDI 值)。

(3)暴露评估 暴露指通过食品及其他有关途径对危害物的摄入。暴露评估又称摄入量评估,是对食品危害物(生物、化学和物理因素)摄入量的定性或定量的估算。暴露评估是风险评估的一个关键步骤,是整个风险评估中不肯定因素较集中的一个领域。如经此阶段认定待评物质与人群无接触或虽有接触但不能引起健康危害,则风险评价可不必再继续进行。

暴露评估主要根据膳食调查和各种食品中化学物质暴露水平调查的数据进行的。通过计算,可以得到人体对于该种化学物质的暴露量。人体与化学物的接触,显然发生于外部环境和机体的交换界面(如皮肤、肺和胃肠道)。暴露评估就是对人体对化学物接触进行定性和定量评估,包括暴露的强度、频率和时间,暴露途径(如经皮、经口和呼吸道),化学物摄入(intake)和摄取(uptake)速率,跨过界面的量和吸收剂量(内剂量)。也就是测定某一化学物进入机体的途径、范围和速率,来估计人群与环境(水、土、气和食品)暴露化学物的浓度和剂量(见表3.2)。

表3.2 暴露评估基本定义释义

项目	释义
危害	生物危害、化学危害、物理危害、单一危害、多重危害、多因素危害
危害来源	人类起源的/非人类起源的、区域性/局部性、不固定/固定、室内/户外
传播媒介	空气、水、土壤、垃圾、食品等
暴露途径	摄取被污染的食物,呼吸被污染的空气,触摸被污染的表面等
暴露浓度	mg/kg(食品)、mg/L(水)、$\mu g/m^3$(空气)、$\mu g/m^2$(接触表面)
暴露途径	吸入、皮肤接触、饮食及多途径同时兼有
暴露时间	秒、分钟、小时、天、周、月、年、一生
暴露频率	连续、间断、循环、偶然、极少
暴露人群	普通人群、敏感人群及个体
暴露区域	实验室设计区域、地区、国家、全球
时效性	过去、现在、将来及一直处于暴露状态

(4)风险特征描述 风险特征描述是在危害识别、危害特征描述和暴露评估的基础上,对特定人群中产生已知或潜在不良健康影响的可能性及严重性进行定性和定量的估计,包括相关的不确定性。在对化学危害物的风险评估过程中,风险特征描述的结果是提供人体摄入化学物质对健康产生不良作用的可能性的估计,它是危害识别、危害描述和暴露评估的综合结果。

二、食品风险管理

1. 风险管理的概念

食品法典委员会对风险管理的定义为:依据风险评估的结果,权衡管理决策方案,并在必要时,选择并实施适当的管理措施(包括制定规则)的过程。风险管理与风险评估不同,是权衡不同管理策略并与相关机构商讨行政政策的决策过程,它在考虑风险评估结论基础上兼顾保护消费者及促进公平贸易,并在必要情况时选择与实施适当管理措施的过程。风险管理的首要目标是通过选择和实施适当的措施,尽可能有效地控制食品风险,从而保障公众健康。措施包括制定限量标准与控制规范,实施食品安全监控措施。风险管理的第一步是在风险概述的基础上,对需要进行风险评估的食品及危害物做出具体的风险评估的要求;第二步是依据风险评估的结果,权衡管理决策方案,并在必要时,选择实施适当的控制措施的过程,其产生的结果就是制定食品安全标准、准则和其他建议性措施。当前,最佳的风险管理方式之一为应用危害分析与关键点控制(HACCP)体系来保证食品安全。

2. 风险管理的主要内容

风险管理的主要内容包括四个方面:风险评价(初步的风险管理活动),风险管理选择评估,执行管理决定,管理措施监控和审查。

(1)风险评价　风险评价是在风险概述的基础上,对需要进行风险评估的食品及危害物做出具体的风险评估的要求。基本内容包括确认食品安全问题、描述风险概况、就风险评估和风险管理的优先权对危害进行排序、为进行风险评估制定风险评估决策、提供风险评估的人力物力、决定是否需要进行风险评估以及风险评估结果的审议等。

(2)风险管理选择评估　风险管理选择评估的程序包括确定可行的管理选项、选择最佳的管理选项(包括考虑一个合适的安全标准)以及最终的管理决定,包括适宜保护水平的确定、有效风险管理决策的确定、优先风险管理决策的选择、最终风险管理决策。由于保护人体健康应当是首先考虑的因素,同时可适当考虑其他因素(如经济费用、效益、技术可行性、对风险的认知程度等),可以进行费用-效益分析,及时启动风险预警机制;并对管理措施的有效性进行评估以及在必要时对风险管理和(或)风险评估进行审查,以确保食品安全目标的实现。

(3)执行管理决定　执行管理决定指风险管理措施的采纳及实施。为了做出风险管理决定,风险评价过程的结果应该与现有风险管理选项的评价相结合。通过对各种方案的选择做出了最终的管理决定后,必须按照管理决定实施。保护人体健康应当是首先考虑的因素,同时,可适当考虑其他因素(如经济费用、效益、技术可行性、对风险的认知程度等),可以进行费用-效益分析,及时启动风险预警机制。

(4)管理措施监控和审查　对实施措施的有效性进行评估及在必要时对风险管理或风险评估进行审查,以确保食品安全目标的实现。

三、食品风险交流

1. 风险交流的概念

根据食品法典委员会的定义,风险交流是指在风险分析全过程中,就危害、风险、风险相关因素和风险认知在风险评估人员、风险管理人员、消费者、产业界和其他感兴趣各方对信息和看法的互动式交流,交流内容包括对风险评估结果的解释和风险管理决定的依据。在风险分析的三个组成部分中,风险交流是联系风险分析过程中利益相关方的纽带。从本质上讲,风险交流是一个双向过程,它涉及了风险管理者与风险评估者之间、风险分析小组成员和外部的利益相关方之间的信息共享。在这个双向信息交换过程中,一方面就食品安全风险和管理措施向公众提供清晰、及时的信息,主要是保证利益相关方和公众对食品安全风险信息和决策过程的知情权和对决策过程的参与权;另一方面通过风险交流,风险管理者和风险评估者可以获取关键信息、数据和观点,并从受到影响的利益相关方征求反馈意见,这样的参与过程有助于形成决策依据。

而在实际的运行中,风险管理者和风险评估者经常处于一个相对封闭的过程中,而且他们也认为风险分析过程主要由政府管理者和专家来完成,其他利益相关方和普通大众参与的较少。因此,风险交流的目的就是要在整个风险分析的过程中,通过互动式双向风险信息交流和互换来保证利益各方都能参与到风险管理和风险评估过程中,提高大众对风险管理决策的知情权和参与权。

2. 风险交流的目的

风险交流的目的主要有以下四个方面:帮助消费者了解危及他们健康的潜在威胁;帮助消费者根据有关风险的信息采取适当的预防措施;帮助消费者在寻求对其日常生活中面临的多种不同风险做出的反应时确定优先次序;为科研工作者进行风险评估及政府进行风险管理带来帮助。

3. 风险交流的要素

(1)风险的性质　风险的性质包括危害的特征和重要性,风险的大小和严重程度,情况的紧迫性,风险的变化趋势,危害暴露的可能性,暴露的分布,能够构成显著风险的暴露量,风险人群的性质和规模,最高风险人群。

(2)利益的性质　利益的性质包括与每种风险有关的实际或者预期利益,受益者和受益方式,风险和利益的平衡点,利益的大小和重要性,所有受影响人群的全部利益。

(3)风险评估的不确定性　风险评估的不确定性包括评估风险的方法,每种不确定性的重要性,所得资料的缺点或不准确度,估计所依据的假设,估计对假设变化的敏感度,有关风险管理决定的估计变化的效果。

(4)风险管理的选择　风险管理的选择包括控制或管理风险的行动,可能减少个人风险的个人行动,选择一个特定风险管理选项的理由,特定选择的有效性,特定选择的利益,风险管理的费用和来源,执行风险管理选择后仍然存在的风险。

4. 风险交流的对象

(1)政府　政府在风险交流过程中扮演重要角色,它对风险交流负有根本的责任。当危险性管理的职责放在使有关各方充分了解和交流信息的职责上时,政府的决策就有义务保证,参与风险分析的有关各方都能有效地交流信息。同时危险性管理者还有义务了解和回答公众关注的危害健康的危险性问题。在交流过程中政府应尽力采用一致的和透明的方法。进行交流的方法应根据不同问题和不同对象而有所不同。这在处理不同特定人群对某一危险性有着不同看法时最为明显。这些认识上的差异可能取决于经济、社会和文化上的不同,应该得到承认和尊重。只有其所产生的结果(即有效地控制危险性)才是最重要的。用不同方法产生相同结果是可以接受的。通常政府有责任进行公共健康教育,并向卫生界传达有关信息。在这些工作中,危险性交流能够将重要的信息传递给特定对象,如孕妇和老年人。

（2）企业界　企业和政府一样有责任把风险信息传达给消费者。企业与政府间在制定标准或批准新技术、新成分或新标签等方面的信息交流能促进企业保证其生产的食品的质量安全。风险管理的一个目标是确定最低的、合理的和可接受的危险性，这就要求对食品加工和处理过程中一些特定信息有一定了解，而企业对这些信息具有最好的认识，这对风险管理和风险评估者拟订有关文件和方案时发挥至关重要的作用。

（3）消费者和消费者组织　消费者和消费者组织参与到风险交流工作中，是切实保护公众健康的必要因素。在风险分析过程的早期，公众或消费者组织的参与有助于确保消费者关注的问题得到重视和解决，并使公众更好地理解风险评估过程，以及如何做出风险管理决定，而且这也能够进一步为由风险评估产生的风险管理决定提供支持。消费者和消费者组织有责任向风险管理者表达他们对健康风险的关注和观点。消费者组织应经常和企业政府一起工作，以确保消费者关注的风险信息得到很好的传播。

（4）学术界和研究机构　学术界和研究机构的人员拥有关于健康和食品安全的科学专业知识以及识别危害的能力，在风险分析过程中发挥重要作用。媒体或其他有关各方可能会请他们评论政府的决定。通常，他们在公众和媒体心目中具有很高的可信度，同时也可作为不受其他影响的信息来源。这些科研工作者通过研究消费者对风险的认识或如何与消费者进行交流，以及评估交流的有效性，帮助风险管理者寻求风险交流方法和策略的建议。

（5）媒体　媒体在风险交流中起关键作用。公众所得到的有关食品的健康风险信息大部分是通过媒体得到的。媒体不仅可以传播信息，也能制造或说明信息。媒体并不局限于从官方获得信息，他们的信息常常反映出公众和社会其他部门所关注的问题。这就使得风险管理者可以从媒体中了解到以前未认识到的而公众又关注的问题，所以媒体能够并且确实地促进了风险交流工作。

 项目小结

本项目阐述了食品毒理学评价程序的目的、原则、内容、结果判断。食品风险分析是一个由风险评估、风险管理、风险交流组成的连续的过程，有一个完整的框架结构。重点叙述了食品风险评估的步骤、风险管理的内容、风险交流的要素。

 课后测验

1. 名词解释

食品毒理学；毒物；毒性；毒作用；损害作用；半数致死剂量；最大耐受量；最大无作用剂量；耐受摄入量；食品安全风险评估；风险管理；风险交流。

2. 填空题

（1）食品毒理学的研究方法基本上可分成＿＿＿＿＿＿、＿＿＿＿＿＿和＿＿＿＿＿＿三

大类。

(2)食品法典委员会将食品风险分析分为_____、_____和_____三个必要部分,其中_____是食品风险分析体系的核心和基础。

(3)风险管理的主要内容包括_____、_____、_____和_____四个方面。

(4)风险交流的对象有政府、企业界、_____、_____和_____。

3.简答题

(1)食品毒理学评价程序的基本内容是什么?

(2)食品风险分析由哪几个部分组成?

(3)食品风险评估由哪几个部分组成?

拓展阅读

案例分析——中国六六六和滴滴涕农药再残留限量标准中的暴露量评估

六六六和滴滴涕(DDT)属国际禁用农药。然而,因其又是环境持久性有机污染物,仍然会通过环境食物链污染食品,所以需要制定再残留限量(EMRL)保证食品安全。根据2002年更新的食物消费数据再次采用点评估法推算出理论摄入量分别为每人每日摄入六六六0.066 78 mg,占每日容许摄入量(ADI)的48.4%;每人每日摄入滴滴涕(DDT) 0.126 mg,占每日耐受摄入量(TDI)的21.3%。估算的结论支持目前制定的限量水平。

2002年开展的全国污染物监测项目中针对六六六和滴滴涕的污染残留情况进行了调查。监测结果分别见表3.3、表3.4。

表3.3 2002年度全国总六六六污染监测结果

食品类别	粮食	蔬菜	水果	肉类	鱼类	乳粉	乳类	植物油	所有食品
检测份数 n	620	637	426	311	215	39	78	88	2 442
平均值/(mg/kg)	0.004 2	0.011 0	0.002 5	0.006 1	0.004 1	0.002 9	0.007 6	0.005 1	0.006 0
P_{90}/(mg/kg)	0.006 2	0.017 7	0.002 8	0.014 0	0.007 2	0.006 2	0.008 5	0.011 7	0.009 0
最大值/(mg/kg)	0.250	1.550	0.060	0.280	0.100	0.020	0.280	0.140	1.550
膳食摄入量/g	420.1	276.2	45	78.6	29.6	—	26.6	32.9	—

由表3.3可知,六六六暴露量均数为5.76 μg,P_{90}的暴露量为6.81 μg;以60 kg体重计,分别占ADI值的4.2%和5.0%。

表 3.4 2002 年度全国总 DDT 污染监测结果

食品类别	粮食	蔬菜	水果	肉类	鱼类	乳粉	乳类	植物油	所有食品
检测份数 n	599	663	392	300	214	39	78	88	2 378
平均值/(mg/kg)	0.006 0	0.007 2	0.005 3	0.007 7	0.018 6	0.036 4	0.008 7	0.022 2	0.008 7
P_{90}/(mg/kg)	0.008 4	0.009 9	0.005 6	0.011 7	0.040 0	0.011 0	0.010 3	0.071 5	0.014 1
最大值/(mg/kg)	0.100	0.270	0.180	0.140	0.820	0.940	0.070	0.760	0.943
膳食摄入量/g	402.1	276.2	45	78.6	29.6	—	26.6	32.9	—

由表 3.4 可知,DDT 暴露量均数为 6.26 μg,P_{90} 的暴露量为 11.09 μg;以 60 kg 体重计,分别占 ADI 值的 1% 和 1.8%。

第二篇 食品安全与质量控制技术

项目四
ISO 9000 质量管理体系

知识目标

1. 了解 ISO 9000 体系的起源与发展过程、ISO 9000:2015 系列标准的构成以及术语和定义。
2. 深入理解 ISO 七项管理原则的基本内涵和实施要点。
3. 了解 ISO 9001 质量管理体系认证的程序和要求。
4. 掌握质量管理体系策划、编写文件、运行及改进等重要环节的要求和要点。

能力目标

1. 能够运用 ISO 9000 的七项管理原则分析企业管理的实际问题,并提出自己的改进建议。
2. 熟知质量管理体系文件编制的依据、要求和方法,能够根据组织的实际情况,编写质量管理体系文件。
3. 能够参与企业质量管理体系的构建、运行、改进、认证等工作。

素质目标

1. 从整体上把握 ISO 9000 系列标准的特点、优点以及操作要点,能够将其与其他优秀的质量管理体系进行比较和分析。
2. 熟悉 ISO 9000:2015 标准对组织建立质量管理体系的各项要求和实施要点,理解七项质量管理原则的实际意义。

任务一 ISO 9000 族标准的基本知识

质量是社会生产、生活中的一个永恒的话题,随着时代的发展、科学技术水平的提高和人类对客观事物认知的加深,质量不断被赋予新的使命。当今,随着各国经济相互交融,全球贸易不断深入,社会成员对质量的追求日趋完美,有效的质量管理就成为在激烈的市场竞争中取胜的重要手段。而 ISO 9000 系列质量管理体系就是备受各国企业及各类组织欢迎和追捧的先进质量管理体系之一。它是在总结世界各国特别是工业发达国家质量管理实践经验的基础上产生的,自诞生以来就通过对质量强有力的保证为企业助力,成为企业参与国际竞争的"绿卡"。

ISO 是一个国际组织的简称,其全称是 International Organization for Standardization,中文译称是"国际标准化组织"。目前,ISO 通过它的 2 856 个技术机构开展技术活动,也已发布了 17 000 多个国际标准,其中就包括有名的 ISO 9000 质量管理系列标准。

一、ISO 9000 族标准的产生与发展

1. ISO 9000 族标准的产生背景

(1)科学技术和生产力飞速发展的客观要求,是形成和产生 ISO 9000 族标准的社会基础。随着生产力的发展,产品结构日趋复杂,商品一般都通过流通领域销售给用户,这时,用户很难凭借自己的能力和经验来判断产品的优劣程度。生产者为了使用户放心,采用了对商品提供担保的对策(如我们常见的"三包"),这就是质量保证的萌芽。

(2) ISO 9000 族标准是世界质量管理发展最新阶段的必然产物。在世界范围内,质量管理的发展先后经历了质量检验、统计质量控制和全面质量管理三个阶段。尤其是 20 世纪 60 年代初美国质量管理专家菲根堡姆博士提出的全面质量管理的概念逐步被世界各国接受,并不断完善、提高,为各国质量管理和质量保证标准的相继产生提供了坚实的理论依据和实践基础。

(3)国际贸易改革与发展的迫切需要加速了 ISO 9000 族标准的产生和推广。一方面世界经济区域集团化使得世界经济竞争更加残酷和激烈,另一方面国际市场日益一体化,各国要想推动本国经济的发展都必须参与国际范围内的全球分工与协作,国际市场的不断开放和扩大带来了很多机遇,也存在很多危机,如贸易技术壁垒,这就加速了 ISO 9000 族标准的产生和推广。

(4)顾客和企业观念的转变是 ISO 9000 族标准产生的重要原因。随着科技的发展,顾客对产品质量的要求越来越严格,"产品责任"的代价也日益高昂,企业逐步意识到应该把注意力由检验质量转移到产品形成的全过程,从而避免因产品缺陷而引起质量事故。很多企业采取了"投入一定资金,以预防为主"的路线。这就促进了 ISO 9000 族标准的产生、形成和贯彻,也是 ISO 9000 族标准的真谛所在。

综上所述,世界各国、企业和消费者都要求有一套国际通用的、具有灵活性的质量保证模式,这就是导致质量管理和质量保证国际标准产生的根本条件,也是 ISO 9000 族标准产生的历史背景。

2. ISO 9000 族标准的修订和发展

ISO 9000 系列标准并不是从无到有,而是由一些既存的标准撷取其中优良要素发展而成的。ISO 9000 系列标准,其内容源自 1959 年美国国防部所发布的美军质量需求计划标准 MIL-Q-9858A,此份质量标准乃是 ISO 9000 系列质量管理系统之鼻祖。由于其实施结果成效卓著,引起各国纷纷仿效。

(1)初次问世:1987 版 ISO 9000 系列标准的颁布　1980 年 ISO/TC 176 组成三个工作小组,分别起草 ISO 8402、ISO 9000、ISO 9001、ISO 9002、ISO 9003、ISO 9004 六个标准。1986 年,ISO/TC 176 发布了 ISO 8402《质量管理和质量保证术语》标准;1987 年又陆续发

布了 ISO 9000《质量管理和质量保证标准——选择和使用指南》、ISO 9001《质量体系——设计、开发、生产、安装和服务的质量保证模式》、ISO 9002《质量体系——生产、安装和服务的质量保证模式》、ISO 9003《质量体系——最终检验和试验的质量保证模式》、ISO 9004《质量管理和质量体系要素——指南》。这 6 项国际标准通称为 ISO 9000 系列标准，或称为 1987 版 ISO 9000 系列国际标准。但是 1987 版 ISO 9000 系列标准突出地体现了制造业的特点，这限制了标准的广泛适用性。

（2）历经修改：1994—2008 版 ISO 9000 标准的不断修订　1990 年，ISO/TC 176 开始对 ISO 9000 系列标准进行"有限修改"，保持了 1987 版标准的基本结构和总体思路，只对标准的内容进行技术性局部修改。于 1994 年发布了 1994 版 ISO 8402、ISO 9000、ISO 9001、ISO 9002、ISO 9003 和 ISO 9004 等 6 项国际标准，通称为 1994 版 ISO 9000 族标准。这些标准分别取代 1987 版 6 项 ISO 9000 系列标准。随后，ISO 9000 族标准进一步扩充到包含 27 个标准和技术文件的标准"家族"。

进入 21 世纪后，随着世界经济一体化进程的日益加快，商品的生产、贸易以及迅猛发展的服务业，都对国际通用的质量标准提出了更高的要求。ISO 组织顺应形势，对 ISO 9000 族标准进行"彻底修改"：在充分总结了前两个版本标准的优势和不足的基础上，对标准总体结构和技术内容两个方面进行了彻底修改。2000 年 12 月 15 日，ISO/TC 176 正式发布了 2000 版的 ISO 9000 族标准。2000 版 ISO 9000 族标准更加强调了顾客满意及监视和测量的重要性，增强了标准的通用性和广泛的适用性，满足了使用者对标准应更通俗易懂的要求，强调了质量管理体系要求标准和指南标准的一致性。确立了 4 个核心标准：ISO 9000：2000《质量管理体系——基础和术语》、ISO 9001：2000《质量管理体系——要求》、ISO 9004：2000《质量管理体系——业绩改进指南》、ISO 19011：2002《质量和（或）环境管理体系审核指南》。2000 版 ISO 9000 族标准对提高组织的运作能力、增强国际贸易、保护顾客利益、提高质量认证的有效性等方面产生了积极而深远的影响。

从 2004 年开始，ISO/TC 176 又策划了对 2000 版 ISO 9000 标准的修订工作，期间开展了在全球范围内征求对 2000 版标准的使用意见、协商修订的程度与范围等活动。2008 年 11 月 15 日，ISO 组织正式颁布了 ISO 9000：2008 版标准。2008 版标准是对 2000 版标准的"有限修正"。修订的方式主要是通过"增加"和"删除"来体现。它基本维持了 2000 版的结构和内容，总结了世界上 170 多个国家大约 100 万个通过认证组织的 8 年实践，对 ISO 9001：2000 要求的表述更为清晰、明确，并增强与 ISO 14001《环境管理体系——要求及使用指南》标准的相容性。修正后的标准仍然适用于不同规模和类型的组织，尽可能地与 ISO 9004 保持协调一致。

（3）重大转变：2015 版 ISO 9000 族标准的发布　2015 年 7 月，ISO/TC 176 组织发布了 2015 版 ISO 9001：2015《质量管理体系——要求》。新版标准采用通用的管理体系标准（management system standard，MSS）高层次架构，将以往的八项质量管理原则精简为七项，术语和定义由原来的 84 个增加到 138 个，并从 13 个方面重新划分了"概念关系"，明确提出必须确定影响企业实现其目标的内外部因素（组织环境），增加了理解相关方的需求和期望的要求，明确提出必须识别和应对企业所面临的风险和机遇，弱化了形式上的强制性要求，更加强调了运用质量管理体系的目的和作用在于获得预期的结果和绩效。

总体来看,2015 版标准不仅表现为实际要求的改变,更是理念、方法上的不同。可以说,这一次是一种思维方式的改变。

二、ISO 9000 族标准的概念与构成

1. ISO 9000 族标准的概念

ISO 9000 族标准是国际标准化组织(ISO)在 1994 年提出的概念,是指由 ISO/TC 176 制定的所有国际标准。ISO 9000 族标准并不是指一个标准,而是关于质量管理的术语、指南和质量体系要求的一系列标准。ISO 9000 族标准可以帮助组织建立、实施并有效运行质量管理体系,是质量管理体系通用的要求和指南,它不受具体行业或经济部门的限制,可广泛适用于各种类型和规模的组织,在国内和国际贸易中促进相互理解和相互信任。

2. ISO 9000 族标准的构成

新版 ISO 9000 族标准的构成见表 4.1。

表 4.1　新版 ISO 9000 族标准的构成

标准类型	具体构成
核心标准(现行有效版本)	ISO 9000:2015《质量管理体系 基础和术语》 ISO 9001:2015《质量管理体系 要求》 ISO 9004:2009《组织持续成功的管理 一种质量管理方法》
质量管理体系的指南	ISO 10001:2007《质量管理 顾客满意度 组织行为规范指南》 ISO 10002:2004《质量管理 顾客满意度 组织处理投诉指南》 ISO 10003:2007《质量管理 顾客满意度 组织外部争议解决指南》 ISO 10004:2015《质量管理 顾客满意度 监视和测量指南》(新增) ISO 10008:2015《质量管理 顾客满意度 商家对消费者电子商务交易指南(B2C ECT)》(新增) ISO 19011:2011《管理体系审核指南》
质量管理体系技术支持指南	ISO 10005:2005《质量管理体系 质量计划指南》 ISO 10006:2003《质量管理 项目管理质量指南》 ISO 10007:2003《质量管理 技术状态管理指南》 ISO 10014:2006《质量管理 财务和经济效益实现指南》 ISO 10015:1999《质量管理 培训指南》 ISO 10018:2015《影响人们参与和能力的指南》(新增) ISO 10019:2005《质量管理体系 咨询师的选择及其服务指南》
支持质量管理体系的技术报告	ISO/TR 10013:2001《质量管理体系文件指南》 ISO/TR 10017:2003《统计技术应用指南》
特殊行业的质量管理体系要求	ISO/TS 16949:2009《质量管理体系 汽车行业生产件与相关服务件的组织实施 ISO 9001:2008 的特殊要求》

注:①原核心标准 ISO 19011:2011《管理体系审核指南》纳入管理体系指南;②特殊行业的质量管理体系要求是针对某些特定行业的质量管理体系要求的特定标准,一般是在 ISO 9001 要求基础上加上行业的特殊要求

此次,国际标准化组织对管理体系标准在结构、格式、通用短语和定义方面进行了统一,意在确保今后编制或修订管理体系标准的持续性、整合性和简单化,也使得标准更易读、易懂。所有新版标准均遵循 ISO Supplement Annex SL 要求,采用管理体系标准(management system standard,MSS)高阶结构,即:总条款相同,都是 10 个条款;每个条款以及大部分的分条款的标题一致;不同标准共用的一些术语和定义的解释一致等等,以便整合其他标准文件中的不同主题和要求。新版标准的这个安排,实际上也是关注质量管理体系(quality management system,QMS)的实际结果,而不是注重形式的具体表现。随着其他 MSS 标准的陆续修订,以及组织的熟悉和广泛应用,MSS 高阶结构会逐渐显现出它的影响力,甚至会超出 ISO 的范围,成为国际技术标准和规范以及贸易交流的新标杆。

三、质量管理体系的术语与定义

术语是对某一专业领域内所应用的一般概念所做的准确和统一的描述,以便使人们在该领域中对某些概念具有统一的认识,并奠定相互交流和理解的基础。而定义是对于一种事物本质特征或者一个概念的内涵和外延的确切而简要的说明。在 ISO 9000 族标准的发展过程中,美国、英国、日本等许多国家、各个相关领域的专家和学者都为质量术语的标准化做出了贡献。

ISO 9000:2015《质量管理体系 基础和术语》对 2015 版 ISO 9000 族标准中所涉及的术语做了精确描述,其中所给出的术语和定义适用于所有 ISO/TC 176 起草的质量管理体系标准。在学习 ISO 9000 族过程中,我们会接触到许多新老术语,如果简单地从字面理解,往往会造成对术语理解上的偏差和障碍,这时应首先去查阅 ISO 9000 中对术语的定义,而不能像对待一般词汇那样按字典含义进行解释,更不能按照习惯认识去理解。学习和掌握 ISO 9000 族标准中的定义和术语,有助于国际交往和学术交流,便于将不同部门、行业、组织的习惯称谓统一。

与之前版本相比,2015 版标准在术语的结构和内容上都有很大变化。具体对比情况见表 4.2。

学习术语和定义应注意如下几点。

(1)抓住关键词　理解术语最大的困难在于对关键词的内涵搞不清,术语中除关键词外均为一般的连接词、形容词,搞懂了关键词对术语的概念就迎刃而解了。

(2)了解术语和定义的发展　了解并分析术语的发展沿革,有助于深刻理解其时代背景,准确地把握其内涵。关注术语随时代进步、科技和管理水平提高的进展情况,同时注意 ISO 9000:2015 与前几版在术语定义中的异同,对于重要的修改更应予以特别关注。

(3)重视注释　"注"是对标准正文所做的进一步说明,或对其适用范围和条件进行的明确解释,虽然不是术语和定义的标准正文,但是它所传递的信息对正确理解标准正文及其内涵极有助益。

(4)严格区分近义词　如何区分貌似相近而内涵不同的术语是一个难点。遇到此类情况应查到出处并仔细地加以比较从而找到区别点,对词义相近的术语要特别仔细地识别其差异,以免混淆。

表 4.2　新旧标准术语分类与数量对比表

ISO 9000:2008(共计 84 个)		ISO 9000:2015(共计 138 个)	
术语的分类	术语的数量	术语的分类	术语的数量
①有关质量的术语	6 条	①关于人员的术语	6 条
②有关管理的术语	15 条	②关于组织的术语	9 条
③有关组织的术语	8 条	③关于活动的术语	13 条
④有关过程和产品的术语	5 条	④关于过程的术语	8 条
⑤有关特性的术语	4 条	⑤关于体系的术语	12 条
⑥有关合格（符合）的术语	13 条	⑥关于要求的术语	15 条
⑦有关文件的术语	6 条	⑦关于结果的术语	11 条
⑧有关检查的术语	7 条	⑧关于数据、信息和文件的术语	15 条
⑨有关审核的术语	14 条	⑨关于顾客的术语	6 条
⑩有关测量过程质量保证的术语	6 条	⑩关于特性的术语	7 条
		⑪关于确定的术语	9 条
		⑫关于措施的术语	10 条
		⑬关于审核的术语	17 条

(5)利用术语概念图　术语概念之间的关系建立在某类特性的分类结构上,因此搞清概念的上一层次或同层次其他概念的不同特性,比较容易找出这些概念之间的联系和区别。概念之间的关系分为三种基本类型。

1)属种关系　在层次结构中,下层概念具备了上层概念的所有特性,并包含有将其区别于上层和同层概念的特性的表述。例如,季节与春、夏、秋、冬;文件与规范、质量手册、质量计划、程序文件和记录。

2)从属关系　在层次结构中,下层概念是上层概念的组成部分。例如,年与春、夏、秋、冬;质量管理与质量策划、质量控制、质量保证和质量改进。这类关系通过一个没有箭头的耙形图表示。

3)关联关系　两个概念之间的关系存在原因和结果、活动和场所、工具和功能、材料和产品等联系。例如,阳光和夏天、过程和程序、过程和产品、不合格和让步、不合格和缺陷、不合格和纠正等。

四、质量管理体系的七项基本原则

2000 版及 2008 版 ISO 9000 标准提出的质量管理八项基本原则无疑是一个重大进展。2015 版将其修订为七项基本原则(对比情况见表4.3)。

表4.3　2008版标准与2015版标准的质量管理原则对比

ISO 9000:2008(八项质量管理原则)	ISO 9000:2015(七项质量管理原则)
①以顾客为关注焦点	①以顾客为关注焦点
②领导作用	②领导作用
③全员参与	③全员积极参与
④过程方法	④过程方法
⑤管理的系统方法	("管理的系统方法",删除合并到过程方法中)
⑥持续改进	⑤改进
⑦基于事实的决策方法	⑥循证决策
⑧与供方互利的关系	⑦关系管理

其中删除了"管理的系统方法"一条,将其要求合并到"过程方法"中,鼓励组织在质量管理体系建立、实施、保持和持续改进过程中遵循过程导向模式指导实际运作,以提高组织绩效和控制相关风险;将"与供方互利的关系"改为"关系管理",将组织与供方关系扩展为组织与相关方的关系,强调了利益相关方对组织绩效的影响;关于"领导作用",在内容上明确要求"在所有层次领导者的领导力",不仅仅强调对高层领导的作用;关于"全员积极参与"一条强调组织的所有人员必须是有能力的,并强调共同创造价值的能力。

相较于旧版标准对于质量管理原则的简短说明,ISO 9000:2015对每一个质量管理原则的阐述更加详细、具体和实用。论述上采取统一的格式:针对每一个质量管理原则,通过"释义"介绍每一个原则;通过"理论依据"解释组织应该满足此原则的原因;通过"主要收益"说明应用这一原则的结果;通过"可开展的活动"给出组织应用这一原则能够采取的措施。花费这么大的精力来解释这些原则,说明这些原则对于QMS的重要性。这对于我们理解、应用和有效实施ISO 9000有很大的帮助,即使在其他的管理领域应用也同样有效。

在具体介绍各个原则的深层含义之前,我们先通过下列简图梳理一下七项质量管理原则之间的关系,由图4.1可知,在质量管理实践中,原则一是方向,原则二是关键,原则三和原则七是基础,原则四、六是手段和方法,而原则五则不断根据实际情况对整个组织的方向进行修正。七个原则相互陪护,共同助力组织的持续发展与进步。

1.质量管理原则之一:以顾客为关注焦点

"以顾客为关注焦点"源于现代的质量理念,是ISO 9000的出发点和归宿,意指判断产品和服务质量的唯一标准就是让顾客满意,将它放在质量管理原则的首位,最根本的原因是"组织依存于顾客",不论是制造业、服务业、事业单位、政府机关还是学校,都需要有顾客接受其产品或服务,否则就会关闭或撤销。因此,一个组织必须把顾客作为日常生产、活动、工作中时刻关注的焦点,理解、识别和确定顾客当前和未来的需求。这也暗合了市场竞争所遵循的基本规律:只有充分识别顾客的需求和期望并通过有效的运作使其得到满足甚至是超值的满足才能最终赢得顾客、赢得市场。

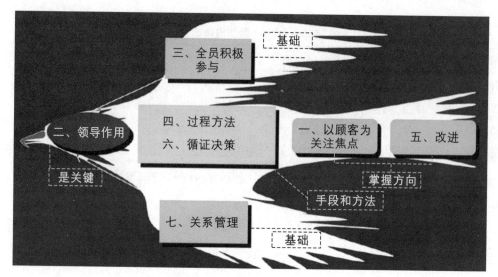

图 4.1　七项质量管理原则关系

组织要想贯彻"以顾客为关注焦点"原则,可以从以下几点入手。

(1)建立一个以顾客为导向的经营团队　组织应以顾客需求为出发点,确定业务部门的工作流程,以此为标准调整相关部门的工作流程,以配合业务部门达成目标,让所有的经营活动都指向一个目的,即顾客满意,从组织理念、组织行为和组织形象等方面全方位满足顾客要求。

(2)充分满足顾客的需求并努力超越顾客的期望　顾客的需求和期望体现在对产品的特性的要求上,如产品的符合性、可信性、可用性、交付能力、产品交付后的活动、价格、全寿命周期内的费用等,有时也表现在过程方面,如对产品的工艺要求和验证要求。需要注意的是,顾客的期望在很大程度上是隐含的,在激烈竞争的市场中,谁最先识别顾客的隐含需求并把此需求转化成产品,谁就能最大限度地让顾客满意,得到顾客忠诚。如果组织止步于顾客满意,那么发展速度必然"泯然众人矣",要想在行业竞争中脱颖而出,组织应遵循"120 法则",即如果把顾客对服务和产品的期望值设定为 100 分,那么组织就应该做到 120 分,只有这样,才能以最小的投入换取最大的组织回报,边际效益也最高。

(3)重点管理好与顾客接触的"第一线"　组织内与顾客直接接触的环节可称为"第一线"。例如硬件产品企业的销售部门、服务部门、技术部门、质量部门及其有关人员,第三产业中则有更多员工面对顾客,为顾客服务。在顾客眼里与他打交道的公司员工的形象就是公司的形象。要发展与顾客的良好关系,关键是提高在第一线与顾客接触的员工的素质和与人交往的能力。因此必须善于培养和发掘能为顾客提供最佳服务的人员并按照其经验制定服务规范,并实施严细管理,给顾客留下良好的第一印象。

(4)形成对顾客需求的快速反应机制,时刻关注顾客需求变化　组织要设立与顾客沟通的机构,架设与顾客沟通的渠道,定期或不定期地进行沟通,并调查、识别、分析、评价顾客的需求,建立行之有效的制度并长期运行,对顾客不满意的信息应全面客观地予以收集,并在此基础上进行测评,在组织内部相关部门之间进行沟通,确保领导层也能得到这方面的信息或报告,针对顾客不够满意的信息,应通过纠正措施、预防措施及其他质量改进活动来改进工作,力求顾客更为满意。

(5)落实诚信理念,赢得顾客信任,打造品牌形象　诚信是组织发展的根本。只有诚信,才能取信于民,服务于民,赢得顾客。通过培训诚信队伍、加强诚信管理、建立诚信档案、培育诚信文化等措施,做到合同诚信、质量诚信、价格诚信、服务诚信、法人行为诚信。严格把握好产品的质量、价格、监督以及从业人员的服务等"四关",切实规范组织服务行为,提高产品消费者合法权益的保护力度,全面提升组织的服务质量和水平,真正以诚信服务赢得广大消费者,是全力打造组织品牌新形象、促进组织健康快速发展的前提和重要保障。

2.质量管理原则之二:领导作用

2015 版管理体系标准的变化之所以称为管理的变革,是因为新版标准在有关管理最重要的几个方面都有非常大的变化,除了战略和绩效的变化外,新版标准当中变化最大的就是领导作用。从标准的前后语境来看,虽然单词是同一个,但其在标准中所赋予的意义已经大不相同了。新版标准要求领导者能够更多地理解内外部环境、风险并承担更大的"质量领导力"职责。由 ISO 9001:2015 中给出的 PDCA 循环图中(图 4.2),我们也可以看到领导作用在整个质量管理体系中处于核心位置,发挥着巨大的作用。

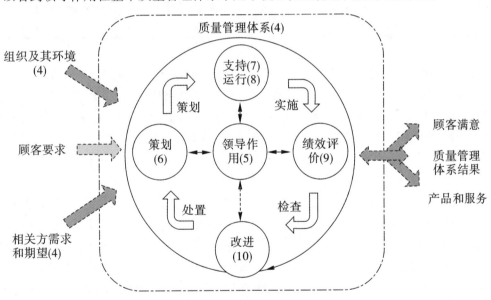

图 4.2　ISO 9001:2015 中各章节关系的 PDCA 循环图

可以通过两版标准的对比来看新版标准在哪些方面增强了要求,具体见表 4.4。

表4.4　新旧两版标准对最高管理者的要求

ISO 9000:2008	ISO 9000:2015
①向组织传达满足顾客和法律法规要求的重要性	①为质量管理体系运行的有效性承担责任
②制定质量方针	②确保质量方针和目标的建立
③确保质量目标的制定	③确保质量方针的传达、理解和应用
④进行管理评审	④确保质量管理体系要求纳入组织的业务运行
⑤确保资源的获得	⑤促进使用过程方法和基于风险的思维
	⑥确保质量管理体系所需资源的获取
	⑦传达有效的质量管理及满足质量管理体系要求的重要性
	⑧确保质量管理体系实现预期的结果
	⑨吸纳、指导和支持员工对质量管理体系的有效性做出贡献
	⑩推进改进
	⑪支持其他管理者在其负责的领域展示其领导作用

高层管理人员要想在企业中充分发挥并增强其领导力，必须做到以下几点。

（1）以身作则，带头遵守共同价值观　领导者要想以身作则，不仅要明确自己的原则和价值观，还应能将这些原则和价值观清晰地表达出来，愉快地和他人分享。在组织里，其他人的原则也同样重要，作为领导者，确定团队的共同价值观是必需的。确定共同价值观还远远不够，行为更重要，它能反映出领导者是否认真对待自己所说的话，言行必须一致。为他人树立榜样，这就是以身作则。

（2）授权他人，调动各方积极性　对公司来说，不光要制定公司级的质量目标，还要将目标分解下放，各个层次的领导都需要有各自的质量目标，通过授权他人来落实体系。同时，质量目标和人的个人目标也要有所联系是最好的，这样容易调动积极性，工作也好开展。这就涉及企业文化、企业核心价值观等企业的高层建筑，更是领导者需要认真考虑和规划的事。通过授权，不仅培养员工的个人能力和主动性，会让他们变得更加能干，逐渐成为领导者，还增进了彼此的信任。

（3）挑战现状，勇于承担创新的风险　增强持续改进和创新是质量管理体系对领导者的要求，持续改进是一直以来的要求，创新是在此基础上更进一步的要求。创新对于领导者来说，不是让其身体力行，实际上，绝大多数的领导者都不是组织内最能创新的那个人，但能发现创新点，注意到新的产品和服务以及获取创新的方法和机会却是对领导者的不二要求。同时，挑战现状，改进创新意味着不断试验和冒险，所以领导者在其中所起的作用是营造一种大胆尝试的氛围，识别创意，支持好的创意，并愿意挑战和改变现有的体制。

（4）激励人心　新版对最高管理者的要求，更强调了其对其他人的影响，通过提高过程方法的意识，传达质量管理的重要性，吸纳、指导和支持员工做出贡献、支持其他的管理者证实其领导力等方面能施加影响。领导作用中提出了激励的七条原则，使组织能够真正达到激励人心的目的。同时指出激励应包含两个方面：通过表彰个人的卓越表现来认可他人的贡献；通过创造一种集体主义精神来庆祝价值的实现和胜利。

此外，在具体实践中，最高管理者需要做好以下几个方面的工作：考虑所有相关方的需求和期望；为组织的未来描绘清晰的蓝图，确定富有挑战性的战略目标；在组织内营造出"一切为了顾客满意"的氛围，建立质量管理文化；为员工发挥积极性提供保障和激励机制，为员工的发展创造广阔的空间，让员工分享组织的发展成果；参与持续改进并持续进行自我反省。

3. 质量管理原则之三：全员积极参与

全员积极参与全面质量管理的一个突出优点是它强调各级人员都是组织之本，唯有充分参与，才能使他们为组织的利益发挥其才干。产品质量是组织各个环节、各个部门全部工作的综合反映。任何一个环节、任何一个人的工作质量都会不同程度地、直接或间接地影响产品质量。因此，全员的质量意识是质量管理体系有效运行的重要前提，需要把所有员工的积极性和创造性充分调动起来，不断提高员工素质，人人关心产品质量，做好本职工作，全体参与质量管理，共同努力才能生产出顾客满意的产品。

全员积极参与是一项少投入、多产出的活动，既可大大降低质量损失从而使组织获益，又可使员工受益：激发员工发挥自己的潜力和才干，获得工作上的认可和奖励，得到有益的培训，促进员工和组织更加紧密地联系在一起，形成良好的人际关系和组织文化，争相为组织做贡献，从而确保组织的各项工作都得以顺利完成。此外，从更广的视角和更高的层次上说，"全员积极参与"已不仅限于组织内部，而应包括与满足顾客需要进而达到顾客满意所涉及的外部相关方，如供应商、分销商等。将"全员积极参与"从组织内部引申到"组织外部"会给全员积极参与的目标和效果带来重大影响。

组织要贯彻"全员积极参与"的原则，需要做好以下工作。

（1）珍视所有的员工，应将其视为组织最宝贵的财富和最重要的资源　宝洁公司就是如此，其前任董事长曾说："如果你把宝洁的资金、厂房及品牌留下，把宝洁的人带走，宝洁会垮掉，相反，如果你拿走我们的资金、厂房及品牌而留下宝洁的人，十年内我们将重建一切。"

（2）确定员工参与的方式　全员积极参与不能让员工主次不分、不讲程序地参与组织的所有活动，应通过明确的政策让每个人清楚自己的职责、权限及涉及的相互关系，了解工作的目标、内容以及达到目标的要求、方法，理解其活动的结果对后续活动以及整个目标的贡献和影响，以利于协调地开展各项质量活动。

（3）让员工识别其活动的约束，以主人翁的责任感去解决各种问题　在每项工作中，都应使员工了解所进行的活动将会遇到什么样的困难和阻力，可能的影响以及如何克服这些困难和阻力，消除不良影响，并明确自己的职责、权限和相互关系以及必须遵守的程序和规范，以主人翁的姿态解决遇到的问题，以取得理想的绩效。

（4）创造宽松的环境，加强内部沟通和契合　在组织内部设置与员工沟通的相应渠道,使员工能够将自己的意见和建议及时向有关领导或管理人员反映,鼓励员工发表对质量管理的看法,对改进工作提出建议以及对所见不公平不合理的事情提出批评,同时及时把组织目标、顾客的需求和期望以及当前不满意的问题的信息告知员工。要做到这些就要尽量避免官僚主义,以畅通员工参与和表达意见的渠道。

(5)客观公正地评价员工的业绩 表彰员工的贡献、钻研精神和进步,并辅以必要的奖惩以激励员工的积极性。同时倡导员工对其业绩进行自我评价自我衡量,促进质量改进。

(6)开展多种形式的群众性质量管理活动并进行有针对性的培训 培训可以增强员工的质量意识,提高他们的参与能力,使他们自觉参与各项管理活动,加强自身的技能,并学会在不断变化的环境中判断和处理问题。

4.质量管理原则之四:过程方法

ISO 9000 将"过程"定义为:利用输入实现预期结果的相互关联或相互作用的一组活动。系统地识别和管理组织所应用的过程,特别是这些过程之间的相互作用,称为"过程方法"。识别和策划过程时应考虑过程绩效目标、输入、输出、活动和资源,过程的职责和权限以及风险和机遇,过程的接口与沟通,以及过程的监视和改进。通常,一个过程的输出将直接成为下一个过程的输入。为使组织有效运行,必须识别和管理许多相互关联和相互作用的过程。多个相关联的过程就会组成一个或若干个系统,并形成更大的过程,那么如何对这么多过程组成的大过程或者更大的过程进行管理呢? ISO 9000:2005 版标准中的"管理的系统方法"作为一个独立的原则,是指将相互关联的过程作为系统加以识别、理解和管理,有助于组织提高实现目标的有效性和效率。而 ISO 9000:2015 中,并没有将这一原则保留,但这并不意味着取消,而是因为"过程方法"这一原则本身就包含着"管理的系统方法"的内容和要求。这样做的好处是对多个过程组成的更大过程能进行系统的管理,提高管理的层次和角度,使各过程之间能更好地协同和配合,提高过程和过程系统的效率和业绩,同时降低决策和运行风险。

图4.3 给出了过程示意图并展示了过程要素的相互作用,将必要控制的监视和测量检查具体到每个过程并根据相关风险而改变。

组织应用如此综合全面的"过程方法"原则可谓是获益良多:可以促进管理体系的过程实现动态循环改进,从而不断提高效益;通过识别组织内的关键过程、重点过程,以及关键过程、重点过程的后续开发和持续改进,促进以顾客为关注焦点的形成和提高顾客的满意程度;有利于了解组织的所有过程和这些过程的相互间的关系,更加有效地分配和利用组织的现有资源;组织可以将复杂的过程不断地简化,通过过程方法提出过程的输入要求,对过程的输出结果进行检查,提供必要的资源,把过程的各项活动展开,充分发挥过程所涉及的所有部门与人员的作用,进而简化整个过程。

在谈到"过程方法"时,不可避免地要谈到 PDCA 方法。可以把 PDCA 方法理解为"过程方法"的具体化,即将过程展开为策划(P)、实施(D)、检查(C)、改进(A)的循环过程,其八项步骤见表4.5,以图形来表示则更为直观,见图4.4。PDCA 不是简单的过程重复,每一次循环都是在一个新的基础上的提升,运用"PDCA 方法"与"过程方法"是统一的。PDCA 循环不是在同一水平上循环,每循环一次就解决一部分问题,取得一部分成果,工作就前进一步,水平就提高一步。到了下一次循环,又有了新的目标和内容,更上一层楼,图 4.5 就表示了这个阶梯式上升的过程。

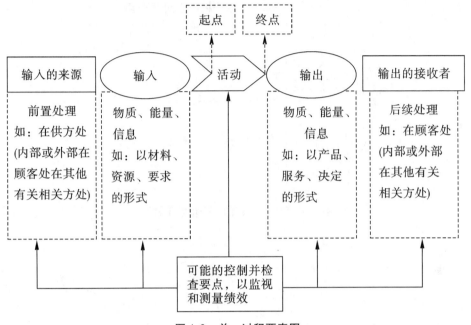

图 4.3　单一过程要素图

表 4.5　PDCA 循环的具体内容及方法

阶段	步骤		质量管理方法
	序号	管理内容	
P	1	分析现状,找出质量问题	排列图法、直方图法、控制图法、工序能力分析法、KJ 法、矩阵图法
	2	分析产生质量问题的原因	因果分析图法、关联图法、矩阵数据分析法、散布图法
	3	找出影响质量问题的主要因素	排列图法、散布图法、关联图法、系统图法、矩阵图法、KJ 法、实验设计法
	4	制订措施计划	目标管理法、关联图法、系统图法、矢线图法、过程决策程序图法
D	5	执行措施计划	系统图法、矢线图法、矩阵图法、过程决策程序图法
C	6	调查效果	排列图法、控制图法、系统图法、过程决策程序图法、检查表、抽样检验
A	7	调查效果	标准化、制度化、KJ 法
	8	提出未解决的问题	转入下一个 PDCA 循环

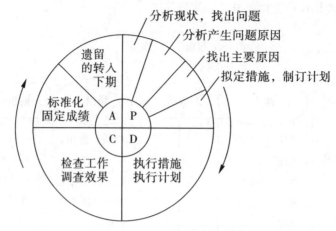

图 4.4　PDCA 循环的八个步骤示意图

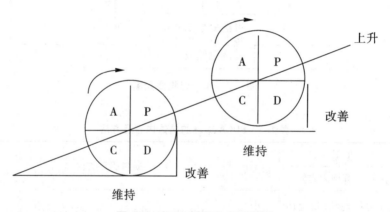

图 4.5　PDCA 循环上升示意图

组织实施过程方法时,可以按照下列步骤进行。

(1)识别过程　将组织的一个大过程分解为若干个子过程并对现有过程进行定义和分辨,确定分合情况。

(2)强调主要过程　组织的过程网络错综复杂,应重点控制主要过程。

(3)简化过程　根据实际情况将复杂的过程分解为较为简单的子过程,并取消或合并不必要的过程。

(4)按优先次序排列过程　按照重要程度排列过程,将资源尽量用于重要过程。

(5)制定并执行过程的程序　要使过程的输出满足规定的要求,应制定并执行程序。

(6)应有严格的职责　任何过程都需要人来完成,设定严格的职责才能保证人力资源投入。

(7)关注接口　过程与过程之间的接口最重要,如果接口处不相容或不协调就会出现问题。

(8)进行控制　过程运转时应进行控制,防止出现异常。

(9)改进过程　通过对过程的测量和分析,可以发现过程存在的不足及改进之处,从而提高质量和效益。

领导要不断改进工作过程,这可能对组织业绩的影响更大。

5.质量管理原则之五:改进

改进的目标是使所有顾客和相关方获得更多的实惠,从而提高其满意度,使组织改进过程绩效、组织能力和顾客满意度,自身获得更多效益,改进的对象是质量管理体系、产品和服务过程。进行改进时,应注意在组织的三个层次上全面开展持续改进活动:让员工积极参与改进;在各职能部门和职能小组活动中发扬团队精神,群策群力开展持续改进;高层领导从全局出发,营造持续改进氛围。此外,为了更好地实施"改进"原则,组织还应为员工提供有关持续改进的方法和手段的培训,确定目标以指导、测量、追踪持续改进,及时识别并通报改进的情况,以便适时做出决策,保证改进绩效。

要想在组织内部实现改进,可运用下列有效措施。

(1)树立质量管理体系改进的意识,落实质量管理改进的职责。第一,企业高层管理者是质量管理体系改进的"领头羊",应认识到改进的必要性,树立质量管理体系改进意识,为质量管理体系的改进提供人员、设施等资源,定期关注质量管理体系的实际运作情况;第二,企业的各部门负责人是质量管理体系不断改进和完善的主力军,必须树立"质量管理体系必须不断改进"的思想,根据自己负责的业务,结合标准的条款,不断查找改进的突破点,不断探索质量管理体系改进的方法和技巧,配合公司质量管理体系的改进;第三,企业的专职、兼职负责质量管理体系运作的人员是质量管理体系改进的技术参谋和推动者,必须定期采用会议、板报、座谈会等方式宣传质量管理体系改进的必要性和重要性,收集适合企业自身改进的方法和经验,与企业各层人员分享,推动质量管理体系的不断改进和完善;第四,岗位人员是质量管理体系的直接操作者,通过培训、现场示范等方式提升岗位人员的改进意识,以加强全员质量管理体系改进的意识和职责。

(2)认真开展内审、管理评审和日常检查工作,识别改进需求,落实改进点,不断探索质量管理的改进方法,不断推动质量管理体系的持续改进。

(3)不断修订和完善组织的质量管理体系文件,使其符合组织的实际情况和实际运作,不断推进质量管理体系的持续改进。文件的符合性和有效性是质量管理体系正常运行和不断改进的根本保证,是运行质量管理体系的指南。应意识到文件修订和完善的必要性,标准版本变化、法律和法规版本变化、技术标准要求变化以及企业的业务增加或运作方式发生变化后必须根据变化修订和完善相应的质量管理体系文件,并应不断优化和调整岗位文件。

(4)加强全员培训和考核工作,是保证质量管理体系不断改进的有效措施之一。

加强对全员的质量管理体系标准知识的培训,加深其对标准的理解和掌握;加强对内审员的培训;加强对法律、法规和技术标准的培训;加强对岗位作业规范、技术要求、产品标准等文件的培训;加强对参加培训人员的考核。可以采取考试、现场提问、实习观察等方式,严格验证培训的效果。

6.质量管理原则之六:循证决策

"循证决策"(evidence-based policy making)即以证据为基础来进行决策,这一概念源于循证医学(其核心思想就是,任何医疗卫生方案、决策的确定都应当遵循客观的临床科学研究产生的最佳证据)。现已成为全球决策领域研究的重点议题。具体而言,一个完整的循证决策流程包括五个步骤:提出问题、收集证据、证据评估、证据实践、效果及反馈改进。循证决策是将研究的成果或证据、现实场景、数据资料以及决策者的知识、价值观、技能、经验、个人直觉等所有影响政策决策的因素全部整合起来,促进政策制定从"拍脑袋"向以最佳证据为核心决策模式转变,使得实践结果能达到最初决策的期望结果。

循证决策有利于提高企业处理复杂问题的能力,是企业应对复杂、多变环境的重要决策模式。循证决策的必要条件是大量知识的积累和发展。因此在质量管理体系中,循证决策强调以数据、信息、评价、测量的结果为依据,决策才有可能产生期望的结果,强调质量管理的所有决策工作,均要建立在组织运营事实的基础之上。鼓励运用统计分析技术等质量工具进行分析,并强化决策过程、决策能力、决策的有效性证实。

组织可以通过下列步骤贯彻和实施"循证决策"原则。

(1)在企业内部树立循证决策的理念　企业首先要通过各种途径加强对员工的教育,在全体员工中树立循证决策的理念。企业的管理层尤其高级管理者要率先垂范,在决策时做到主要以证据为基础,而不是主观臆断或者进行经验决策,以自己的实际行动感染和带动其他员工。企业要积极营造循证决策的氛围,通过各种宣传手段或者制定相关的激励机制,鼓励员工进行循证决策,使循证决策成为全体员工共同的价值观念和自觉行为。

(2)提高员工个人循证决策水平　通过多种形式加强员工循证决策方面的理论知识,比如循证决策的概念、产生过程、对企业和个人发展的价值或意义、实施的步骤、主要的影响因素等,同时通过实践学习、"师傅带徒弟"等多种形式提高员工实施循证决策的各种能力,包括提出和确定问题的能力、检索信息和证据的能力、制作和评价证据的能力、应用证据解决问题的能力等。

(3)建设支持循证决策的知识管理系统　企业能否在需要的时间、需要的地点为决策者提供决策需要的数据、信息或者知识,以便研究和应用证据是实施循证决策的关键,因此企业需要建立方便高效的知识管理系统。企业的知识管理系统一般包括图书或者期刊等文献、中外文电子数据库、国际互联网、电脑及保存和管理文件的软件等。

(4)多渠道收集信息并采用正确的方法进行分析　收集事实证据信息并及时反馈给需要利用这些数据和信息的人员对于组织来说是至关重要的。应从三个方面着手:通过内部沟通,收集体系运行状况及员工对改进管理的意见和建议;通过与顾客和相关方沟通,收集组织外部的实际反映,如进行顾客满意度调查;通过互联网收集相关数据。在大数据时代,充分掌握数据之外,了解和满足顾客的需求和期望的重要性更为突显。

广泛收集信息并确保数据和信息足够精确和可靠后,组织可以借助统计分析技术等手段进行分析,并结合经验和直觉,从而做出正确决策。

7. 质量管理原则之七:关系管理

新版"关系管理"原则是指与相关方的关系影响着组织的绩效,为达到持续的成功,组织应管理好与其有关各相关方的关系。这与 ISO 9000:2005"与供方互利的关系"原则不同的是,不仅要重视供方关系和利益共享,而且要考虑更广泛的相关方关系。由于相关方对组织达到稳定地提供满足顾客要求和适用法律法规要求的产品和服务的能力具有影响或潜在影响,因此组织要对相关方关系进行有效的识别和管理。这就要从战略高度、大环境影响角度和风险控制方面考虑,才能更容易达成持续的成功。

相关方是指与组织的业绩或成就有利益关系,可影响决策或活动,也被决策或活动所影响,或他自己感觉到被决策或活动所影响的个人或组织。例如,顾客、所有者、员工、供应商、银行、工会、合作伙伴或社会,其中可能包括竞争对手或反对的压力团体。相关方之所以对组织的项目拥有不可忽视的各种影响,是因为其对组织具有种种影响和利益要求。因此,要处理好与利益相关方的关系,就必须正确认识利益相关方的各种不同要求,根据利益相关方对组织的利益要求维护其影响大小。常见的组织相关方及其需求和期望见表4.6。

表4.6　常见的组织相关方及其需求和期望

相关方	需求和期望
顾客	产品的质量、价格和交付
所有者和(或)股东	持续的盈利能力;透明度
组织的员工	良好的工作环境;职业安全;得到承认和奖励
供方和合作伙伴	互利和连续性
社会	环境保护;道德行为;遵守法律法规要求

一般而言,组织在进行关系管理时可遵循下列步骤:识别利益相关方;分析利益相关方的利益、要求及优先等级;与利益相关方沟通,分析相关方的需求在项目中可以得到满足的程度;制定有效应对利益相关方的策略;将利益相关方期望反映在项目管理计划的需求、目标、范围、交付物、时间进度及费用中;将利益相关方提出来的威胁和机会,作为风险进行管理;在项目团队与利益相关方之间建立自动调整的决策过程;在项目每个阶段中确保利益相关方的满意度;实施利益相关方的管理计划;执行、沟通和管理利益相关方计划的变更;进行利益相关方管理工作总结评价。

此外,组织进行关系管理时还要注意下列问题:应该尊重和积极监控所有的合理合法的利益相关方对项目的关注,并应该在决策及其实施中适当考虑他们的利益;应该多听取利益相关方的想法,了解他们的贡献,与他们进行开诚的沟通;所采用的程序和行为方式应基于对每一利益相关方及其支持者的关注和能力所做出的深刻的理解;应该认可利益相关方可自主地开展其活动并获得相应的报酬;对他们在项目活动中所担负的责任及利益的分配上,应该努力做到公平,并重视他们各自可能碰到的风险以及可能遭受的损害;应该与利益相关方个人或群体协同共事,采取得力措施使得所开展的项目活动给他们造成的风险和损害最小化,但当不可避免时,就应该给予适当的补偿;应该与利益相关方一起避免介入或开展这样的活动——可能造成对不可剥夺的人权的侵犯,可能出现的风险显然不为其他的利益相关方所接受的活动;应该承认管理者本人也是项目的利益相关方,他们自己要完成的任务与他们对其他利益相关方的利益所应负有的法律及道义上的责任这两者之间,存在发生冲突的可能。管理者应该通过开诚沟通、及时通报、激励措施以及必要时第三方介入解决的方法,处理所发生的此类冲突。

任务二　质量管理体系(ISO 9001:2015)的建立与实施

ISO 9001 是 ISO 9000 族标准所包括的一组质量管理体系核心标准之一。它用于证实组织具有提供满足顾客要求和适用法规要求的产品的能力,目的在于增进顾客满意。ISO 9001 是由全球第一个质量管理体系标准 BS 5750(BSI 撰写)转化而来的。ISO 9001 是迄今为止世界上最成熟的质量框架,以此为基础建立和发展了其他的管理体系标准,是组织实施任意管理体系的切入点,是组织实施第三方认证的驱动力,它能帮助各类组织通过客户满意度的改进、员工积极性的提升以及持续改进来获得成功。

ISO 9001 标准明确提出,应该按照下列要求建立质量管理体系:识别质量管理体系所需的过程及其在组织中的应用;确定这些过程的顺序和相互作用;确定为确保这些过程的有效运作和控制所需的准则和方法;确保可以获得必要的资源和信息,以支持这些过程的运作和监视;测量、监视和分析这些过程;实施必要的措施,以实现对这些过程的策划结果和对这些过程的持续改进。

依据上述要求,结合实践,策划和建立质量管理体系,见图4.6。

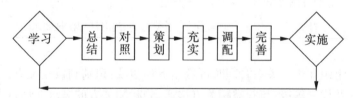

图4.6　建立质量管理体系的一般程序示意图

一、质量管理体系认证的要求和程序

1.质量体系认证的含义和特点

广义上讲,质量体系认证是指第三方(社会上的认证机构)对供方的质量体系进行审核、评定和注册的活动,其目的在于通过审核、评定和事后监督来证明供方的质量体系符合某种质量保证标准,对供方的质量保证能力给予独立的证实。

在我国,质量体系认证是指应当经国务院认证认可监督管理部门批准,并授权的认证机构,依据国家质量管理和质量保证系列标准,对申请认证的单位进行审核确认,并以注册及颁发认证证书的形式证明质量体系和质量保证能力符合要求。《中华人民共和国产品质量法》在第二章第十四条中对认证的管理、认证的方式及认证的对象等给予原则性的规定,并明确了质量体系认证是国家产品质量监督管理的宏观调控手段之一。需要注意的是,进行质量体系认证是企业的自主行为,认证对象不是该企业的某一种产品或服务,而是质量体系本身,认证获准的标志是注册和发给证书。

质量体系认证之所以得到世界各国的普遍重视,关键在于它是由一个公正的机构对产品或质量体系做出正确、可靠的评价,从而使人们对产品质量建立信心。认证活动对企业的作用具体体现在以下三个方面。

(1)提高供方的质量信誉和市场竞争力。组织通过公正机构对其产品或质量管理体系认证,获得合格证书和标志,通过注册和公布,取得良好的质量信誉,有利于在竞争日益激烈的市场中取胜。

(2)有利于保护顾客的利益。实施质量认证,对通过产品质量认证或质量管理体系认证的组织,准予使用认证标志或予以注册和公布,使顾客了解哪些机构的产品质量有保证,从而起到保护顾客利益的作用。

(3)促进组织完善质量管理体系。组织要取得第三方认证机构的质量管理体系认证或者按典型的产品认证制度实施产品认证,都需要对其质量管理体系进行检查和完善以提高其对产品的质量保证能力,并且对认证机构对其质量管理体系实施检查和评定中发现的问题及时纠正,从而起到促进组织完善其质量管理体系的作用。

2. 获得 ISO 9000 认证的条件

通常,获得 ISO 9000 认证需要具备以下基本条件:建立了符合 ISO 9001:2015 标准要求的文件化的质量管理体系;质量管理体系至少已运行 3 个月以上,并被审核判定为有效;外部审核前至少完成了一次或一次以上全面有效的内部审核,并可提供有效的证据;外部审核前至少完成了一次或一次以上有效的管理评审,并可提供有效的证据;质量管理体系持续有效并同意接受认证机构每年的年审和每三年的复审作为对质量管理体系是否得到有效保持的监督;承诺遵守证书及标志的使用规定。

3. ISO 9000 认证典型程序

世界各国管理体系认证的程序都要依据 ISO/IEC 指南 48《质量体系认证实施程序规则》,各管理体系认证机构都有各自确定的管理体系认证程序,虽然这些程序略有差异,但整体上都遵守图 4.7 程序。

二、质量管理体系策划

质量管理体系策划是新增条款,ISO 9001:2008 中无对应要求。质量管理体系策划是指组织为了实现质量管理体系目标,通过策划来安排机构设置、分配职责、识别和确定所需过程并配备必要资源的过程。它对一个组织来说是一项战略性决策。组织的最高管理者对质量管理体系策划负有关键责任。新版标准中,策划主要侧重于风险和机遇的应对措施、质量目标的建立及其实现以及以上策划的变更三个方面,这反映了新版标准的"基于风险"和"更注重过程结果和绩效"的原则思想。

1. 策划风险和机遇的应对措施

ISO 9001:2015 中明确指出:"在策划质量管理体系时,组织应确定需应对的风险和机遇,以便确保质量管理体系实现期望的结果,确保组织能够稳定地实现产品、服务符合要求和顾客满意,预防或减少非预期的影响,实现持续改进。"在实际操作中,组织进行策划活动时,除了需要策划风险和机遇的应对措施之外,还需要策划质量管理体系中如何纳入和应用这些措施以及如何评价这些措施的有效性。具体而言,对于风险和机遇应区别对待:风险对体系过程的影响是负面的,要根据实际情况积极应对和预防,以降低风险

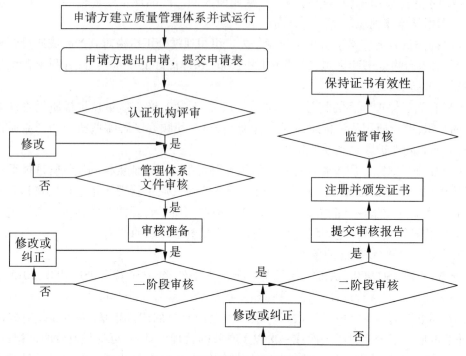

图 4.7　质量管理体系认证程序

程度或消除影响。可选择的风险应对措施包括规避风险、接受风险、降低风险和分担风险。机遇对过程及绩效的影响往往是正面而有益的,但也要有敏锐的思维和判断力,及时将其抓住,机遇往往是有时效性的,否则会稍纵即逝。所以准确的判断和时机性非常重要。此外还要正确利用,以使机遇的作用得到充分发挥。

　　组织在识别和确定体系过程活动中的风险和机遇后,还要对它们对质量管理体系过程的影响程度进行分析。其目的是策划和采取适当的措施来应对这些风险和机遇,这种分析方法称为 SWOT 分析,即优势(strength)、劣势(weakness)、机遇(opportunity)和风险(threat)。

　　2. 质量目标及其实现的策划

　　质量目标的策划是质量管理体系策划最重要的一部分,策划的要点在于制定质量目标并规定必要的运行过程和相关资源以实现质量目标。策划如何实现其质量目标时,组织应确定:①要做什么;②需要什么资源;③由谁负责;④何时完成;⑤如何评价结果。以上五点确定清楚后,如何完成质量目标的 PDCA 也就基本清晰了,同时,策划所遵循的原则、方法和要求也明确了,完成质量目标的策划工作也抓住了重点,这样可以使质量目标策划工作更具有针对性,策划的输出更具可操作性。策划质量目标时可以采用"SMART+4W1H"的方法,SMART 意为目标必须是 specific(具体的)、measurable(可测量的)、attainable(可达到的)、realistic(可以证明和观察的)、time-bound(有明确截止期限的);4W1H 意为 what(做什么),why(为什么做),where(在哪里做),who(谁做),how(怎样做)。

此外,组织还应将质量目标在组织的各相关职能、层次和过程上展开,并分解到每一个层次。质量目标展开和分解的关键在于根据组织的实际情况将组织的质量目标转化为各有关职能、过程和层次的工作人员的工作任务和目标,从而使每个人都明确为了完成组织的质量目标,自己应在哪些方面做些什么,达到什么程度。在策划和考量质量目标是否适用时需要注意三点:①是否和实际工作相关;②是否方便定量或定性测量;③测量的方法和频次是否得当。

3. 变更的策划

2015 版标准指出:"当组织确定需要对质量管理体系进行变更时,此种变更应经策划并系统地实施"。"组织应考虑到:变更目的及其潜在后果、质量管理体系的完整性、资源的可获得性以及责任和权限的分配或再分配"。而新版标准中直接体现变更的条款就多达 11 处,具体见表4.7。

表4.7　新版标准中体现变更或更改的地方

条款号	直接体现变更之处
4.4.1 g)	评价这些过程,实施所需的变更,以确保实现这些过程的预期结果
5.3 e)	确保在策划和实施质量管理体系变更时保持其完整
6.3	变更的策划
7.5.3.2 c)	变更控制(比如版本控制)
8.1	组织应控制策划的更改,评审非预期变更的后果,必要时,采取措施消除不利影响
8.2.1 b)	处理问询、合同或订单,包括变更
8.2.4	产品或服务要求的更改
8.3.6	设计和开发的更改
8.5.6	更改控制
9.3.3 b)	质量管理体系所需的变更
10.2.1 e)	需要时,变更质量管理体系

进行变更策划时,除了全面考虑上述因素和条款外,有四个时期也特别需要进行变更策划:①QMS 的建立和实施的初始阶段;②组织机构发生调整、生产工艺发生重大变化,需改进或更新现在的 QMS 时;③为满足新要求,调整、充实现存的 QMS 时;④诸多管理体系集成或一体化时。

特别地,如果涉及多项变更,组织应在综合考虑下列因素的基础上,确定变更策划的优先度:①变更的后果;②后果产生的可能性;③对顾客、相关方和质量目标的影响;④质量管理体系内过程的有效性。

一般而言,进行变更策划时可遵循下列步骤:①定义需要变更对象的特性;②制定策划(任务、时间表、责任、授权、预算、资源、所需信息、其他);③适当地使其他人员参与到变更过程中;④制定沟通策划(组织适当人员、顾客、供应商、相关方以及可能需要通知的对象);⑤利用交叉功能分组审核提供与策划和相关风险有关的提供反馈的策划;⑥培训人员;⑦测量有效性。

三、质量管理体系文件编写

文件是信息及其载体,由信息和承载载体两个要素构成。载体可以是纸张、计算机磁盘、光盘或其他电子媒体、照片或标准样品。其价值在于:能够沟通意图、统一行动,其使用有助于满足顾客要求和质量改进;提供适宜的培训;具有重复性和可追溯性;提供客观证据;评价质量管理体系的有效性和适宜性。

相较于 2008 版和 2000 版标准,2015 版标准对文件化信息的强制性要求有了较大程度的放宽,没有要求统一的质量手册和程序文件,也没有"形成文件的程序"的要求,同时将文件和记录统称为文件信息,总体意图是简化文件化要求以适合各类产品和服务及规模的组织,给组织制定文件化的自由度明显增加,以便更切合实际,提高质量管理体系的运行效果和有效性,把关注重点和主要精力从文件和记录转移到过程的有效控制、运行和绩效上来。对文件过多的统一规定,既束缚了组织,又影响了过程增值的效果。

但这并不意味着除标准中要求的 24 处文件化信息外不再需要其他文件和记录证据。为此,组织必须从分析自己存在的实际过程出发,确定为保证质量管理体系的有效策划、运行和控制需要哪些文件和记录。组织可根据发展阶段、规模、行业及产品和服务特点、管理基础等,自行确定文件化的形式和详略程度,但要注意最低的基本要求是满足新版标准 4.4.2 条款的要求,也就是说,一是如不能保证支持过程运行时,就要有文件化依据,二是证实过程是按策划执行,即有效性证据,其实就是证据和记录的要求。

文件及记录证据的具体构成、数量多少、详略程度取决于:组织的规模、活动、过程、产品和服务类型;过程及其作用的复杂程度,通常这种过程的复杂程度是由产品的复杂程度和顾客要求决定的;人员的能力,例如人员接受培训多少、教育程度高低、技能的熟练程度和经验丰富与否。

针对 ISO 9001:2015 的新要求,企业可以采取下述两种做法编制文件。

做法一:延用原先的三级(四级)文件结构,根据 2015 版标准的要求结合组织实际策划并编制质量手册、程序文件和作业文件(不提倡)。

做法二:依风险识别和评价的结果决定需编写的文件。具体过程:确定过程→识别风险→确定重要风险→制定管控措施→编写文件→运行。

在编制质量管理体系文件时应注意下列问题:①质量管理体系文件应由参与过程和活动的人员编写,这样会有助于加深对必需的要求的理解,并使员工产生参与感和责任感;②为了使所编制的质量体系文件做到协调、统一,在编制前最好制定"质量管理体系文件目录",将现行的质量手册(如果有)、企业标准、规章制度、管理办法及记录表单收集在一起,与质量管理体系要素进行比较,从而确定新编或修订质量体系文件;③为了提高质量体系文件的编制效率,减少返工,在文件编写过程中要加强文件的层次间、文件与文件间的协调,尽管如此,一套好的质量体系文件也要经过多次反复;④编制质量管理体系文件的关键是讲究实效、不走形式,既要从总体上满足标准要求,也要在具体做法上符合本单位的实际;⑤若文件不是标准的强制要求,则要考虑若无文件是否会发生偏离的情况,以确保文件制定的必要性。

符合要求的质量体系文件应具备以下特征。

(1)系统性　覆盖 ISO 9001 全部相关要素的要求和规定。

(2)符合性　应符合 ISO 9001 标准条款的要求以及本企业业务流程的实际情况。

(3)适度性　具体的控制要求应以满足企业需要为度,而不是越多越严就越好,通过清楚、准确、全面、简单扼要的表达方式,实现唯一的理解,所有文件的规定都应保证在实际工作中能完全做到。

(4)协调性　文件和文件之间应相互协调,避免产生不一致的地方;紧扣文件的目的和范围,尽量不要叙述不在该文件范围内的活动;体系文件的所有规定应与公司其他管理规定、技术标准、规范相协调;应认真处理好各种过程的接口,避免不协调或职责不清。

在措辞方面,编写质量体系文件应注意以下几点:职责分明,语气肯定(避免用大致上、基本上、可能、也许之类的词语);结构清晰、文字简明、文风一致;遵循"最简单、最易懂"的原则编写各类文件。

文件的通用内容包括:文件名称、编号;受控状态、修改状态/版本号、分发号;编制、审核、批准状态;生效日期。

需要注意的是,在编制文件之后并非一劳永逸,后续还需进行两个重点工作:①质量管理体系文件的评审与修改。在质量管理体系文件建立之后,首先要进行初次的评审,评审一般由文件编写人与使用人及相关联的部门人员参加,重点评审文件的适宜性、充分性和有效性。②质量管理体系文件的发布和试运行。质量管理体系文件编制完成后,要经过批准后进行发布,这时质量管理体系将进入试运行阶段。其目的是通过试运行,考验质量体系文件的有效性和协调性,并对暴露出的问题采取纠正措施和改进措施,以达到进一步完善质量体系文件的目的。

四、质量管理体系的运行、改进与提高

1. 质量管理体系的运行

组织内部各类质量体系文件的贯彻和执行,实质上就是质量体系的运行。当质量文件由最高管理者颁布、经相关领导批准实施后,应立即分层次组织企业各级管理人员进行学习、贯彻执行。作为一级的管理人员,应着重掌握质量体系的原理、原则、功能以及控制的方法;中层管理人员主要应掌握本部门体系要素的工作内容;一般员工应着重对文件中涉及各自岗位的操作标准、规定、程序的掌握。

要确保组织内部的质量管理体系有效运行,需做好以下三个方面的工作。

(1)质量管理体系的有效运行,培训工作需先行　文件化质量管理体系建立后,应采用多种形式对员工进行培训。培训要分层次、分阶段进行,使每个员工了解和自己有关的文件,了解自己在整个质量管理体系运行中的作用和地位,了解整个质量管理体系是如何运作的等知识,这样才能确保质量管理体系文件的执行效果。

(2)质量管理体系的有效运行,需要企业领导推动　质量管理体系的运行,离不开管理者的策划,离不开坚持原则的内审员,更离不开领导的推动。质量管理体系的有效运行,势必与"经验"主义、"将就"主义产生对立,也就是说可能产生员工与制度博弈,对质

量管理体系工作开展具有一定的挑战性。

（3）质量管理体系的有效运行，需要做好组织协调与预防工作　质量管理体系运行的顺畅有效，关键是要做好组织协调工作。企业质量管理体系的运行，涉及许多部门和人员，因此建立协调机制非常重要。可通过信息系统、各种例会等形式对出现的矛盾和问题及时沟通与协调，采取必要措施，这样才能保证质量管理体系的有效运行，促进质量管理体系各项活动的有序开展。质量管理体系运行应注重"预防为主，过程控制"。要建立质量问题预防机制，制定切实有效的质量预防措施，树立主动预防质量问题、摒弃被动的"质量问题归零"的理念，掌握质量问题预防工作方法、要求，了解质量问题预防实施效果的评价和改进，逐步建立保护、激励、暴露与发现质量问题的政策和制度，形成一套高效的质量问题预防管理机制，这样质量管理体系运行质量与产品质量就会有大的提升。

2. 质量管理体系的改进与提高

质量体系改进是将企业的产品质量或过程控制在现有水平的基础上，消除过程中的系统性的问题，使产品和服务的质量或成本水平达到一个新水平。与质量体系改进概念密切相关的就是持续改进，即要求企业持续不断地进行质量改进活动。企业永远无法消除所有的不良质量，只能逐步地消除在一定时期内认为是影响最大的一些不良质量因素。在不同的阶段，质量改进的重点不同，企业表现出来的主要问题也不同。这就要求进行改进项目的识别和不断重复的识别——改进流程。具体过程如图4.8所示。

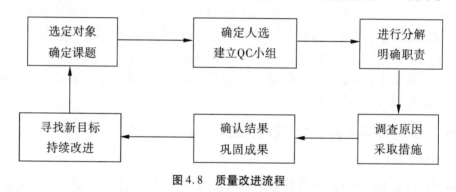

图4.8　质量改进流程

改进活动措施和方式多种多样，可以是日常活动，也可以是重大改进活动。例如，被动影响式（如纠正措施），渐进式（如持续改进），阶跃变化式（如突破），创造式（如创新），重组式（如业务流程重组 BPR）。

组织应在适当的时机和条件时，进行改进活动，包括以下几点。

（1）改进过程，以防止不符合　当体系运行的条件或顾客要求变化时可能产生过程的不适宜。这些因素都可能导致过程的不符合。在进行过程的失效模式和影响分析（PFMEA）的基础上，发现过程中存在漏控的因素有引起某种失效的可能，及时增补相应的措施，便可达到防止不合格的目的。

（2）改进产品和服务，以满足已知的和预测的要求　满足产品和服务已知的和预测的要求是质量管理体系对组织最基本的要求，也是满足顾客满意最基本的前提。因此组织在发展的初级阶段或产品和服务开发初期都应将主要管理、技术、精力和资源投入到保证产品和服务已知和预测的要求中。

（3）改进质量管理体系的结果　主动地改进质量管理体系,特别是考虑如何加强有效管理,消除引发潜在不合格的"管理"因素也是一种预防措施。

3. 持续改进

质量管理体系是一个动态变化并不断完善和发展的体系,而持续改进过程就是一个不断发现问题和自我完善的过程。组织应持续改进质量管理体系的适宜性、充分性和有效性。这样才能促进质量管理体系不断完善,组织绩效不断提高。要想在组织内部成功实现持续改进,需要有图 4.9 所列的行为和机制支持,而常用的方法见表 4.8。

- 组织内各个层级的高级经理个人公开参与
- 经理花时间与一线生产团队共同合作
- 中层管理团队在车间每天以身作则
- 表现突出的经理承担超过当前能力的角色

- 基于清晰的标准将合适的人员安排在重要的岗位
  经理在遇到难题/机会时寻求专家的意见
  员工定期参与技能培训,大多情况下是在岗培训
  长期任务潜入生产线中
  员工偶尔在相同的业务流程中开展其他工作;使用多种方法（讨论会、个人培训、行为学习）

- 培训课程打开管理层的眼界
- 高管层定期进行直接沟通
- 一线团队在每次交接班前举行简短的问题解决会议
- 一线团队成员提出具体的改进意见
- 一线员工参与目标设定
- 一线团队利用可视化指标跟踪绩效
- 清晰的路线图

- 团队角色定义清晰
- 强有力的财务支持
- 持续改进指导小组和架构建立
- 通过目标/路径设定、可视化工具和持续的绩效循环进行绩效管理
- 人才管理体系包括关键职位评估、人才管理审核、绩效评估
- 正式的计划流程
- 标准化问题解决方法
- 知识积累/分享工具和流程

图 4.9　持续改进所需的具体行为和机制的支持

表 4.8　持续改进的方法

持续改进步骤	常见方法
发现问题,明确问题	3MU 检查表、基准确定、过程研究、信息反馈系统、FMEA、排列图、关联图、矩阵图、直方图、亲和图、调查表、设计评审
寻找原因	FTA(故障树分析)、因果图(鱼刺图)、试验设计、流程图、价值流时间表、SPC(统计过程控制)、SMA(测量系统分析)、相关图
策划措施,解决问题	PDCA 循环、5S、质量功能展开(QFD)、可靠性工程计划(REP)、质量先期策划(APQP)、关键特性识别系统(KCDS)、三次设计(田口方法)、平面布置图、PDPC 法

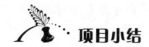 **项目小结**

　　ISO 9000 系列标准为各类组织搭建了一个共同讨论"质量"的平台,现已广泛应用于各种类型的组织。自 1987 年 ISO 9000 正式诞生以来,标准经历了四次正式的改版:第一次改版发生在 1994 年,它沿用了质量保证的概念,传统制造业烙印仍较明显;第二次改版是在 2000 年,不论是从理念、结构还是内涵,这都是一次重大的变化,标准引入了"以顾客为关注焦点""过程方法"等基本理念,从系统的角度实现了从质量保证到质量管理的升华,也淡化了原有的制造业的痕迹,具备了更强的适用性;2008 年进行了第三次改版,被定义为一次"编辑性修改",并未发生显著变化;而最新的 ISO 9000:2015 版标准的变化幅度相当之大,特别是在结构、视野、兼容性、适用及易用性方面,同时也引入了一些最新的管理理念/要求(如风险管理、知识管理等)。特别是将其中八大质量管理原则减少到七项,将"过程方法"和"管理的系统方法"合并,将"持续改进"修改为"改进",将"基于事实的决策"修改为"循证决策",将"与供方的互利关系"修改为"关系管理",组织可以依据行业特点和管理文化形成自己特有的管理模式。标准的编写者(ISO/TC 176)希望此次改版能为未来十年乃至更长时间提供一个稳定的核心标准。

　　此外,我们结合 ISO 9001:2015,具体介绍了质量管理体系的建立与实施过程,包括认证的程序与要求、文件的编写以及质量管理体系的运行改进和提高,详细介绍了其中的要点和注意事项。

 **课后测验**

1. 名词解释

国际标准化组织(ISO);ISO 9000 族标准;术语;策划;质量管理体系认证。

2. 填空题

(1)ISO 9000 族标准是由_____制定的。

(2)术语概念之间的关系分为_____、_____、_____三种基本类型。

(3)循证决策源自_____。

(4)文件的通用内容包括_____、_____、_____、_____。

3. 简答题

(1)ISO 9000 族标准产生的背景条件有哪些?

(2)ISO 9000 族标准分别经历了哪几次修订,特点是什么?

(3)ISO 9000:2015 系列标准有哪几个核心标准?

(4)简述 ISO 9000:2015 的七项质量管理原则。

(5)如何学习 ISO 9000 族标准的术语?

(6)企业获得 ISO 9000 认证的基本要求是什么?

项目五
ISO 22000 食品安全管理体系

知识目标

了解 ISO 22000、GMP、SSOP、HACCP 的概念、特点与构成以及在我国的实施情况。

能力目标

掌握 ISO 22000、GMP、SSOP、HACCP 的基本理论和主要内容。

素质目标

了解 ISO 22000、GMP、SSOP、HACCP 的程序和措施。

任务一　食品安全管理体系（ISO 22000）

一、ISO 22000 的基础知识

1. ISO 22000 食品安全管理体系简介

2005 年 9 月 1 日，为保证全球食品安全，国际标准化组织发布了 ISO 22000:2005《食品安全管理体系——适用于食品链中各类组织的要求》。2006 年 3 月 1 日，我国等同转换国际版标准 GB/T 22000:2006 正式发布，2006 年 7 月 1 日正式实施。ISO 22000 是国际标准化组织继 ISO 9000、ISO 14000 标准后推出的又一管理体系国际标准。它建立在 GMP、SSOP 和 HACCP 基础上，首次提出针对整个食品供应链进行全程监管的食品安全管理体系要求。同年 11 月，国际标准化组织又发布了 ISO/TS 22004:2005《食品安全管理体系 ISO 22000 应用指南》。

ISO 22000 采用了 ISO 9001 标准体系结构，在食品危害风险识别、确认以及系统管理方面，参照了国际食品法典委员会颁布的《食品卫生通则》中有关 HACCP 体系和应用指南部分。ISO 22000 的使用范围覆盖了食品链全过程，即种植、养殖、初级加工、生产制造、分销，一直到消费者食用，其中也包括餐饮。另外，与食品生产密切相关的行业也可以采用这个标准建立食品安全管理体系，如杀虫剂、兽药、食品添加剂、储运、食品设备、

食品清洁服务、食品包装材料。它通过对食品链中任何组织在生产(经营)过程中可能出现的危害进行分析,确定控制措施,将危害降低到消费者可接受的水平。ISO 22000 标准的核心是危害分析,并将它与国际食品法典委员会(CAC)所制定的实施步骤、HACCP 的前提条件-前提方案(PRPs)相互沟通均衡地结合。在明确食品链中各组织的角色和作用的条件下,将危害分析所识别的食品安全危害进行评价并分类,通过 HACCP 计划和操作性前提方案(OPRP)的控制措施组合来控制,能够很好地预防食品安全事件的发生。

ISO 22000《食品安全管理体系要求》强调在食品链中的所有组织都必须具备能够控制食品安全危害的能力,以便能提供持续安全的产品来满足顾客的需求和符合相对应的食品安全规则。ISO 22000 标准已成为审核标准,可以单独作为认证、内审或合同的依据,也可与其他管理体系,如 ISO 9001:2015 组合实施。

ISO 22000《食品安全管理体系要求》包括八个方面的内容,即范围、规范性引用文件、术语和定义、政策和原理、食品安全管理体系的设计、实施食品安全管理体系、食品安全管理体系的保持和管理评审。虽然 ISO 22000《食品安全管理体系要求》是一个自愿采用的国际标准,但该标准为越来越多国家的食品生产加工企业所采用而成为国际通行的标准。

2. 实施 ISO 22000 标准的目的和范围

(1)实施 ISO 22000 标准的目的

1)组织实施 ISO 22000 后,能够确保在按照产品的预期用途食用时,对消费者来说是安全的。

2)通过与顾客的相互沟通,识别并评价顾客要求中食品安全的内容以及它的合理合法性,并能与组织的经营目标相统一,从而证实组织就食品安全要求与顾客达成了一致。

3)组织应建立有效的沟通渠道,识别食品链中需沟通的对象和适宜的沟通内容,并将其中的要求纳入到组织的食品安全管理活动中,从而证实沟通的有效性。

4)组织应建立获取与食品安全有关的法律法规的渠道,获取适用的法律法规,并将其中的要求纳入到组织的食品安全管理活动中。

5)组织应该能够确保按照其声明的食品安全方针策划、实施、保持和更新其食品安全管理体系。

(2)ISO 22000 标准的适用范围 ISO 22000 标准的所有要求都是通用的,无论组织的规模、类型,还是直接介入食品链的一个或多个环节或间接介入食品链的组织,只要其期望建立食品安全管理体系就可采用该标准。这些组织包括:饲料加工者,种植者,辅料生产者,食品生产者,零售商,食品服务商,配餐服务商,提供清洁、运输、储存和分销服务的组织,以及间接介入食品链的组织如设备、清洁剂、包装材料以及其他食品接触材料的供应商。

3. 实施 ISO 22000 标准的意义

ISO 22000 是一个自愿性的标准,但由于该标准是对各国现行的食品安全管理标准和法规的整合,是一个统一的国际标准,因此该标准会被越来越多的政府和食品供应链上的企业所接受和采用。从目前情况看,企业采用 ISO 22000 标准可以获得如下诸多好处:与贸易伙伴进行有组织的、有针对性的沟通;在组织内部及食品链中实现资源利用最优化;改善文献资源管理;加强计划性,减少过程后的检验;更加有效和动态地进行食品安全风险控制;所有的控制措施都将进行风险分析;对前提方案进行系统化管理;由于关注最终结果,该标准适用范围广泛;可以作为决策的有效依据;充分提高勤奋度;聚焦于对必要的问题的控制;通过减少冗余的系统审计而节约资源。

4. ISO 22000 系列标准

ISO 22000 是该标准族中的第一个文件。该标准族包括下列文件。

ISO/TS 22004《食品安全管理体系、ISO 22000:2005 应用指南》,于 2005 年 11 月发布。

ISO/TS 22003《食品安全管理体系——对提供食品安全管理体系审核和认证机构的要求》,对 ISO 22000 认证机构的合格评定提供协调一致的指南,并详细说明审核食品安全管理体系符合标准的规则,于 2006 年第一季度发布。

ISO 22005《饲料和食品链的可追溯性——体系设计和发展的一般原则和指导方针》,立刻作为一个国际标准草案运行。

二、ISO 22000 标准的概念、特点与构成

(一)ISO 22000 标准的概念

ISO 22000 是由 ISO/TC 34 农产食品技术委员会制定的一套专用于食品链内的食品安全管理体系。

(二)ISO 22000 标准的特点

ISO 22000 标准的特点如下:统一和整合了国际上相关的自愿性标准;遵守并应用HACCP 七项原则建立了食品安全管理体系,囊括了 HACCP 的所有要求;既是建立和实施食品安全管理体系的指导性标准,同时也是审核所依据的标准,可用于内审、第二方认证和第三方注册认证;将 HACCP 与必备方案,如卫生操作标准程序(SSOP)和良好操作规范(GMP)等结合,从不同方面来控制食品危害;结构与 ISO 9001 和 ISO 14001 保持一致;提供了一个全球交流 HACCP 概念、传递食品安全信息的机制。

(三)ISO 22000 标准的构成

1. ISO 22000 标准的基础术语

(1)食品安全(food safety)　食品安全即指食品在按照预期用途进行制备和(或)食用时不会伤害消费者的概念。

(2)食品链(food chain)　食品链即指从初级生产直至消费的各环节和操作的顺序,涉及食品及其辅料的生产、加工、分销、储存和处理。

(3)食品安全危害(food safety hazard)　食品安全危害即指食品中所含有的对健康有潜在不良影响的生物因素、化学因素、物理因素或食品存在状况。

(4)食品安全方针(food safety policy)　食品安全方针即指由组织的最高管理者正式发布的该组织总的食品安全宗旨和方向。

(5)终产品(end product)　终产品即指组织不再进一步加工或转化的产品。

(6)前提方案(prerequisite program,PRP)　前提方案在整个食品链中为保持卫生环

境所必需的基本条件和活动,以适合生产、处置和提供安全终产品以及人类消费的安全食品。

（7）操作性前提方案（operational prerequisite program,OPRP）　操作性前提方案即指通过危害分析确定的、必需的前提方案 PRP,以控制食品安全危害引入的可能性和（或）食品安全危害在产品或加工环境中污染或扩散的可能性。

（8）更新（updating）　更新即指为确保应用最新信息而进行的即时和（或）有计划的活动。

2. 食品安全管理的十项原则

ISO 22000《食品安全管理体系要求》提出并遵循了食品安全管理原则,将消费者食用安全作为建立与实施食品安全管理体系的关注焦点,重点强调对食品链中影响食品安全的危害进行过程、系统化和可追溯性的控制,最终产品的检验仅是辅助或验证的手段。标准根据食品危害的产生机制,系统地规定了对危害进行识别、评估、预防、控制、监控及评价的标准,并对 HACCP 前提计划、HACCP 计划和 HACCP 后续计划的制订与实施做出了明确规定。食品安全管理有如下原则：

原则一　以消费者食用安全为关注焦点；
原则二　实现管理承诺和全员参与；
原则三　建立食品卫生基础；
原则四　应用 HACCP 原理；
原则五　针对特定产品和特定危害；
原则六　依靠科学依据；
原则七　采用过程方法；
原则八　实施系统化和可追溯性管理；
原则九　在食品链中保持组织内外的必要沟通；
原则十　在信息分析的基础上实现体系的更新和持续改进。

3. 食品安全管理体系的四个关键要素

为保持食品安全管理体系的有效性,确保整个食品链直至最终消费的食品安全,ISO 22000 强调了下列 4 个关键要素：①相互沟通；②体系管理；③前提方案；④HACCP 原理。

沟通包括外部沟通（与供方和分包商的沟通、与顾客的沟通、与食品主管部门的沟通）及内部沟通（不同部门和层次的人员,包括上至最高管理者下至车间工人）。为了确保食品链每个环节所有相关的食品危害均得到识别和充分控制,必须强化整个食品链中各组织的沟通。因此,组织与其在食品链中的上游和下游的组织之间均需要进行沟通。尤其对于已确定的危害和采取的控制措施,应与顾客和供方进行沟通,这将有助于明确顾客和供方的要求。

4. 前提方案与操作性前提方案

（1）前提方案　前提方案（prerequisite program,PRP）是针对组织运行的性质和规模而制定的程序或指导书,用以改善和保持运行条件,从而更有效地控制食品安全危害；是指必备的前提计划或者基本条件,是依据法律法规的要求、顾客的要求等所做的活动。例如,良好农业规范（GAP）、良好兽医规范（CVP）、良好操作规范（GMP）、良好卫生规范

（GHP）、良好生产规范（GPP）、良好分销规范（GDP）、良好贸易规范（GTP）。

前提方案应与组织在食品安全方面的需求相适应；与组织运行的规模和类型、制造和处置的产品性质相适应；前提方案无论是普遍适用还是只适用于特定产品或生产线，都应在整个生产系统中实施；前提方案应获得食品安全小组的批准。

当选择和制订前提方案时，组织应考虑和利用适当信息，如法律法规要求，顾客要求，公认的指南，国际食品法典委员会的法典原则和操作规范，国家、国际或行业标准等。

（2）操作性前提方案　操作性前提方案（operational prerequisite program，ORPR）是为控制食品安全危害在产品或加工环境中引入、污染或扩散的可能性。操作性前提方案是在进行危害分析之后，根据危害评估的结果，进行控制措施的选择和评估，最后才能确定什么措施属于操作性前提方案，什么措施属于 HACCP 计划。

操作性前提方案是通过危害分析所制定的实施作业程序或作业指导书，以规范有序地实施食品安全危害的控制措施；其结果的可靠性可通过经常的监视获得。操作性前提方案通常包括：HACCP 计划的 5 个准备步骤；由 SSOP 可以解决的问题；采购管理、产品处理等。

5. HACCP 计划的建立

应根据 CAC/RCPl—HACCP 体系及其应用准则的要求将 HACCP 计划形成文件，HACCP 计划应包括如下信息：该关键控制点所控制的食品安全危害；控制措施；关键限值；监视控制程序；关键限值超出时，应采取的纠正和纠正措施；职责和权限；监视的记录。

（1）关键控制点（CCP）的识别　需要 HACCP 计划控制的每种显著危害，应针对确定的控制措施识别关键控制点。

（2）关键控制点（CCP）中关键限值的确定　在每一个关键控制点都应设计关键限值以确保相应的食品安全危害得到有效控制，确保终产品的安全危害不超过已知的可接受水平；关键限值应可以测量。关键限值如果是由主观进行判断的（如对产品、加工过程、处置等的视觉检验），就要求有指导书、规范、教育和培训的支持。

（3）CCP 的监视系统　对每个关键控制点应建立监视系统，以证实关键控制点处于受控状态。该系统应包括所有针对关键限值的有计划的测量或观察。监视系统应由相关程序、指导书和记录构成。记录包括：在适宜的时间间隔内提供结果的测量或观察值；所用的监视装置；适用的校准方法；监视频次；与监视和评价监视结果有关的职责和权限；记录的要求和方法。

监视的方法和频次应能够及时识别测量或观察值是否超出关键限值，以便及时发现出现的偏差，并在实施纠偏措施和产品评估前对相关产品进行隔离。

（4）监视结果超出关键限值时采取的措施　在 HACCP 计划中应规定关键控制点超出关键限值时所采取的措施，以使关键控制点恢复受控。同时，分析并查明超出的原因，以防止再次发生超出。对偏离时所生产的产品，应按照潜在不安全产品程序进行处置；处置后的产品经评价合格后才能放行。

6. 文件要求

（1）食品安全管理体系文件　食品安全管理体系文件应包括：形成文件的食品安全

方针和相关目标的声明;本准则要求的形成文件的程序和记录;组织为确保食品安全管理体系有效建立、实施和更新所需的文件。

(2)文件控制　食品安全管理体系所要求的文件应予以控制。记录是一种特殊类型的文件,建立并保持记录,是提供符合要求和食品安全管理体系有效运行的证据。记录应保持清晰,易于识别和检索。应编制形成文件的程序,规定记录的标志、储存、保护、检索、保存期限和处理所需的控制。

体系所形成的所有文件均应处于受控状态,运作时重点控制以下几点:文件发布前得到批准,以确保文件是充分与适宜的;必要时对文件进行评审与更新,并再次批准;确保文件的更改和现行修订状态得到识别;确保在使用处获得适用文件的有关版本;确保文件保持清晰、易于识别;确保相关的外来文件得到识别,并控制其分发;防止作废文件的非预期使用,若因特殊原因需保留作废文件时,确保对这些文件进行适当的标志。

文件控制应确保所有提出的更改在实施前加以评审,以明确其对食品安全的效果以及对食品安全管理体系的影响。

在本准则中,要求形成文件的九条程序如下:文件控制;记录控制;操作性前提方案;处置受不合格影响的产品;纠正措施;纠正;潜在不安全产品的处置;召回;内部审核。

相关记录应包括:文件更改的原因与证据;指定人员采取的适当措施;在食品链中进行沟通的信息以及来自主管部门的所有与食品安全有关的要求;管理评审;规定专家职责和权限的协议;教育、培训、技能和经验;对基础设施进行的维修改造;实施危害分析所需的相关信息;食品安全小组所要求的知识和经验;经过验证的流程图;所有合理预期发生的食品安全危害以及确定危害可接受水平的证据和结果;食品安全危害评价所采用的方法和结果;控制措施评价的结果;监视结果;监视要求和方法;预备信息、前提方案文件和 HACCP 计划的更改;验证策划;可追溯性信息;纠正措施;纠正不合格的性质及其产生原因和后果的信息,不合格批次的可追溯性信息;对召回方案有效性的验证;当测量设备失效时,对以往测量结果有效性的评价和相应措施;策划验证的结果;验证活动分析的结果和由此产生的活动;食品安全管理体系的更新活动。

7. 食品安全管理体系的验证

食品安全小组应对验证、确认和更新食品安全管理体系所需的过程进行策划和实施。食品安全管理体系的验证方法主要包括内部审核、单项验证和控制措施组合的确认等。

(1)内部审核　组织应按照策划的时间间隔进行内部审核,以确定食品安全管理体系是否:符合预定的策划安排、组织所建立的食品安全管理体系的要求和本标准的要求;使体系得到有效实施和更新。

应对审核方案进行策划,应规定审核的准则、范围、频次和方法,确定审核过程和拟审核的环节或区域,同时应对以往审核所产生的更新和措施进行跟踪审核。审核员的选择和审核的实施应确保审核过程的客观性和公正性。审核员不应审核自己的工作。

应在形成文件的程序中规定内部审核策划、实施审核、报告结果和保持记录的职责及要求。对于发现的不符合情况,负责受审核区域的管理者应确保及时准确地找出原因并采取措施,及时纠偏。跟踪活动应包括对所采取措施的验证和验证结果的报告。

（2）单项验证 单项验证是对食品安全管理体系中某个单项要素的验证,不是对体系整体的验证。食品安全小组应对每个策划的单项验证结果进行系统地评价,也包括内部审核的某些单项验证结果。

（3）控制措施组合的确认 对于包括在操作性前提方案和 HACCP 计划中的控制措施组合的初步设计及随后的变更,组织应使控制措施的组合能够达到已确定的食品安全危害控制所要求的预期水平。

（4）验证法活动结果的分析 食品安全小组应分析验证活动的结果,包括内部审核和外部审核的结果。分析的结果和由此产生的活动应予以记录,并以相关的形式向最高管理者报告,作为管理评审的输入,也应用作食品安全管理体系更新的输入。

8.持续改进

最高管理者应通过沟通、管理评审、内部审核、单项验证结果的评价、验证活动结果的分析、控制措施组合的确认、采取纠正措施等活动,确保食品安全管理体系持续更新。

9.食品安全管理体系的实施运行

（1）试运行前的培训 食品安全管理体系试运行前,应进行食品安全管理体系文件的培训,使企业各部门人员明确食品安全管理体系文件的要求,明白自己该做什么,该怎么做。

（2）试运行前的准备 检查资源配置到位情况,确认硬件改造已全部完成;制备各类印章、标签和标志、用品、记录表格、表卡等;试运行前或试运行初应做好计量工作;对已有的供应商进行评估、登记;宣传鼓动;通过板报、标语等形式向企业员工宣讲食品安全、ISO 22000 认证计划等。

（3）宣布试运行 试运行是食品安全管理体系由不完善到完善,由不配套到配套,由不习惯到习惯,由没记录到记录完整,由不符合到符合的过渡过程。试运行中要做好下列工作:食品安全小组指导和监督企业各部门按照文件的规定进行管理和操作;对操作性前提方案、HACCP 计划的适宜性和有效性进行验证;对单项验证结果进行评价,对验证活动结果进行分析。

（4）整改完善,正式运行 对试运行中的问题应及时地采取纠正措施。如果是文件问题,应及时修订改正;然后按修订完善的食品安全管理体系文件的要求,全面正式运行。

（5）内部食品安全管理体系审核 认证前,至少进行一次内部食品安全管理体系审核。对审核中的不符合项采取纠正措施,加以解决。

（6）管理评审 认证前,至少进行一次管理评审,确保食品安全管理体系的充分性、适宜性和有效性。

（7）外部认证 体系运行良好并通过管理评审后,可申请第三方机构进行认证。

任务二 食品良好操作规范

一、食品良好操作规范的基础知识

1．良好操作规范与食品良好操作规范

良好操作规范（good manufacturing practice，GMP）是一种特别注重在产品生产加工全过程中实施对产品安全与卫生的管理体系，也是一套贯穿于生产全程的措施、方法和技术要求。良好操作规范要求生产企业应具备良好的厂内外环境、生产设备，合理的生产过程，完善的质量管理和严格的检测系统，分别要求企业从原辅料、人员、设施设备、生产加工、包装、储藏、运输、销售和消费等方面必须达到有关法律法规的安全卫生质量要求，确保最终产品质量稳定和安全卫生，符合法规要求。

良好操作规范在食品工业管理中应用，称为食品良好操作规范。食品良好操作规范是一种具有专业特性的质量保证体系和生产管理体系。食品良好操作规范要求食品加工的原料、加工的环境和设施、加工储存的工艺和技术、加工人员等的管理都符合良好操作规范。它的主要目的是为了降低食品加工过程中人为的错误，防止食品在生产加工过程中受到污染或质量劣变下降，促进食品加工企业建立自主性的质量保证体系。我国食品良好操作规范在发达国家食品质量管理先进方法和成功经验总结的基础上，政府以法规形式对所有食品制定了一个通用的良好操作规范，同时，还针对各种主要类别的食品制定了一系列的专用良好操作规范。

2．实施食品良好操作规范的意义

食品良好操作规范能有效地提高食品行业的整体素质，确保食品的卫生质量，保障消费者的利益。食品良好操作规范要求食品企业必须具备良好的生产设备，科学合理的生产工艺，完善先进的检测手段，高水平的人员素质，严格的管理体系和制度。因此食品企业在推广和实施良好操作规范的过程中必然要对原有的落后的生产工艺、设备进行改造，对操作人员、管理人员和领导干部进行重新培训，因此对食品企业整体素质的提高有极大的推动作用。食品良好操作规范充分体现了保障消费者权利的观念，保证食品安全也就是保障消费者的安全权利。实施食品良好操作规范也有利于政府和行业对食品企业的监管，强制性和指导性良好操作规范中确定的操作规程和要求可以作为评价、考核食品企业的科学标准。另外，由于推广和实施良好操作规范在国际食品贸易中是必备条件，因此实施食品良好操作规范能提高食品产品在全球贸易的竞争力。

二、食品良好操作规范的主要内容

（一）食品良好操作规范的原理

良好操作规范实际上是一种包括 4M 管理要素的质量保证制度，即选用规定要求的原料（material），以合乎标准的厂房设备（machines）、由胜任的人员（man）、按照既定的方法（method）、制造出品质既稳定又安全卫生的产品的一种质量保证制度。因此，食品良好操作规范也是从这四个方面提出具体要求，其内容包括硬件和软件两部分。硬件是食

品企业的环境、厂房、设备、卫生设施等方面的要求,软件是指食品生产工艺、生产行为、人员要求以及管理制度等。

(二)食品良好操作规范的具体内容

食品良好操作规范是对食品加工过程各个环节实行全面质量控制的具体技术要求,是保证食品质量与安全卫生的措施和准则。对《食品安全法》归纳总结,可以看出,食品良好生产规范的主要内容包括6个方面:食品工厂的组织和制度;食品工厂设计和设施的良好规范;食品原料采购、运输和储藏的良好生产规范;食品生产过程的良好生产规范;食品生产经营人员个人卫生的良好生产规范;食品检验的良好生产规范等。但是,值得注意的是,良好操作规范所规定的内容仅仅是要求食品生产企业必须达到的最基本条件而不是最高标准。

1. 食品工厂的组织和制度

《中华人民共和国食品安全法》规定:"食品生产经营企业应当有食品安全专业技术人员、管理人员和保证食品安全的规章制度。"因此,食品生产经营企业应当建立健全本企业或单位的食品安全管理制度,同时,加强对员工关于食品安全等方面的知识培训,配备食品安全管理和质量检验人员,做好食品质量管理和检验工作。

(1)食品质量安全管理机构 食品生产经营企业应成立专门的食品安全或食品质量检验部门,并由企业高层专门负责食品质量安全工作,把食品质量安全的日程管理工作始终贯彻于整个食品生产的各个环节。食品质量安全管理机构的主要职责如下:贯彻执行《中华人民共和国食品安全法》及相关的质量管理体系、食品卫生标准等,切实保证食品生产过程的质量、安全和卫生的控制;制定和完善本单位的各项质量与安全管理制度,组织开展食品质量和安全培训、检查等活动;执行国家食品召回制度。

(2)食品生产设施的安全管理制度 在食品生产企业中,一些大型基建设施,如给水排水系统、能源系统、各种机械设备等均应按相关规定使用、清洗和保养。在食品生产过程中,所有生产设备设施应保持良好的卫生状况,整齐清洁卫生,不污染食品。与食品直接接触的机械、传送带、管道、用具、容器等用前用后清洗消毒。主要生产设备应每年至少一次维修和保养。企业厂区内卫生设施应齐全,设立数量和位置应符合一般原则要求,每名工作人员应配2~3套工作服,并派专人对工作服进行定期的清洗消毒工作。

(3)食品生产废弃物和有害物的管理制度 食品生产废弃物主要是指食品生产过程中形成的废气、废水和废渣,废弃物处理不当或处理不及时会造成食品的污染或环境的污染。食品有害物包括有害生物和有害的化学物质两大类。老鼠、苍蝇、蟑螂等对食品生产具有极大的危害,被这些生物污染了的食品上带有大量细菌、病毒和寄生虫。对食品生产废弃物应严格按照国家有关"三废"排放的规定进行处理,采用三废治理技术,对产生的废物要经过合理的处理后方可进行排放,并尽量减少废物排放总量。对食品有害物,应严加控制。在食品生产场所使用的杀虫剂、洗涤剂、消毒剂包装应完全、密闭不泄漏,并应经省级卫生行政部门批准;在储藏场所标明,做到专柜储藏,专人管理,严格按照其使用方法使用。

(4)食品召回制度 《中华人民共和国食品安全法》明确规定:"食品生产者发现其生产的食品不符合食品安全标准,应当立即停止生产,召回已经上市销售的食品,通知相关生产经营者和消费者,并记录召回和通知情况。食品经营者发现其经营的食品不符合食品安全标准,应当立即停止经营,通知相关生产经营者和消费者,并记录停止经营和通知情况。食品生产者认为应当召回的,应当立即召回。食品生产者应当对召回的食品采取补救、无害化处理、销毁等措施,并将食品召回和处理情况向县级以上质量监督部门报告。食品生产经营者未依照本条规定召回或者停止经营不符合食品安全标准的食品的,县级以上质量监督、工商行政管理、食品药品监督管理部门可以责令其召回或者停止经营。"召回的食品中,如果通过修改标签、标识、说明书等补救措施能够保证食品安全的,可以在采取补救措施后继续销售。

2.食品工厂设计和设施的良好生产规范

对于食品工厂的设计和设施方面,《中华人民共和国食品安全法》规定:"食品生产经营应当符合食品安全标准,并符合下列要求:具有与生产经营的食品品种、数量相适应的食品原料、处理和食品加工、包装、储存等场所,保持该场所环境整洁,并与有毒、有害场所以及其他污染源保持规定的距离;具有与生产经营的食品品种、数量相适应的生产经营设备或者设施,有相应的消毒、更衣、盥洗、采光、照明、通风、防腐、防尘、防蝇、防鼠、防虫、洗涤以及处理废水、存放垃圾和废弃物的设备或者设施。"

(1)食品工厂厂址的选择　在食品工厂厂址选择方面,企业应当做到:防止厂区因周围环境的污染而造成企业污染,厂区周围不得有粉尘、烟雾、有害气体、放射性物质和其他扩散性污染物,不得有垃圾场、污水处理厂、废渣场等;防止企业污水和废弃物对居民区的污染,应设有废水和废弃物处理设施;要建立必要的卫生防护带,如屠宰场距居民区的最小防护带不得少于500 m,酿造厂、酱菜厂、乳品厂等不得少于300 m;要有足够、良好的水源、能承载较高负荷的动力电源;厂址选择,有利于经处理的污水和废弃物的排出;要有足够可利用的面积和较适宜的地形,以满足工厂总体平面合理布局和今后发展的要求;厂区应通风、采光良好、空气清新,交通要方便。

(2)对食品工厂建筑设施的要求　食品工厂建筑设施应做到:建筑物和构筑物的设置与分布应符合食品生产工艺的要求,保证生产过程的连续性;厂房应按照生产工艺流程及所要求的清洁级别进行合理布局,同一厂房和邻近厂房不得相互干扰,做到人流、物流分开,原料、半成品、成品以及废品分开,生食品和熟食品分开,杜绝交叉污染;生产区、生活区和厂前区的布局应合理;厂区建筑物之间的距离应符合采光、通风、防火、交通运输的需要;生产车间的附属设施应齐全;厂区应设有一定面积的绿化带;给排水系统管道的布局要合理,生活用水与生产用水应分系统独立供应;废弃物存放设施应远离生产和生活区,应加盖存放,尽快处理。

食品加工设备、工具和管道方面应做到:在选材上,凡直接接触食品原料或成品的设备、工具或管道应无毒、无味、耐腐蚀、耐高温、不变形、不吸水,要求质材坚硬、耐磨、抗冲击、不易破碎;在结构方面,要求食品生产设备、工具和管道表面光滑、无死角、无间隙、不易积垢、便于拆洗消毒;在布局上,生产设备应根据工艺要求合理定位,工序之间衔接要紧凑,设备传动部分应安装防水、防尘罩,管线的安装尽量少拐弯、少交叉;在卫生管理制度上,要定期检查、定期消毒、定期疏通,设备应实行轮班检修制度。

(3)对食品加工建筑物的要求　食品加工建筑物应做到:食品工厂的厂房的高度应

能满足工艺、卫生要求以及设备安装、维护、保养的要求;生产车间的空间要便于设备的安装与维护,车间地面应平整、无裂缝、稍高于运输通道和道路路面,应做到不渗水、不吸水、无毒、防滑,便于冲洗、清扫和消毒,有特别要求的地板应做特殊处理;墙壁要用浅色、不吸水、耐清洗、无毒的材料覆盖,在离地面 1.5~2.0 m 的墙壁上应用白色瓷砖或其他防腐蚀、耐热、不透水的材料设置墙裙,墙壁表面应光滑平整、不脱落、不吸附,墙壁与地面的交界面要呈漫弯形,便于清洗,防止积垢;门窗的设计不能与邻近车间的排气口直接对齐或毗邻,车间的外出门应有适当的控制,必须设有备用门。另外,在水蒸气、油烟和热量较集中的车间,屋顶应根据需要开天窗排风,天花板最低高度应在 2.4 m 以上;防护门要求能两面开,自动关闭。车间内的通道应人流和物流分开,通道要畅通,尽量少拐弯。存放、搬运食品时,避免食品与墙体、地面和工作人员的接触而造成食品的污染。生产车间应有充足的自然光和人工照明,应备有应急照明设备。对于经常开启的门窗或天窗应安装纱门、纱窗等,防止灰尘和其他污染物进入车间。车间的空气要清洁,要求有适当的通风,可采用自然通风和机械通风,尽量要求自然通风。对一些特别食品要求对车间空气进行净化,尤其是生产保健食品的车间必须按照工艺和产品质量的要求达到不同的清洁程度。食品生产车间的清洁级别可参考药品生产 GMP 要求;仓库地面要考虑防潮,加隔水材料,屋面应不积水、不渗漏、隔热,天花板应不吸水、耐高温,具有适当的坡度,利于冷凝水的排除。

(4)对食品工厂卫生设施的要求　食品工厂卫生设施方面应做到:在车间的进口处和车间内的适当地方应设置洗手设施,大约每 10 人 1 个水龙头,并在洗手设施旁边设有干手设备。在饮料、冷食等卫生要求较高的生产车间的人口应设有消毒池,一般设在通向车间的门口处。消毒池壁内侧与墙体呈 45°坡形,池底设有排水口,池深 15~20 cm,大小应以工作人员必须通过消毒池才能进入车间为宜。食品从业人员应勤剪指甲,必要时用酒精对手进行消毒。食品从业人员在进入车间时必须在更衣室换上清洁的隔离服,戴上帽子,以防头发上的尘埃及脱落的头发污染食品。更衣室应设在便于工作人员进入车间的位置,应有必要的更衣通风设施,并安装紫外线灯。为保持食品从业人员的个人卫生,食品工厂设置淋浴器是十分必要的,按每班工作人员计,每 20~25 人设置 1 个。食品工厂厂区厕所应设置在生产车间的下风侧,应距生产车间 25 m 以外,车间的厕所应设置在车间外,其入口不能与车间的入口直接相对,一般设在淋浴室旁边的专用房内。其数量应与生产人员人数相匹配。厕所应装有洗手设施和排臭装置,厕所的排水管道应与车间分开,厕所应定期进行蚊蝇消灭处理,消毒。便池应为水冲式,并备有洗手液或消毒液,厕所每天每班清洗。

(5)对水源的要求　水源的选择应考虑 2 个方面:一方面,水量必须满足生产的需要,用水量包括生产用水和非生产用水;另一方面,不同食品对水质和卫生的要求不一样,一般说来,自来水是符合卫生要求的,但自来水水源多是地表水,容易受季节变化的影响,水质不稳定,如水源是地下水则不会受季节性变化的影响。对一些水质要求较高的食品,需要进行特殊的水处理。食品生产用水的净化消毒方法和安全标准请参看有关资料和国家标准。

3. 食品原材料采购、运输和储藏的良好生产规范

食品加工所用原材料的质量是决定食品最终产品质量的主要因素。食品加工的原材料大多数是动、植物体生产出来的,在种植、饲养、收获、运输、储藏等过程中都会受到很多有害因素的影响而改变食物的安全性。因此,食品加工者必须从原材料采购、运输和储藏环节加强安全卫生管理。

(1)采购 对食品原材料采购的安全卫生要求主要包括对采购人员的要求、对采购原料质量的要求以及对采购原料包装物或容器的要求。采购人员应熟悉本企业所用各种食品原料、食品添加剂、食品包装材料的品种、安全标准和安全管理办法,清楚各种原材料可能存在或容易发生的安全质量问题。食品原辅材料的采购应根据企业食品加工和储藏能力有计划地进行。采购的原辅料必须验收合格后才能入库,按品种分批存放。《中华人民共和国食品安全法》规定:"食品生产者采购食品原料、食品添加剂、食品相关产品,应当查验供货者的许可证和产品合格证明文件;对无法提供合格证明文件的食品原料,应当依照食品安全标准进行检验;不得采购或者使用不符合食品安全标准的食品原料、食品添加剂、食品相关产品。食品生产企业应当建立食品原料、食品添加剂、食品相关产品进货查验记录制度,如实记录食品原料、食品添加剂、食品相关产品的名称、规格、数量、供货者名称及联系方式、进货日期等内容。食品原料、食品添加剂、食品相关产品进货查验记录应当真实,保存期限不得少于2年。"

《中华人民共和国食品安全法》还规定:"食品经营者采购食品,应当查验供货者的许可证和食品合格的证明文件。食品经营企业应当建立食品进货查验记录制度,如实记录食品的名称、规格、数量、生产批号、保质期、供货者名称及联系方式、进货日期等内容。食品进货查验记录应当真实,保存期限不得少于2年。实行统一配送经营方式的食品经营企业,可以由企业总部统一查验供货者的许可证和食品合格的证明文件,进行食品进货查验记录。"

通常食品原辅材料的安全标准检查由以下几个部分组成:①感官检查,感官质量是食品重要的质量指标,而且检查简单易行,结果可靠;②化学检查,食品原辅材料在质量发生劣变时都伴随有其中的某些化学成分的变化,所以常常通过测定特定的化学成分来了解食品原辅材料的安全质量;③微生物学检查,食品可因某些微生物的污染而使其新鲜度下降甚至变质,主要指标有细菌总数、大肠杆菌群、致病菌等,当然有些食品原材料的主要检查对象有所不同,如花生常常要检测黄曲霉,食品原辅材料中有毒物质的检测。

(2)运输、储藏 食品在运输时,特别是运输散装的食品原辅材料时,严禁与非食品物资共用运输工具。食品原辅材料的运输工具应要求专用,不得使用未经清洗的运输工具。运输食品原辅材料的工具最好设置篷盖,防止运输过程中由于雨淋、日晒等造成原辅材料的污染或变质。不同的食品原辅材料应依其特性选择不同的运输工具。

食品企业必须创造一定的条件,采取合理的方法来储藏食品原辅材料,确保其卫生安全。储藏设施:不同原辅材料分批分空间储藏,同一库内储藏的原辅材料应不会相互影响其风味,不同物理形态的原辅材料也要尽量分隔放置。储藏不宜过于拥挤,物资之间保持一定距离,便于进出库搬运操作,利于通风。食品原辅材料储藏设施的要求依食品的种类不同而不同。储藏作业:储藏设施的安全卫生制度要健全,应有专人负责,职责明确。原料入库前要严格按有关的安全卫生标准验收合格后方能入库,并建立入库登记制度,做到同一物资先入先出,防止原料长时间积压。应当按照保证食品安全的要求储存食品。库房要定期检查、定期清扫、消毒,及时清理变质或者超过保质期的食品。储藏温度应适宜。

4.食品生产过程的良好生产规范

食品生产过程就是原料到成品的过程,根据食品加工方式不同或成品要求的不同,食品原料要经过各种不同的加工工艺,加工好的食物经包装后就形成成品。由于食品的加工需要经过多个环节,这些环节可能会对食品造成污染,因此要求食品生产的整个过程要处于良好的卫生状态,尽量减少加工过程中食品的污染。因此必须了解不同食品生产加工工艺过程中可能造成食品污染的物质来源,指定相对应的生产过程卫生管理制度,提出必要的卫生要求,才可能较好地防止食品在加工过程中造成污染。以下举例讲解两种食品的良好生产规范。

(1)食品罐制　原料要精心挑选,杜绝使用已腐烂或变质的原料,进行彻底整理和清洗,去掉不可食部分。对原料的杀青处理一定要充足,保证食品不会因为杀青不彻底而导致营养成分损失和风味变劣。罐制的排气、杀菌、封口一定要严格按照工艺条件进行,排气时罐中心温度一定要达到相应规定的标准,杀菌也要彻底。成品的储藏环境要求一定的温度和湿度,不宜过高。

(2)食品冷藏　冷冻之前食品要经过一定的处理,如杀青、预冷等。冷冻所用的冷水和冰必须符合饮用水的标准。使用的制冷剂绝对不能有泄漏。冷冻一定要彻底,也就是食品的中心温度一定要达到冷冻所需要的温度要求。冷冻成品在加工后的储藏和销售过程中要保持相应的温度要求。

5.食品生产经营人员个人卫生的良好生产规范

对食品生产人员个人卫生的要求,《中华人民共和国食品安全法》规定:"食品生产经营人员应当保持个人卫生,生产经营食品时,应当将手洗净,穿戴清洁的工作衣帽;销售无包装的直接入口食品时,应当使用无毒、清洁的售货工具。"因此,食品生产人员个人卫生应做到:培养良好的个人卫生习惯。食品从业人员应勤剪指甲、勤洗澡、勤理发,不要用手经常接触鼻部、头发和擦嘴,不随地吐痰;不戴手表、戒指、手镯、项链、耳环。进入车间不宜化浓艳妆、涂指甲油、喷香水。上班前不准酗酒,工作时不得吸烟、饮酒、吃零食。生产车间中不得带入和存放个人日常生活用品。进入车间的非生产性人员也应完全遵守上述要求,保持双手清洁和工作服整洁。在工作之前、如厕之后、接触不干净的生产工具之后、处理了废弃物之后必须洗手,洗手时要求使用肥皂,用流水清洗,必要时用酒精或漂白粉消毒,洗完后应烘干,指甲要经常修剪,保持清洁。进入车间必须穿戴整洁的工作服、帽、鞋等,防止头发、头屑等污染食品。工作服要求每天清洗更换,不能穿戴工作服进入废弃物处理车间和厕所。

对食品生产人员健康的要求,《中华人民共和国食品安全法》规定:"食品生产经营者应当建立并执行从业人员健康管理制度。患有痢疾、伤寒、病毒性肝炎等消化道传染病的人员,以及患有活动性肺结核、化脓性或者渗出性皮肤病等有碍食品安全的疾病的人员,不得从事接触直接入口食品的工作。食品生产经营人员每年应当进行健康检查,取得健康证明后方可参加工作。"

6.食品检验的良好操作规范

《中华人民共和国食品安全法》规定:"食品生产经营企业可以自行对所生产的食品进行检验,也可以委托符合本法规定的食品检验机构进行检验。"食品生产经营企业应成立专门的产品质量检验科,严格把关,有效预防,监督和保证出厂产品的质量,促进食品安全和质量的不断提高。按生产的流程可将食品卫生和质量检验分为原料检验、过程检验和成品检验。原料检验是对进入加工环节的原辅料进行检验,保证原料以绝对好的状态进入加工。过程检验是在加工的各个环节对中间的半成品或制品进行检验,及时剔除生产中出现的不合格产品,将损耗降低到最低限度。成品检验是食品卫生和质量检验的最后环节,包括对成品外观检查、理化检验、微生物检验、标签和包装检验等。食品生产企业应当建立食品出厂检验记录制度,查验出厂食品的检验合格证和安全状况。食品出厂检验,应当按照有关检验规定保留样品。食品出厂检验记录应当真实,保存期限不得少于2年。

任务三 卫生标准操作程序

一、卫生标准操作程序的基础知识

卫生标准操作程序(sanitation standard operation procedures,SSOP)实际上是 GMP 中最关键的卫生条件,是在食品生产中实现 GMP 全面目标的卫生生产规范,同时也是实施危害分析与关键控制点(hazard analysis and critical control point,HACCP)体系的基础。SSOP 的正确制定和有效实施,可以减少 HACCP 计划中的关键控制点(critical control point,CCP)数量,使 HACCP 体系将注意力集中在与食品或其生产过程中相关的危害控制上,而不仅仅在生产卫生环节上。但这并不意味着生产卫生控制不重要,实际上,危害是通过 SSOP 和 CCP 共同予以控制的,没有谁重谁轻之分。

1. SSOP 的概念

SSOP 是卫生标准操作程序(sanitation standard operation procedures)的简称,是食品企业为了满足食品安全的要求,消除与卫生有关的危害而制定的在环境卫生和加工过程中如何实施清洗、消毒和卫生保持的操作规范,食品企业应根据法规和生产的具体情况,对各个岗位提出足够详细的操作规范,形成卫生操作控制文件。SSOP 用于指导食品生产加工过程中如何实施清洗、消毒和卫生保持等。

2. SSOP 的起源和发展

20 世纪 90 年代,美国频繁爆发食源性疾病,造成每年 700 万人次感染和 7 000 人死亡。调查数据显示,其中有大半感染或死亡的原因与肉、禽产品有关。这一结果促使美国农业部(United States Department of Agriculture,USDA)重视肉、禽产品的生产状况,并决心建立一套涵盖生产、加工、运输、销售所有环节在内的肉禽产品生产安全措施,从而保障公众的健康。1995 年 2 月颁布的《美国肉、禽产品 HACCP 法规》中第 1 次提出了要求建立一种书面的常规可行程序卫生标准操作程序(SSOP),确保生产出的食品安全。同年 12 月,美国 FDA(Food and Drug Administration,食品药品监督管理局)颁布的《美国水产品的 HACCP 法规》中进一步明确了 SSOP 必须包括的 8 个方面及验证等相关程序,从而建立了 SSOP 的体系。

SSOP 一直作为 GMP 和 HACCP 的基础程序加以实施,成为完成 HACCP 体系的重要前提条件。

3. SSOP 的基本内容

SSOP 强调食品生产车间、环境、人员及与食品接触的器具、设备中可能存在危害的预防以及清洗的措施。为确保食品在卫生状态下加工,充分保证达到 GMP 的要求,加工厂针对产品或生产场所制订并且实施一个书面的 SSOP 文件,其内容根据美国 FDA 推荐要求,至少包括八个方面:加工用水和冰的安全性;食品接触表面的清洁卫生;防止交叉污染;手的清洗与消毒和卫生间设施的维护;防止污染物(杂质等)造成的不安全;有毒化合物(洗涤剂、消毒剂、杀虫剂等)的储存、管理和使用;加工人员的健康状况;虫、鼠的控制(防虫、灭虫、防鼠、灭鼠)。

4. 实施 SSOP 的意义

SSOP 是由食品加工企业在食品生产中为满足 GMP 的要求而实施的过程卫生控制措施,SSOP 的正确制定和有效实施,可以减少 HACCP 计划中的关键控制点(CCP)数量,使 HACCP 体系将注意力集中在与食品或其生产过程中相关的危害控制上,而不是在生产卫生环节上。但这并不意味着生产卫生控制不重要,实际上,食品中的危害是通过 SSOP 和 HACCP 计划控制措施的组合共同予以控制的,没有谁重谁轻之分。例如,舟山冻虾仁被欧洲一些公司退货,是因为欧洲一些检验部门从部分舟山冻虾仁中查出了氯霉素超标。经调查发现,是一些员工在手工剥虾仁过程中,因为手痒,用含氯霉素的消毒水止痒,结果将氯霉素带入了冻虾仁。员工手的清洁和消毒方法、频率,应该在 SSOP 中予以明确的制定和控制。出现上述情况的原因,有可能是 SSOP 规定的不明确,或者员工没有严格按照 SSOP 的规定去做并且没有被发现。因此 SSOP 的失误,同样可以造成不可挽回的损失。

二、卫生标准操作程序的主要内容

一个企业制定以下八个方面的卫生标准操作程序。

1. 加工用水(冰)的安全

加工用水(冰)的卫生质量是影响食品卫生的关键因素。对于任何食品的加工,首要的一点就是要保证水(冰)的安全。一个食品加工企业完整的 SSOP 计划,首先要考虑与食品接触或与食品接触物表面接触的水(冰)的来源与处理应符合有关规定,还要考虑非生产用水及污水处理的交叉污染问题。

食品加工者必须提供在适宜的温度下足够的饮用水(符合国家饮用水标准)。对于自备水井,通常要认可水井周围环境、深度,井口必须斜离水井以促进适宜的排水,它们也应密封以禁止污水的进入。对储水设备(水塔、储水池、蓄水罐等)要定期进行清洗和消毒。无论是城市供水还是自备水源都必须有效地加以控制,有合格证明后方可使用。

对于公共供水系统必须提供供水网络图,并清楚标明出水口编号和管道区分标记。合理地设计供水、废水和污水管道,防止饮用水与污水的交叉污染及虹吸倒流造成的交叉污染。检查期间内,水和下水道应追踪至交叉污染区和管道死水区域。

2. 食品接触面的状况和清洁

保持食品接触表面的清洁是为了防止污染食品。与食品接触表面形式一般包括:直接(加工设备、工器具和台案、加工人员的手或手套、工作服等)和间接(未经清洗消毒的冷库、卫生间的门把手、垃圾箱等)两类。

食品接触表面在加工前和加工后都应彻底清洁,并在必要时消毒。加工设备和器具的清洗消毒:首先必须进行彻底清洗(除去微生物赖以生长的营养物质,确保消毒效果),再进行冲洗,然后进行消毒(可用水,消毒剂如次氯酸钠,物理方法如紫外线、臭氧等)。加工设备和器具的清洗消毒的频率:大型设备在每班加工结束之后,加工器具每 2 ~ 4 小时,加工设备、器具(包括手)被污染之后应立即进行。

3. 防止交叉污染

交叉污染是通过生的食品、食品加工者或食品加工环境把生物或化学的污染物转移到食品的过程。此方面涉及预防污染的人员要求、原材料和熟食产品的隔离和工厂预防污染的设计。

(1)人员要求　适宜地对手进行清洗和消毒能防止污染。手清洗的目的是去除有机物质和暂存细菌,消毒能有效地减少和消除细菌。但如果人员戴着珠宝或涂抹手指,佩戴管形、线形饰物或缠绷带,手的清洗和消毒将不可能有效。有机物藏于皮肤和珠宝或线带之间,是导致微生物迅速生长的理想部位,也是污染源。

个人物品也能导致污染,需要远离生产区存放。它们能从加工厂外引入污物和细菌,存放设施不必是精心制作的小室,但可以是一些小柜子,只要远离生产区。

禁止在加工区内吃、喝或抽烟等行为,这是基本的食品卫生要求。

皮肤污染也是一个相关点。未经消毒的肘、胳膊或其他裸露皮肤表面不应与食品或食品接触表面相接触。

(2)隔离　防止交叉污染的一种方式是工厂的合理选址和车间的合理设计布局。一般在建造以前应本着减少问题的原则反复查看加工厂草图,提前与有关部门取得联系。这个问题一般是在生产线增加产量和新设备安装时发生。

食品原材料和成品必须在生产和储藏中分离以防止交叉污染。可能发生交叉污染的例子是生、熟品相接触,或用于储藏原料的冷库储存了即食食品。原料和成品必须分开,原料冷库和熟食品冷库分开是解决这种交叉污染的最好办法。产品储存区域应每日检查。另外注意人流、物流、水流和气流的走向:要从高清洁区到低清洁区,要求人走门、物走传递口。

(3)人员操作　不正确的加工操作也能导致产品污染。当人员处理非食品的表面,然后手又未清洗、消毒就处理食品时易发生污染。

食品加工的表面必须维持清洁和卫生。这包括保证食品接触表面不受一些行为的污染,如把接触过地面的货箱或原材料包装袋放置到干净的台面上,或因来自地面或其他加工区域的水、油溅到食品加工的表面而污染。

若发生交叉污染要及时采取措施防止再发生;必要时停产直到改进;如有必要,要评估产品的安全性;记录采取的纠正措施,记录一般包括每日卫生监控记录、消毒控制记录、纠正措施记录。

4.手的清洗与消毒、卫生间设施的维护

手清洗和消毒的目的是防止交叉污染。一般的清洗方法和步骤为:清水洗手,擦洗洗手皂液,用水冲净洗手皂液,将手浸入消毒液中进行消毒,用清水冲洗,干手。如图 5.1 所示。

手的清洗和消毒台需设在方便之处,且有足够的数量,如果不方便的话,它们将不会被使用,流动消毒车也是一种不错的方式。但它们与产品不能离得太近,不应构成产品污染的风险。需要配备冷热混合水、皂液和干手器,或其他干手设备。手的清洗台的建造需要防止再污染,水龙头以肘动式、电动感应式或脚踏式较为理想。检查时应该包括测试一部分的手清洗台以确信它能良好地工作。清洗和消毒频率一般为:每次进入车间时;加工期间每 0.5 ~ 1 h 进行 1 次;当手接触了污染物、废弃物后等。但操作过程中工作人员手或设备消毒时,必须冲洗干净,防止消毒剂的残留,成为一个污染源。

卫生间的设施要求:卫生间需要进入方便、卫生并良好维护;具有自动门,位置可与车间相连,但门不能直接朝向车间;通风良好,地面干燥,整体清洁;数量要与加工人员相适应;使用蹲坑厕所或不易被污染的坐便器;清洁的手纸和纸篓;洗手及防蚊蝇设施;进入厕所前要脱下工作服和换鞋。

1.掌心相对,手指合拢,相互揉搓洗净手掌。

2.手心对手背,手掌指交叉,沿指缝相互搓揉洗净手背。

3.掌心相对,双手交叉,相互搓揉洗净指缝。

4.双手轻合成空拳,相互搓揉洗净指背。

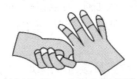
5.一手握住另一手的大拇指旋转搓揉,洗净大拇指。

6.将一手五指指尖并拢在另一手的掌心处搓揉,洗净指尖。

图 5.1 标准洗手方法

5.防止食品污染

食品加工企业经常要使用一些化学物质,如润滑剂、燃料、杀虫剂、清洁剂、消毒剂等,生产过程中还会产生一些污物和废弃物,如冷凝物和地板污物等。下脚料在生产中要加以控制,防止污染食品及包装。关键卫生条件是保证食品、食品包装材料和食品接触面不被生物的、化学的和物理的污染物污染。

加工者需要了解可能导致食品被间接或不被预见的污染,而导致食用不安全的所有途径,如被润滑剂、燃料、杀虫剂、冷凝物和有毒清洁剂中的残留物或烟雾剂污染。工厂的员工必须经过培训,达到防止和认清这些可能造成污染的间接途径。

6. 有毒化学物质的标记、储存和使用

食品加工需要特定的有毒物质,这些有害有毒化合物主要包括洗涤剂、消毒剂(如次氯酸钠)、杀虫剂、润滑剂、实验室用药品(如氰化钾)、食品添加剂(如亚硝酸钠)等。使用时必须小心谨慎,按照产品说明书使用,做到正确标记、安全储存,否则会导致企业加工的食品被污染的风险。

所有这些物品需要适宜的标记并远离加工区域,应有主管部门批准生产、销售、使用的证明;主要成分、毒性、使用剂量和注意事项;带锁的柜子;要有清楚的标志、有效期;严格的使用登记记录;自己单独的储藏区域,如果可能,清洗剂和其他毒素及腐蚀性成分应储藏于密闭储存区内;要有经过培训的人员进行管理。

7. 员工的健康与卫生控制

食品加工者(包括检验人员)是直接接触食品的人,其身体健康及卫生状况直接影响食品卫生质量。加强对患病、有外伤或其他身体不适的员工进行管理。员工的健康要求一般包括:不得患有有碍食品卫生的传染病(如肝炎、结核等);不能有外伤、化妆、佩戴首饰和带入个人物品;必须具备工作服、帽、口罩、鞋等,并及时洗手消毒。

应持有效的健康证,制订体检计划并设有健康档案,包括所有和加工有关的人员及管理人员,应具备良好的个人卫生习惯和卫生操作习惯。

涉及有疾病、伤口或其他可能成为污染源的人员要及时隔离。

食品生产企业应制订有卫生培训计划,定期对加工人员进行培训,并记录存挡。

8. 虫害的防治

害虫主要包括啮齿类动物、鸟和昆虫等携带某种人类疾病源菌的动物。通过害虫传播的食源性疾病的数量很多,因此虫害的防治对食品加工厂是至关重要的。害虫的灭除和控制包括加工厂(主要是生产区)全范围,甚至包括加工厂周围,重点是厕所、下脚料出口、垃圾箱周围、食堂、储藏室等。食品和食品加工区域内保持卫生对控制害虫至关重要。

去除昆虫、害虫的滋生地,如废物、垃圾堆积场地、不用的设备、产品废物和未除尽的植物等。重点控制厂房的窗、门和其他开口,如开的天窗、排污洞和水泵管道周围的裂缝等。采取的主要措施包括清除滋生地和预防进入的风幕、纱窗、门帘,适宜的挡鼠板、翻水湾等;还包括产区用的杀虫剂、车间入口用的灭蝇灯、粘鼠胶、捕鼠笼等,但不能用灭鼠药。

家养的动物,如用于防鼠的猫和用于护卫的狗或宠物不允许在食品生产和储存区域。由这些动物引起的食品污染构成了与动物害虫引起的类似风险。

任务四　危害分析与关键控制点

一、危险分析与关键控制点的产生与发展

1. 危险分析与关键控制点的概念

危险分析与关键控制点(hazard analysis critical control point,HACCP),是一个以预防食品安全为基础的食品安全生产、质量控制的保证体系。食品法典委员会(CAC)对HACCP 的定义是:一个确定、评估和控制那些重要的食品安全危害的系统。它由食品的危害分析(hazard analysis, HA)和关键控制点(critical control points,CCP)两部分组成,首先运用食品工艺学、食品微生物学、质量管理和危险性评价等有关原理和方法,对食品原料、加工直至最终食用产品等过程实际存在和潜在性的危害进行分析判定,找出与最终产品质量有影响的关键控制环节,然后针对每一关键控制点采取相应预防、控制以及纠正措施,使食品的危险性减少到最低限度,达到最终产品有较高安全性的目的。HACCP体系是一种建立在良好操作规范(GMP)和卫生标准操作程序(SSOP)基础之上的控制危害的预防性体系,它比 GMP 前进了一步,包括了从原材料到餐桌整个过程的危害控制。另外,与其他的质量管理体系相比,HACCP 可以将主要精力放在影响食品安全的关键加工点上,而不是在每一个环节都放上很多精力,这样在实施中更为有效。目前,HACCP被国际权威机构认可为控制食源性疾病、确保食品安全最有效的方法,被世界上越来越多的国家所采用。

2. HACCP 体系的基本术语

《HACCP 体系及其应用准则》中规定的基本术语如下。

(1)危害分析(hazard analysis)　是指收集和评估有关的危害以及导致这些危害存在的资料,以确定哪些危害对食品安全有重要影响因而需要在 HACCP 计划中予以解决的过程。

(2)关键控制点(critical control point, CCP)　是指能够实施控制措施的步骤。该步骤对于预防和消除一个食品安全危害或将其减少到可接受水平非常关键。

(3)必备程序(prerequisite programs)　为实施 HACCP 体系提供基础的操作规范,包括良好生产规范(GMP)和卫生标准操作程序(SSOP)等。

(4)流程图(flow diagram)　指对某个具体食品加工或生产过程的所有步骤进行的连续性描述。

(5)危害(hazard)　指对健康有潜在不利影响的生物、化学或物理性因素或条件。

(6)显著危害(significant hazard)　有可能发生并且可能对消费者导致不可接受的危害;有发生的可能性和严重性。

(7) HACCP 计划(HACCP plan)　依据 HACCP 原则制定的一套文件,用于确保在食品生产、加工、销售等食物链各阶段与食品安全有重要关系的危害得到控制。

(8)步骤(step)　指从产品初加工到最终消费的食物链中(包括原料在内)的一个点、一个程序、一个操作或一个阶段。

（9）控制（control）　为保证和保持 HACCP 计划中所建立的控制标准而采取的所有必要措施。

（10）控制点（control point，CP）　能控制生物、化学或物理因素的任何点、步骤或过程。

（11）控制措施（control measure）　是指能够预防或消除一个食品安全危害，或将其降低到可接受水平的任何措施和行动。

（12）关键限值（critical limit）　区分可接受和不可接受水平的标准值。

（13）操作限值（operaional limit）　比关键限值更严格的，由操作者用来减少偏离风险的标准。

（14）偏差（deviation）　指未能符合关键限值。

（15）纠偏措施（corrective action）　当针对关键控制点（CCP）的监测显示该关键控制点失去控制时所采取的措施。

（16）监测（monitor）　为评估关键控制点（CCP）是否得到控制，而对控制指标进行有计划的连续观察或检测。

（17）确认（validation）　证实 HACCP 计划中各要素是有效的。

（18）验证（verification）　是指为了确定 HACCP 计划是否正确实施所采用的除监测以外的其他方法、程序、试验和评价。

二、HACCP 的基本原理、计划的制订与实施

1. HACCP 的基本原理

HACCP 体系是鉴别特定的危害并规定控制危害措施的体系，对质量的控制不是在最终检验，而是在生产过程各环节。从 HACCP 名称可以明确看出，它主要包括 HA（危害分析）和 CCP（关键控制点）。HACCP 体系经过实际应用与完善，已被 FAO/WHO 食品法典委员会（CAC）所确认，由以下七个基本原理组成。

（1）危害分析　危害是指引起食品不安全的各种因素。显著危害是指一旦发生对消费者产生不可接受的健康风险的因素。危害分析是确定与食品生产各阶段（从原料生产到消费）有关的潜在危害性及其程度，并制定具体有效的控制措施。危害分析是建立 HACCP 的基础。

（2）确定关键控制点　关键控制点是指能对一个或多个危害因素实施控制措施的点、步骤或工序，它们可能是食品生产加工过程中的某一操作方法或流程，也可能是食品生产加工的某一场所或设备。例如，原料生产收获与选择、加工、产品配方、设备清洗、储运、雇员与环境卫生等都可能是 CCP。通过危害分析确定的每一个危害，必然有一个或多个关键控制点来控制，使潜在的食品危害被预防、消除或减少到可以接受的水平。

（3）建立关键限值

1）关键限值　关键限值（critical limit，CL）是与一个 CCP 相联系的每个预防措施所必须满足的标准，是确保食品安全的界限。安全水平有数量的内涵，包括温度、时间、物理尺寸、湿度、水活度、pH 值、有效氯、细菌总数等。每个 CCP 必须有一个或多个 CL 值用于显著危害，一旦操作中偏离了 CL 值，可能导致产品的不安全，因此必须采取相应的纠正措施使之达到极限要求。

2)操作限值　操作限值(operational limit, OL)是操作人员用以降低偏离的风险的标准,是比 CL 更严格的限值。

(4)关键控制点的监控　监控是指实施一系列有计划的测量或观察措施,用以评估 CCP 是否处于控制之下,并为将来验证程序时的应用做好精确记录。监控计划包括监控对象、监控方法、监控频率、监控记录和负责人等内容。

(5)建立纠偏措施　当控制过程发现某一特定 CCP 正超出控制范围时应采取纠偏措施。在制订 HACCP 计划时,就要有预见性地制定纠偏措施,便于现场纠正偏离,以确保 CCP 处于控制之下。

(6)记录保持程序　建立有效的记录程序对 HACCP 体系加以记录。

(7)验证程序　验证是除监控方法外,用来确定 HACCP 体系是否按计划运作,或计划是否需要修改所使用的方法、程序或检测。验证程序的正确制订和执行是 HACCP 计划成功实施的基础,验证的目的是提高置信水平。

2. HACCP 计划的制订和实施

(1)组建 HACCP 工作小组　HACCP 工作小组应包括产品质量控制、生产管理、卫生管理、检验、产品研制、采购、仓储和设备维修等各方面的专业人员。HACCP 工作小组的成员应具备该产品相关专业知识和技能,必须经过 GMP、SSOP、HACCP 原则、制订 HACCP 计划工作步骤、危害分析及预防措施、相关企业 HACCP 计划等内容的培训,并经考核合格。HACCP 工作小组的主要职责有制订、修改、确认、监督实施及验证 HACCP 计划;对企业员工进行 HACCP 培训;编制 HACCP 管理体系的各种文件等。

(2)确定 HACCP 体系的目的与范围　HACCP 是控制食品安全质量的管理体系,在建立该体系之前应首先确定实施的目的和范围,例如,整个体系中要控制所有危害,还是某方面的危害;是针对企业的所有产品,还是某一类产品;是针对生产过程,还是包括流通、消费环节等。只有明确 HACCP 的重点部分,在编制计划时才能正确识别危害,确定关键控制点。

(3)产品描述　HACCP 计划编制工作的首要任务是对实施 HACCP 系统管理的产品进行描述。描述的内容包括:产品名称(说明生产过程类型);原辅材料的商品名称、学名和特点;成分(如蛋白质、氨基酸等);理化性质(包括水分活度、pH 值、硬度、流变性等);加工方式(如产品加热及冷冻、干燥、盐渍、杀菌到什么程度等);包装系统(密封、真空、气调等);储运(冻藏、冷藏、常温储藏等);销售条件(如干湿与温度要求等)、销售方式和销售区域;所要求的储存期限(保质期、保存期、货架期等);有关食品安全的流行病学资料;产品的预期用途、消费人群和食用方式等。

(4)绘制和验证产品工艺流程图　产品工艺流程图可对加工过程进行全面和简明的说明,对危害分析和关键控制点的确定有很大帮助。产品工艺流程图应在全面了解加工全过程的基础上绘制,应详细反映产品加工过程的每一步骤。流程图应包括的主要内容有:原料和辅料和包装材料的详细资料;加工、运输、储存等环节所有影响食品安全的工序与食品安全有关的信息(如设备、温度、pH 值等);工厂人流物流图;流通、消费者意见等。

流程图的准确性对危害分析的影响很大,如果某一生产步骤被疏忽,就可能使显著的安全问题不被记录。因此应将绘制的工艺流程图与实际操作过程进行认真比对(现场验证),以确保与实际加工过程一致。

(5)危害分析 危害分析是 HACCP 系统最重要的一环,HACCP 小组对照工艺流程图以自由讨论的方式对加工过程的每一步骤进行危害识别,对每一种危害的危险性(危害可能发生的概率或可能性)进行分析评价,确定危害的种类和严重性,找出危害的来源,并提出预防和控制危害的措施。由食品对人体健康产生危害的因素有生物(致病性或产毒的微生物、寄生虫、有毒动植物等)、化学(杀虫剂、杀菌剂、清洁剂、抗生素、重金属、添加剂等)或物理(各类固体杂质)污染物。

危害的严重性指危害因素存在的多少或所致后果程度的大小。危害程度可分为高、中、低和忽略不计。例如,一般引起疾病的危害可分为:威胁生命(严重食物中毒、恶性传染病等)、后果严重或慢性病(一般食物中毒或慢性中毒)、中等或轻微疾病(病程短、病症轻微)。

危害识别的方法有对既往资料进行分析、现场实地观测、实验采样检测等。

危害分析的确定是一个 HACCP 计划实施小组广泛讨论、广泛发表科学见解、广泛听取正确观点、广泛达成共识的集思广益、经历思维风暴的必然过程。危害分析一般遵循以下顺序。

1)确定产品品种和加工地点。

2)根据流程图,确认加工工序的数量。当存在两个以上不同加工工序时,应分别进行危害分析。

3)复查每一个加工工序对应的流程图是否准确,对存在偏差的,要做出调整。

4)列出污染源。对照加工工序,从生物性、化学性、物理性污染三个方面考虑并确定在每一个加工步骤上可能引入的、增加的或受到限制的食品危害,属于 SSOP 范畴的潜在危害也应一并列出。

5)明显危害的判定。判定原则为潜在危害风险性和严重性的大小。属于 SSOP 范畴的潜在危害若能由 SSOP 计划消除的,就不属于明显危害,否则,将对其进行判定。判定的依据应科学、正确、充分,应针对每一个工序和每一个步骤进行。

6)预防措施的建立。对已确定的每一种明显危害,要制定相应的预防控制措施,要求是列出控制组合、描述控制原理、确认控制的有效性。

按照危害分析的顺序,完成分析过程后,形成危害分析结果。经过确定后,可以以危害分析工作单的形式记录下来。表 5.1 是美国 FDA 推荐的一份表格式危害分析工作单。

表 5.1 危害分析工作单

企业名称: 　　　　　　　　　　　　　　　企业地址:

加工步骤	食品安全危害	危害显著(是/否)	判断依据	预防措施	关键控制点(是/否)
	生物性				
	化学性				
	物理性				

续表 5.1

加工步骤	食品安全危害	危害显著（是/否）	判断依据	预防措施	关键控制点（是/否）
	生物性				
	化学性				
	物理性				
	生物性				
	化学性				
	物理性				

危害分析报告单形成后，纳入 HACCP 记录。

（6）确定关键控制点（CCP）

1）CCP 的特征　食品加工过程中有许多可能引起危害的环节，但并不是每一个都 CCP，只有这些点作为显著的危害而且能够被控制时才认为是关键控制点。对危害的控制有以下几种情况。

①危害能被预防。例如，通过控制原料接收步骤（要求供应商提供产地证明、检验报告等）预防原料中的农药残留量超标。

②危害能被消除。例如，杀菌步骤能杀灭病原菌；金属探测装置能将所有金属碎片检出、分离。

③危害能被降低到可接受的水平。例如，通过对贝类暂养或净化使某些微生物危害降低到可接受水平。

原则上关键控制点所确定的危害是在后面的步骤不能消除或控制的危害。

2）CCP 的确定方法　确定 CCP 的方法很多，例如用"CCP 判断树表"来确定或用危害发生的可能性和严重性来确定。CCP 判断树（图 5.2）是能有效确定关键控制点的分析程序，其方法是依次回答针对每一个危害的一系列逻辑问题，最后就能决定某一步骤是否是 CCP。关键控制点应根据不同产品的特点、配方、加工工艺、设备、GMP 和 SSOP 等条件具体确定。一个危害可由一个或多个关键控制点控制到可接受水平；同样，一个关键控制点可以控制一个或多个危害。一个 HACCP 体系的关键控制点数量一般应控制在 6 个以内。

（7）建立关键限值（CL）　在掌握了每一个 CCP 潜在危害的详细知识，搞清楚与 CCP 相关的所有因素，充分了解各项预防措施的影响因素后，就可以确定每一个因素中安全与不安全的标准，即设定 CCP 的关键限值。通常用物理参数和可以快速测定的化学参数表示关键限值，其指标包括温度、时间、湿度、pH 值、水分活性、含盐量、含糖量、物理参数、可滴定酸度、有效氯、添加剂含量以及感官指标（如外观和气味）等。

关键限值的确定应以科学为依据，可来源于科学刊物、法规性指南、专家建议、试验研究等。关键限值应能确实表明 CCP 是可控制的，并满足相应国家标准的要求。确定关键限值的依据和参考资料应作为 HACCP 方案支持文件的一部分，必须以文件的形式保

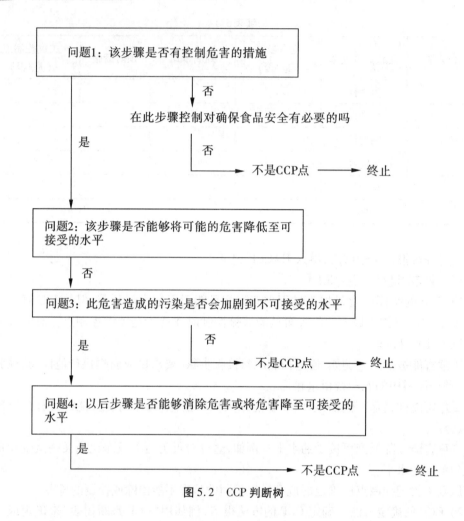

图 5.2   CCP 判断树

存以便于确认。这些文件应包括相关的法律、法规要求,国家或国际标准、实验数据、专家意见、参考文献等。

建立 CL 应做到合理、适宜、适用和可操作性强,如果过严,会造成即使没有发生影响到食品安全危害,也采取纠正措施,如果过松,又会产生不安全产品。

好的 CL 应是直观、易于监测、能使只出现少量不合格产品就可通过纠正措施控制并且不是 GMP 或 SSOP 程序中的措施。

在实际生产中,为对 CCP 进行有效控制,可以在关键限值内设定操作限值(OL)和操作标准。操作限值可作为辅助措施用于指示加工过程的偏差,这样在 CCP 超过关键限值以前就进行调节以维持控制。确定 OL 时,应考虑正常的误差,例如油炸锅温度最小偏差为 2 ℃,OL 确定比 CL 相差至少大于 2 ℃,否则无法操作。

(8)建立监控程序   对每一个关键控制点进行分析后建立监控程序,以确保达到关键限值的要求,是 HACCP 的重点之一,是保证质量安全的关键措施。监控程序包括以下内容。

1)监控内容(对象)   是针对 CCP 而确定的加工过程或可以测量的特性,如温度、时间、水分活性值等。

2）监控方法　有在线检测和终端检测两类方法。要求使用快速检测方法，因为关键限值的偏差必须要快速判定，确保及时采取纠偏行动以降低损失。一般采用视觉观察、仪表测量等方法。例如，时间-观察法，温度-温度计法，水分活度-水分活度仪法，pH-pH计法。

3）监控设备　例如，温湿度计、钟表、天平、pH计、水分活度计、化学分析设备等。

4）监控频率　如每批、每小时、连续等。如有可能，应采取连续监控。连续监控对许多物理或化学参数都是可行的。如果监测不是连续进行的，那么监测的数量或频率应确保关键控制点是在控制之下。

5）监控人员　是授权的检查人员，如流水线上的人员、设备操作者、监督员、维修人员、质量保证人员等。负责监控CCP的人员必须接受有关CCP监控技术的培训，完全理解CCP监控的重要性，能及时进行监控活动，准确报告每次监控工作，随时报告违反关键限值的情况以便及时采取纠偏活动。

监控程序必须能及时发现关键控制点可能偏离关键限值的趋势，并及时提供信息，以防止事故恶化。提倡在发现有偏差趋势时就及时采取纠偏措施，以防止事故发生。监测数据应有专业人员评价以保证执行正确的纠偏措施。所有监测记录必须有监测人员和审核人员的签字。

（9）建立纠偏措施　食品生产过程中，HACCP计划的每一个CCP都可能发生偏离其关键限值的情况，这时候就要立即采取纠正措施，迅速调整以维持控制。因此，对每一个关键控制点都应预先建立相应的纠偏措施，以便在出现偏离时实施。纠偏措施包括以下内容。

制定使工艺重新处于控制之中的措施。拟定CCP失控时期生产的食品的处理办法，包括将失控的产品进行隔离、扣留、评估其安全性、退回原料、原辅材料及半成品等移作他用、重新加工（杀菌）和销毁产品等。纠偏措施要经有关权威部门认可。

当出现偏差时操作者应及时停止生产，保留所有不合格品并通知工厂质量控制人员。当CCP失去控制时，立即使用经批准的可替代原工艺的备用工艺。在执行纠偏措施时，对不合格产品要及时处理。纠偏措施实施后，CCP一旦恢复控制，要对这一系统进行审核，防止再出现偏差。

整个纠偏行动过程应做详细的记录，内容包括：产品描述、隔离或扣留产品数量；偏离描述；所采取的纠偏行动（包括失控产品的处理）；纠偏行动的负责人姓名；必要时提供评估的结果。

（10）建立验证程序　验证的目的是通过一定的方法确认制订的HACCP计划是否有效、是否被正确执行。验证程序包括对CCP的验证和对HACCP体系的验证。

1）CCP的验证　必须对CCP制定相应的验证程序，以保证其控制措施的有效性和HACCP实施与计划的一致性。CCP验证包括对CCP的校准、监控和纠正记录的监督复查，以及针对性的取样和检测。

对监控设备进行校准是保证监控测量准确度的基础。对监控设备的校准要有详细记录，并定期对校准记录进行复查，复查内容包括校准日期、校准方法和校准结果。

确定专人对每一个 CCP 的记录(包括监控记录和纠正记录)进行定期复查,以验证 HACCP 计划是否被有效实施。

对原料、半成品和产品要进行针对性的抽样检测,例如,对原料的检测是对原料供应商提供的质量保证进行验证。

2)HACCP 体系的验证 HACCP 体系的验证就是检查 HACCP 计划是否有效以及所规定的各种措施是否被有效实施。验证活动分为两类:一类是内部验证,由企业自己组织进行;另一类是外部验证,由被认可的认证机构进行,即认证。

验证的频率应足以确认 HACCP 体系在有效运行,每年至少进行一次或在系统发生故障时、产品原材料或加工过程发生显著改变时或发现了新的危害时进行。

体系的验证活动内容:检查产品说明和生产流程图的准确性;检查 CCP 是否按 HACCP 的要求被监控;监控活动是否在 HACCP 计划中规定的场所执行;监控活动是否按照 HACCP 计划中规定的频率执行;当监控表明发生了偏离关键限制的情况时,是否执行了纠偏行动;设备是否按照 HACCP 计划中规定的频率进行了校准;工艺过程是否在既定的关键限值内操作;检查记录是否准确和是否按照要求的时间来完成等。

(11)建立 HACCP 文件和记录管理系统 必须建立有效的文件和记录管理系统,以证明 HACCP 体系有效运行、产品安全及符合现行法律法规的要求。制订 HACCP 计划和执行过程应有文件记录。需保存的记录包括以下内容。

1)危害分析小结 包括书面的危害分析工作单和用于进行危害分析和建立关键限值的任何信息的记录。支持文件包括:制定抑制细菌性病原体生长的方法时所使用的充足的资料,建立产品安全货架寿命所使用的资料,以及在确定杀死细菌性病原体加热强度时所使用的资料。除了数据以外,支持文件也可以包含向有关顾问和专家进行咨询的信件。

2)HACCP 计划 包括 HACCP 工作小组名单及相关的责任、产品描述、经确认的生产工艺流程和 HACCP 小结。HACCP 小结应包括产品名称、CCP 所处的步骤和危害的名称、关键限值、监控措施、纠偏措施、验证程序和保持记录的程序。

3)HACCP 计划实施过程中发生的所有记录 包括关键控制点监控记录、纠偏措施记录、验证记录等,见表5.2。

表5.2 HACCP 体系计划表

产品名称		生产地址					储运、销售方式		
计划用途和消费者		负责人					日期		
关键控制点	显著危害	关键限值	监控程序				纠偏措施	HACCP 记录	验证程序
			内容	方法	频率	人员			

4)其他支持性文件　例如验证记录,包括 HACCP 计划的修订等。HACCP 计划和实施记录必须含有特定的信息,要求记录完整,必须包括监控过程中获得的实际数据和记录结果。在现场观察到的加工和其他信息必须及时记录,写明记录时间,有操作者和审核者的签名。记录应由专人保管,保存到规定的时间,随时可供审核。

任务五　ISO 22000 的认证

第三方认证机构的 ISO 22000 认证,不仅可以为企业食品安全控制水平提供有力佐证,而且将促进企业 ISO 22000 体系的持续改善,尤其将有效提高顾客对企业食品安全控制的信任水平。在国际食品贸易中,越来越多的进口国官方或客户要求供方企业建立 ISO 22000 体系并提供相关认证证书,否则产品将不被接受。

认证依据:国家认监委 2002 年第 3 号文件《食品生产企业危害分析和关键控制点(HACCP)管理体系认证管理规定》的要求;国际食品法典委员会(CAC)《危害分析和关键控制点(HACCP)体系及其应用准则》的要求;ISO 22000:2015 要求;相关法律法规要求。

ISO 22000 认证过程:信息沟通→申请→初访→签订合同→第一阶段审核(包括文审)→第二阶段审核→认证决定→颁发证书。下面介绍 ISO 22000 体系认证 4 个主要阶段,即企业申请阶段、认证审核阶段、证书保持阶段、复审换证阶段。

一、企业申请阶段

首先,企业申请 ISO 22000 认证必须注意选择经国家认可的、具备资格和资深专业背景的第三方认证机构,这样才能确保认证的权威性及证书效力,确保认证结果与产品消费国官方验证体系相衔接。在我国,认证认可工作由国家认证认可监督管理委员会统一管理,其下属机构中国国家进出口企业认证认可委员会(CNAB)负责 ISO 22000 认证机构认可工作的实施。也就是说,企业应该选择经过 CNAB 认可的认证机构从事 ISO 22000 的认证工作。

认证机构将对申请方提供的认证申请书、文件资料、双方约定的审核依据等内容进行评估。认证机构将根据自身专业资源及 CNAB 授权的审核业务范围决定受理企业的申请,并与申请方签署认证合同。

在认证机构受理企业申请后,申请企业应提交与 ISO 22000 体系相关的程序文件和资料,例如,危害分析、HACCP 计划表、确定 CCP 点的科学依据、厂区平面图、生产工艺流程图、车间布局图等。申请企业还应声明已充分运行了 ISO 22000 体系。认证机构对企业提供和传授的所有资料和信息负有保密责任。认证费将根据企业规模、认证产品的品种、工艺、安全风险及审核所需的人和天数,按照 CNAB 制定的标准计费。

二、认证审核阶段

认证机构受理申请后将确定审核小组,并按照拟订的审核计划对申请方的 ISO 22000 体系进行初访和审核,鉴于 ISO 22000 体系审核的技术深度,审核小组通常会包括熟悉审核产品生产的专业审核员,专业审核员是具有特定食品生产加工方面背景,并从事以 ISO 22000 为基础的食品安全体系认证的审核员。必要时审核小组还会聘请技术专家对审核过程提供技术指导。申请方聘请的食品安全顾问可以作为观察员参加审核过程。

ISO 22000 体系的审核过程通常分为两个阶段:第一阶段是进行文件审核,包括 SSOP 计划、GMP 程序、员工培训计划、设备保养计划、HACCP 计划等。这一阶段的评审一般需要在申请方的现场进行,以便审核组收集更多的必要信息。审核组根据收集的信息资料将进行独立的危害分析,在此基础上同申请方达成关键控制点(CCP)判定眼光的一致。审核小组将听取申请方有关信息的反馈,并与申请方就第二阶段的审核细节达成一致。第二阶段审核必须在审核方的现场进行。审核组将主要评价 ISO 22000 体系、GMP 或 SSOP 的适宜性、符合性、有效性。其中会对 CCP 的监控、纠正措施、验证、监控人员的培训教育,以及在新的危害产生时体系是否能自觉地进行危害分析并有效控制等方面给予特别的注意。

现场审核结束,审核小组将根据审核情况向申请方提交不符合项报告,申请方应在规定时间内采取有效纠正措施,并经审核小组验证后关闭不符合项。同时,审核小组将最终审核结果提交认证机构做出认证决定,认证机构将向申请人颁发认证证书。

三、证书保持阶段

鉴于 ISO 22000 是一个安全控制体系,因此其认证证书通常有效期最多为一年,获证企业应在证书有效期内保证 ISO 22000 体系的持续运行,同时必须接受认证机构至少每半年一次的监督审核。如果获证方在证书有效期内对其以 HACCP 为基础的食品安全体系进行了重大更改,应通知认证机构,认证机构将视情况增加监督认证频次或安排复审。

四、复审换证阶段

认证机构将在获证企业 ISO 22000 证书有效期结束前安排体系的复审,通过复审认证机构将向获证企业换发新的认证证书。

 项目小结

良好操作规范(GMP)是通过对生产过程中的各个环节、各个方面提出一系列措施、方法、具体的技术要求和质量监控措施而形成的质量保证体系。GMP 的特点是将保证产品质量的重点放在成品出厂前整个生产过程的各个环节上,而不仅仅是着眼于最终产品,其目的是从全过程入手,从根本上保证产品质量。

卫生标准操作程序(SSOP)是食品企业为了满足食品安全的要求,消除与卫生有关的危害而制定的在环境卫生和加工过程中如何实施清洗、消毒和卫生保持的操作规范。它是 GMP 中最关键的卫生条件,同时也是实施危害分析与关键控制点(HACCP)体系的基础。食品企业的 SSOP 一般包括八个方面的卫生控制操作程序。

危险分析与关键控制点(HACCP)是一个以预防食品安全为基础的食品安全生产、质量控制的保证体系。由食品的危害分析和关键控制点两部分组成。HACCP 是一个逻辑性控制和评价系统,与其他质量体系相比,具有简便易行、合理高效的特点。HACCP 由危害分析、确定关键控制点、建立关键限值、关键控制点的监控、建立纠偏措施、记录保持程序、验证程序七个基本原理组成。实施 HACCP 要求企业必须具备一定的条件,需成立 HACCP 工作小组,按照一定的程序和方法制订 HACCP 计划,并组织实施。

ISO 22000 是由 ISO/TC 34 农产食品技术委员会制定的一套专用于食品链内的食品安全管理体系。

 **课后测验**

1. 选择题

(1)HACCP 体系是建立现代食品安全系统的指导性体系,也是一个质量管理工具,它是对(　　)进行安全质量控制的。

A.原料加工过程　　　B.整个生产过程　　　C.流通过程　　　D.销售过程

(2)以下计划(　　)不属于 HACCP 计划的前提计划。

A.培训与教育计划　　　　　　　　　B.员工健康体检计划

C.加工设备维修保养计划　　　　　　D.HACCP 体系的验证计划

(3)建立 HACCP 验证程序的目的是(　　)。

A.验证各 CCP 的监控、记录、纠偏是否正常进行

B.确认 HACCP 计划对安全危害的控制确实有效

C.验证 HACCP 体系是否正常运行

D.以上都是

2. 判断题

(1)HACCP 体系体现预防为主的管理理念。　　　　　　　　　　　　　　(　　)

(2)有些危害需多个关键控制点来控制,有的关键控制点能同时控制多个危害。

(　　)

(3)食品中发现头发、苍蝇、玻璃、金属碎片等恶性杂质都属于安全危害。　(　　)

(4)由于高温灭菌能消除细菌危害,因此,如产品最后有高温灭菌工序,此前的工序就不必控制细菌的繁殖和污染。　　　　　　　　　　　　　　　　　(　　)

(5)只要食品品种及其加工工艺相同,其 CCP 点的数量和位置一定相同。　(　　)

3. 简答题

(1)HACCP 的实施程序包括哪些?

(2)简述实施食品 GMP 的意义。

(3)企业编制自己的 SSOP 文本应包括哪些内容?

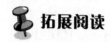

拓展阅读

无菌包装果汁潜在危害分析与关键控制点的确立

微生物污染是果汁加工中的主要污染,不同的水果产地有不同的微生物菌群,原料最初微生物污染主要有酵母菌、乳酸菌、白霉、黑霉及耐热菌如嗜热脂环芽孢杆菌,腐烂的水果还会引起棒曲霉素超标。如果在加工过程中清洗不够或杀菌效果不好会直接造成产品的微生物污染。如果灌装时无菌环境破坏或者包装物杀菌不好,就有可能造成二次污染,这两种污染都会导致产气胀包,腐败变质。

果汁生产中的化学性危害主要有农药残留(有机磷类)、重金属超标(铜、铅、砷)及添加剂使用过量,果实清洗用清洁剂、CIP清洗剂(硫酸、氢氧化钠)、包装材料灭菌用消毒剂的残留也是造成化学危害的因素(表5.3)。

果汁生产中的物理危害主要物质(沙粒),一般可能通过水送槽的沉降池过滤除去。

表5.3 果汁饮料生产危害分析

加工工序	潜在性危害	构成/不构成潜在的危害原因	是否为CCP
原料验收	耐热及好氧性微生物,棒曲霉素	腐烂果加大了原始菌数,可能杀菌后仍有菌存活,带入过量棒曲霉素	否
	农药残留(在机磷类)	加强农药使用指导,适时采摘及加强过程的清洗	是
	重金属超标(铜、铅、砷)	调查原料产地是否有严重空气污染	是
	异物(外来污染物)	通过沉降或过滤除去	否
清洗—灭酶	略		否
榨汁—酶解	白色浑浊	压力过大或酶解不彻底	否
超滤	设备清洗不足,微生物污染	可能留存耐热菌	是
调配	pH值调整	达到规定要求	是
	辅料验收	各辅料供应商的检验证明或第三方证明	是
	计量	计量准确度	是

续表 5.3

加工工序	潜在性危害	构成/不构成潜在的危害原因	是否为 CCP
杀菌 无菌灌装	微生物的残存	耐热菌或霉菌残存造成果汁质量变劣	是
	微生物再次污染	无菌灌装环境破坏,包装材料杀菌不彻底	
	消毒剂残留(双氧水)	消毒剂用量及消毒烘干效果	是

项目六
安全食品认证

知识目标

　　掌握无公害农产品、绿色食品和有机食品的概念。

能力目标

　　掌握绿色食品、有机食品和无公害农产品的标准、认证及标志管理办法。

素质目标

　　了解无公害农产品的质量控制以及绿色食品、有机食品的生长及加工要求。

任务一　无公害农产品认证

一、无公害农产品基础知识

1.无公害农产品的概念

　　无公害农产品是指产地环境、生产过程和最终产品质量等符合国家有关标准和规范的要求，经专门机构认定，许可使用无公害农产品（食品）标识的未经加工或者初加工的食用农产品。无公害农产品侧重于解决由于环境污染，农药、兽药、激素和添加剂的滥用而造成的农产品中有害物严重超标的"公害"问题，使农产品质量能符合国家食品卫生标准，以保证人们对食品质量安全最基本的需要。因此，在生产过程中，允许限量、限品种、限时间地使用人工合成的安全的化学农药、兽药、渔药、肥料、饲料添加剂等，禁止使用对人体和环境造成危害的化学物质。

2.无公害农产品的标志

　　无公害农产品的标志由绿色和橙色组成（图6.1），其标志图案主要由麦穗、对勾和无公害农产品汉字组成，标志整体为绿色，其中麦穗与对勾为金色。绿色象征环保和安全，金色寓意成熟和丰收，麦穗代表农产品，对勾表示合格。标志图案直观、简洁、易于识别，含义通俗易懂。无公害农产品的标志是由农业部和国家认监委联合制定并发布，是加施于获得全国统一无公害农产品认证的产品或产品包装上的证明性标识。

在经过无公害农产品产地认证基础上,在该产地生产农产品的企业和个人,按要求组织材料,经农业部农产品质量安全中心专业分中心的严格审查、评审,符合无公害农产品的标准,获得"无公害农产品认证证书"并许可加贴标志的农产品,才可冠以"无公害农产品"称号,按照认证的品种和数量可在证书规定的产品、包装、标签、广告、说明书上使用无公害农产品标志。

图6.1　无公害农产品标志

"无公害农产品认证证书"有效期为 3 年,期满后需继续使用的,应在规定的时限内重新申请认证。

二、无公害农产品(食品)标准和质量控制

(一)无公害食品标准概述

为了突出无公害食品标准的重要性,便于有关部门和社会各界对无公害食品进行监督和管理,以及利于无公害食品的生产者、经营者和消费者识别标准,农业部在原有行业标准框架的基础上,单独设立了无公害农产品行业标准系列(NY 5000 系列标准)。主要包括产地环境条件、生产技术规范、加工技术规范、产品质量安全标准以及相应检测检验方法。除生产技术规范(包括饲养管理准则和加工技术规范)为推荐标准外,其他均为强制性标准。

无公害食品标准以全程质量控制为核心,主要包括产地环境质量标准、生产技术标准和产品标准 3 个方面,无公害食品标准主要参考绿色食品标准的框架而制定。

1. 无公害食品产地环境质量标准

无公害食品的生产首先受地域环境质量的制约,即只有在生态环境良好的农业生产区域内才能生产出优质、安全的无公害食品,产地环境中的污染物通过空气、水体和土壤等环境要素直接或间接地影响产品的质量。因此,无公害食品产地环境质量标准对产地的空气、农田灌溉水质、渔业水质、畜禽养殖用水和土壤等的各项指标以及浓度限值做出规定,一是强调无公害食品必须产自良好的生态环境地域,以保证无公害食品最终产品的无污染、安全性,二是促进对无公害食品产地环境的保护和改善。

《无公害农产品管理办法》中规定,无公害农产品产地应当符合下列条件:产地环境符合无公害农产品产地环境的标准要求;区域范围明确;具备一定的生产规模。

2. 无公害食品生产技术标准

无公害食品生产过程的控制是无公害食品质量控制的关键环节,无公害食品生产技术操作规程按作物种类、畜禽种类等和不同农业区域的生产特性分别制定,用于指导无公害食品生产活动,规范无公害食品生产,包括农产品种植、畜禽饲养、水产养殖和食品加工等技术操作规程。

《无公害农产品管理办法》中关于生产管理规定,无公害农产品的生产管理应当符合下列条件:生产过程符合无公害农产品生产技术的标准要求;有相应的专业技术和管理人员;有完善的质量控制措施,并有完整的生产和销售记录档案。

从事无公害农产品生产的单位或者个人,应当严格按规定使用农业投入品;禁止使

用国家禁用、淘汰的农业投入品。

无公害农产品产地应当树立标示牌,标明范围、产品品种、责任人。

3. 无公害食品产品标准

无公害食品产品标准是衡量无公害食品最终产品质量的指标尺度。它虽然跟普通食品的国家标准一样,规定了食品的外观品质和卫生品质等内容,但其卫生指标不高于国家标准,重点突出了安全指标,安全指标的制定与当前生产实际紧密结合。无公害食品产品标准反映了无公害食品生产、管理和控制的水平,突出了无公害食品无污染、食用安全的特性。

按照国家法律法规规定和食品对人体健康、环境影响的程度,无公害食品的产品标准是强制性标准,生产技术规范为推广性标准。

(二)无公害农产品生产的质量控制

1. 无公害农产品产地环境要求

《无公害农产品管理办法》对无公害农产品的产地规定了如下要求:产地环境符合无公害农产品产地环境的标准要求;产地区域范围明确,具备一定的生产规模。

无公害农产品应选择生态环境条件良好,远离污染源,并有可持续发展生产能力的农业生产地区。产地的环境空气、灌溉水、土壤环境中有害污染物的浓度值必须符合农业部发布的各种无公害农产品的产地环境条件标准。

2. 无公害农产品生产要求

(1)作物种植

1)选种　选择适合当地生产的高产、抗病虫、抗逆性强、外观和内在品质好的优良品种。

2)采用科学方法进行种植和田间管理　例如蔬菜实行轮作倒茬,不仅可明显地减轻病害,而且有良好的增产效果。温室大棚蔬菜种植两年后,在夏季种一季大葱也有很好的防病效果。采用生态防治措施:通过调节棚内温湿度、改善光照条件、调节空气等生态措施,促进蔬菜健康成长,抑制病虫害的发生。

3)合理使用肥料　实行配方施肥,增施腐熟好的有机肥,配合施用磷肥,控制氮肥的施用量,使地下水硝酸盐含量在 40 mg/L 以下。蔬菜作物生长后期可使用硝态氮抑制剂双氰胺,防止蔬菜中硝酸盐的积累和污染。肥料使用结构中有机肥所占比例不低于1∶1 (纯养分计算)。禁止使用未经国家或省农业部门登记的化学和生物肥料。

4)病虫害防治　使用高效、低毒、低残留农药,禁止使用禁用目录中(含砷、锌、汞)的农药。要求使用的农药应三证齐全(农药生产登记证、农药生产批准证、执行标准号)。

严格执行农药的安全使用标准,控制用药次数、用药浓度和注意用药安全间隔期,每种有机合成农药在一种作物的生长期内避免重复使用。特别注重在安全采收期内采收食用。

提倡物理防治和生物生化防治。例如,采用诱杀的方法,利用白粉虱、蚜虫的趋黄性,在蔬菜棚内设置黄油板、黄水盆等诱杀害虫。

(2)畜禽养殖　动物的饲料生长环境应符合《畜禽场环境质量及卫生控制规范》(NY/T 1167—2006)和《农产品安全质量 无公害畜禽肉产地环境要求》(GB/T 18407—

2008），饲料和饮用水中有害物质的残留量和微生物的指标应符合无公害农产品畜禽饲料准则和水质标准。

兽药的使用必须符合国家有关规定，严格遵守无公害农产品畜禽允许使用兽药的种类、使用方法、用量和停药期；要坚持以"预防为主，治疗为辅"的原则。

（3）水产养殖　鱼苗的选择和培育、繁殖、饲养、病害防治都应符合无公害农产品水产品养殖技术规范。水产养殖场应远离污染源，养殖用水应符合国家规定的无公害农产品养殖用水标准。

（4）加工生产　无公害农产品的加工必须选择来自无公害农产品生产基地的原料，经检验合格方能使用。生产过程应严格遵守无公害农产品加工技术要求的工艺和程序。

无公害农产品加工厂应远离各种污染源，生产用水应符合《生活饮用水卫生标准》（GB 5749—2006）规定，大气环境质量不低于《环境空气质量标准》（GB 3095—2012）规定的三级标准要求；加工设备和用具、加工工艺、包装材料、储存必须符合卫生要求等。

三、无公害农产品的认证

为统一全国无公害农产品标志、无公害农产品产地认定及产品认证程序，农业部和国家认证认可监督管理委员会联合发布了《无公害农产品产地认定程序》《无公害农产品认证程序》等文件，于 2003 年 4 月推出了无公害农产品国家认证。

根据《无公害农产品管理办法》和《无公害农产品认证程序》的有关规定，无公害农产品管理工作，由政府推动，并实行产地认定和产品认证的工作模式。国家鼓励生产单位和个人申请无公害农产品产地认定和产品认证。实施无公害农产品认证的产品范围由农业部、国家认证认可监督管理委员会共同确定、调整。国家适时推行强制性无公害农产品认证制度。

1. 无公害农产品产地认定

（1）产地认定机构　各省、自治区、直辖市人民政府农业行政主管部门（以下简称省级农业行政主管部门）负责本辖区内无公害农产品产地认定（以下简称产地认定）工作。

（2）申请　申请产地认定的单位和个人向产地所在地县级人民政府农业行政主管部门提出申请，并提交材料包括：无公害农产品产地认定申请书；产地的区域范围、生产规模；产地环境状况说明；无公害农产品生产计划；无公害农产品质量控制措施；专业技术人员的资质证明；保证执行无公害农产品标准和规范的声明；要求提交的其他有关材料。

（3）审查

1）县级农业行政主管部门对申请人的申请材料进行形式审查　符合要求的，出具推荐意见，连同产地认定申请材料逐级上报省级农业行政主管部门。不符合要求的，应当书面通知申请人。

2）产地环境检查　由省级农业行政主管部门通知申请人委托具有资质的检测机构对其产地环境按照标准进行现场检查和环境抽样检验。

（4）颁证　省级农业行政主管部门对材料审查、现场检查、环境检验和环境现状评价进行全面评审，符合颁证条件的，颁发"无公害农产品产地认定证书"，并报农业部和国家认证认可监督管理委员会备案。不符合要求的，书面通知申请人。

（5）期限 "无公害农产品产地认定证书"有效期为 3 年。期满后需要继续使用的，证书持有人在有效期满前 90 日内重新办理。

（6）备案 省级农业行政主管部门在颁发"无公害农产品产地认定证书"后，将获得证书的产地名录报农业部和国家认证认可监督管理委员会备案。

2.无公害农产品认证程序

（1）申请 凡符合《无公害农产品管理办法》规定，生产产品在《实施无公害农产品认证的产品目录》内，具有无公害农产品产地认定有效证书的单位和个人，直接或者通过省级无公害农产品认证归口单位向申请认证产品所属行业分中心进行申请。申请材料包括以下内容：无公害农产品认证申请书、无公害农产品产地认定证书、产地环境检验报告和环境现状评价报告；产地区域范围和生产规模；无公害农产品生产计划和质量控制措施；无公害农产品生产操作规程；专业技术人员的资质证明及无公害农产品有关培训情况和计划；保证执行无公害农产品标准和规范的声明；申请认证产品上个生产周期的生产过程记录档案（投入品的使用记录和病虫草鼠害防治记录）。

（2）审查

1）对产地进行现场检查 组织有资质的检查员和专家组成检查组。材料审核符合要求的，认证机构需在 10 个工作日内派员对产地环境、区域范围、生产规模、质量控制措施、生产计划、标准和规范的执行情况等进行现场检查。现场检查不符合要求的，书面通知申请人。

2）产品进行抽样检验 有资质的检测机构对其申请认证产品进行抽样检验。承担产品检测任务的机构，根据检测结果出具产品检测报告。

（3）颁证 认证机构对材料审核、现场检查（限于需要对现场进行检查时）和产品检测结果符合要求的，应当在自收到现场检查报告和产品检测报告之日起 15 个工作日内，由中心主任签发"无公害农产品认证证书"。无公害农产品产地认定证书、产品认证证书格式由农业部、国家认证认可监督管理委员会规定。不符合要求的，书面通知申请人。

（4）核发标志 中心根据申请人生产规模、包装规格核发无公害农产品认证标志。

（5）认证期限 "无公害农产品认证证书"有效期为 3 年，期满如需继续使用，证书持有人应当在有效期满 90 日前重新办理。在有效期内生产无公害农产品认证证书以外的产品品种的，应当向原无公害农产品认证机构办理认证证书的变更手续。

任务二 绿色食品认证

一、绿色食品概念

绿色食品是指遵循可持续发展原则，按照特定生产方式生产，经专门机构认定，许可使用绿色食品标识的食品。绿色食品在产地、生产规范以及产品等方面的标准都比无公害农产品高。中国的绿色食品标准是由中国绿色食品发展中心组织制定的统一标准，根据标准不同将其分为 A 和 AA 两个级别。

A 级绿色食品的标准是参照发达国家食品卫生标准和联合国食品法典委员会

（CAC）的标准制定的,要求产地环境质量评价项目的综合污染指数不超过1,在生产加工过程中,允许限量、限品种、限时间的使用安全的人工合成农药、兽药、渔药、肥料、饲料及食品添加剂。

AA级绿色食品的标准是根据国际有机农业运动联合会(IFOAM)有机产品的基本原则,参照有关国家有机食品认证机构的标准,再结合中国的实际情况而制定的。要求产地环境质量评价项目的单项污染指数不得超过1,生产过程中不得使用任何人工合成的化学物质,且产品需要3年的过渡期。

二、绿色食品标准

绿色食品标准以"从土地到餐桌"全程质量控制理念为核心,由以下四个部分构成,并且分为AA级和A级两个技术等级。

(一)绿色食品产地环境标准

绿色食品产地环境标准即《绿色食品产地环境技术条件》(NY/T 391—2013)。该标准规定了产地的空气质量标准、农田灌溉水质标准、渔业水质标准、畜禽养殖用水标准和土壤环境质量标准的各项指标以及浓度限值、监测和评价方法。提出了绿色食品产地土壤肥力分级和土壤质量综合评价方法。

1. AA级绿色食品环境质量标准

绿色食品大气环境质量评价,采用《环境空气质量标准》(GB 3095—2012)中所列的一级标准;农田灌溉用水评价,采用《农田灌溉水质标准》(GB 5084—2005);养殖用水评价采用《渔业水质标准》(GB 11607—1989);加工用水评价采用《生活饮用水卫生标准》(GB 5749—2006);畜禽饮用水评价采用《地面水质标准》(GB 3838—2002)中所列三类标准;土壤评价采用该土壤类型背景值(详见中国环境监测总站编《中国土壤环境背景值》)的算术平均值加2倍标准差。AA级绿色食品产地的各项环境监测数据均不得超过有关标准。

2. A级绿色食品环境质量标准

A级绿色食品的环境质量评价标准与AA级绿色食品相同,但其评价方法采用综合污染指数法,绿色食品产地的大气、土壤和水等各项环境监测指标的综合污染指数均不得超过1。

(二)绿色食品生产技术标准

绿色食品生产过程的控制是绿色食品质量控制的关键环节。绿色食品生产技术标准是绿色食品标准体系的核心,它包括绿色食品生产资料使用准则和绿色食品生产技术操作规程两部分。

绿色食品生产资料使用准则是对生产绿色食品过程中物质投入的一个原则性规定,它包括生产绿色食品的农药、肥料、食品添加剂、饲料添加剂、兽药和水产养殖药的使用准则,对允许、限制和禁止使用的生产资料及其使用方法、使用剂量、使用次数和休药期等做出了明确规定。

绿色食品生产技术操作规程是以上述准则为依据,按作物种类、畜牧种类和不同农业区域的生产特性分别制定的,用于指导绿色食品生产活动,规范绿色食品生产技术的技术规定,包括农产品种植、畜禽饲养、水产养殖和食品加工等技术操作规程。

1. AA 级绿色食品生产技术标准

AA 级绿色食品在生产过程中禁止使用任何有害化学合成肥料、化学农药及化学合成食品添加剂。其评价标准采用《绿色食品添加剂使用准则》(NY/T 392—2013)、《生产绿色食品的农药使用准则》(NY/T 393—2010)、《生产绿色食品的肥料使用准则》(NY/T 394—2013)及有关地区的《绿色食品生产操作规程》的相应条款。

2. A 级绿色食品生产技术标准

A 级绿色食品在生产过程中允许限量使用限定的化学合成物质,其评价标准采用《绿色食品添加剂使用准则》(NY/T 392—2013)、《生产绿色食品的农药使用准则》(NY/T 393—2013)、《生产绿色食品的肥料使用准则》(NY/T 394—2013)及有关地区的《绿色食品生产操作规程》的相应条款。

(三)绿色食品产品标准

绿色食品规定了食品的外观品质、营养品质和卫生品质等内容,但其卫生品质要求高于国家现行标准,主要表现在对农药残留和重金属的检测项目种类多、指标严。绿色食品安全卫生标准主要包括六六六、DDT、敌敌畏、乐果、对硫磷、马拉硫磷、杀螟硫磷、倍硫磷等有机农药和砷、汞、铅、镉、铬、铜、锡、锰等有害金属、添加剂以及细菌三项指标,有些还增设了黄曲霉毒素、硝酸盐、亚硝酸盐、溶剂残留、兽药残留等检测项目。绿色食品加工的主要原料必须是来自绿色食品产地的、按绿色食品生产技术操作规程生产出来的产品。绿色食品产品标准反映了绿色食品生产、管理和质量控制的先进水平,突出了绿色食品产品无污染、安全的卫生品质。

1. AA 级绿色食品产品标准

AA 级绿色食品中各种化学合成农药及合成食品添加剂均不得检出,其他指标应达到农业部 A 级绿色食品产品行业标准(NY/T 268—2014 至 NY/T 292—2014 和 NY/T 418 至 NY/T 437)。

2. A 级绿色食品产品标准

采用农业部 A 级绿色食品产品行业标准(NY/T 268—2014 至 NY/T 292—2014 和 NY/T 418 至 NY/T 437)。

(四)绿色食品包装、储藏运输标准

包装标准规定了进行绿色食品产品包装时应遵循的原则,包装材料选用的范围、种类,包装上的标识内容等。要求产品包装从原料、产品制造、使用、回收和废弃的整个过程都应有利于食品安全和环境保护,包括包装材料的安全、牢固性,节省资源、能源,减少或避免废弃物产生,易回收循环利用,可降解等具体要求和内容。

标签标准,除要求符合国家《预包装食品标签通则》外,还要求符合《中国绿色食品商标标志设计使用规范手册》(以下简称《手册》)规定,该《手册》对绿色食品的标准图形、标准字形、图形和字体的规范组合、标准色、广告用语以及在产品包装标签上的规范应用均做了具体规定。

储藏运输标准对绿色食品储运的条件、方法、时间做出规定。以保证绿色食品在储运程中不遭受污染、不改变品质,并有利于环保、节能。

(五)绿色食品生产加工要求

1.绿色食品生产要求

(1)农作物生产要求

1)植保要求。农药的使用在种类、剂量、时间和残留量方面都必须符合《生产绿色食品的农药使用准则》。

2)作物栽培要求。肥料的使用必须符合《生产绿色食品的肥料使用准则》,有机肥的施用量必须达到保持或增加土壤有机质含量的程度,肥料的使用必须满足作物对营养素的需要。

3)品种选育要求。要求农作物的品种适合当地的环境条件,种子和种苗必须来自绿色食品产地,并对病虫草害有较强的抵抗力的高品质优良品种。

4)耕作管理要求。AA级绿色食品的生产,禁止使用任何化学合成肥料。A级绿色食品的生产,化学合成肥料和化学合成生长调节剂的使用,必须限制在不会对环境和作物的质量产生不良后果、不使作物产品有毒物质积累到影响人体健康的限度内。尽可能采用生态学原理,保持物种的多样性、减少化学物质的投入。

(2)畜牧业生产要求

1)选择饲养适应当地生长条件的抗逆性强的优良品种。

2)主要饲料原料应来源于无公害区域内的草场、农区、绿色食品种植基地和绿色食品加工产品的副产品,并符合《饲料卫生标准》(GB 13078—2016)规定,畜禽养殖用水应符合 NY/T 391—2013 的规定。

3)饲料添加剂的使用必须符合《生产绿色食品的饲料添加剂使用准则》,畜禽房舍消毒用药及畜禽疾病防治用药必须符合《生产绿色食品的兽药使用准则》。

4)采用生态防病及其他无公害技术,不得使用各类化学合成激素、化学合成促生长剂及有机磷等抗寄生虫药物。

(3)水产养殖要求

1)养殖用水必须达到绿色食品要求的水质标准。

2)选择饲养适应当地生长条件的抗逆性强的优良品种。

3)鲜活饵料和人工配合饲料的原料应来源于无公害生产区域。

4)人工配合饲料的添加剂使用必须符合《生产绿色食品的饲料添加剂使用准则》。

5)疾病防治用药必须符合《生产绿色食品的水产养殖用药使用准则》。

6)采用生态防病及其他无公害技术。

2.绿色食品加工要求

在绿色食品加工中,企业应把着眼点放在食品生产环境和加工工艺上,注意原料、生产用水、食品添加剂与加工助剂、加工设备和车间的卫生。而且各个生产工艺和环节必须严格遵守无污染、无公害的控制措施和绿色食品生产加工操作规程,增加半成品和中间环节检验。

(1)加工区环境卫生必须达到绿色食品生产要求。绿色食品加工企业必须具备良好的仓储保鲜保质设备,具备必要的原料和产品检测手段,具备自我检测的程序。

(2)加工用水必须符合绿色食品加工用水标准。食品工厂的生产用水必须符合《生活饮用水卫生标准》(GB 5749—2006)。

(3)加工原料主要来源于绿色食品产地。对于进口原料,必须获得中国绿色食品发展中心委托的国外有机食品认证机构的认可,才能用于绿色食品的加工。其他非农业来源的原料,如食盐、矿物质和维生素等必须按规定使用。

(4)加工所用设备及产品包装材料的选用必须具备安全无污染条件。不得使用聚氯乙烯和膨化聚苯乙烯等包装材料。包装中严防二次污染,推广使用无菌包装、真空包装和充气包装。

(5)在食品加工过程中,食品添加剂的使用必须符合《生产绿色食品的食品添加剂使用准则》。

三、绿色食品认证

随着农业和农村产业结构的不断发展,农产品质量安全问题成了全社会关注的焦点问题。农业部于2001年4月推出了"无公害食品行动计划",其中包括无公害农产品、绿色食品和有机食品。绿色食品认证体系是农产品质量安全认证的重要组成部分,随着农产品质量安全形势的根本好转,绿色食品将成为继无公害农产品之后的主要认证产品,成为农产品质量安全认证工作的重点。

1. 绿色食品认证程序

食品生产企业如需在其生产的产品上使用绿色食品标志,必须按程序提出申报:申请人向当地认证机构提交正式的书面申请,并填写"绿色食品标志使用申请书""企业生产情况调查表";当地认证机构将依据企业的申请,派员赴申请企业进行实地考察。如考察合格,认证机构将委托定点的环境监测机构对申报产品或产品原料产地的大气、土壤和水进行环境监测和评价;当地认证机构的标志专职管理人员将结合考察情况及环境监测和评价的结果,对申请材料进行初审,并将初审合格的材料上报中国绿色食品发展中心;中国绿色食品发展中心对上述申报材料进行审核,并将审核结果通知申报企业和当地认证机构。合格者,由认证机构对申报产品进行抽样,并由定点的食品监测机构依据绿色食品标准进行检测。不合格者,当年不再受理其申请;中国绿色食品发展中心对检测合格的产品进行终审;终审合格的申请企业与中国绿色食品发展中心签订绿色食品标志使用合同。不合格者,当年不再受理其申请;中国绿色食品发展中心对上述合格的产品进行编号,并颁发绿色食品标志使用证书;申报企业对环境监测结果或产品检测结果有异议,可向中国绿色食品发展中心提出仲裁检测申请。中国绿色食品发展中心委托两家或两家以上的定点监测机构对其重新检测,并依据有关规定做出裁决。

2. 绿色食品认证的基本条件

(1)对申请人的要求 凡具备绿色食品生产条件的单位和个人均可作为绿色食品标志申请人,但是,要符合以下要求:申报企业要有一定规模,能建立稳定的质量保证体系,能承担起标志使用费。经营服务类企业,要求有稳定生产基地,并建立切实可行的基地管理制度。加工企业须生产经营一年以上,待质量体系稳定后再申报。

有下列情况之一者,不能作为申请人:与各级绿色食品管理机构有经济和其他利益关系的;可能引致消费者对产品来源产生误解或不信任的,如批发市场、粮库等;纯属商业经营的企业。

鉴于目前部分事业单位具有经营资格,可以作为申请人。

(2)对申报产品的要求 按国家商标类别划分的第5、29、30、31、32、33类中的大多数产品可申报绿色食品标志。

经卫生部公告既是药品也是食品名单中的产品也可申报,如紫苏、白果和金银花。暂不受理产品中可能含有、加工过程中可能产生或添加有害物质的产品的申报,如蕨菜、方便面、火腿肠、叶菜类酱菜的申报。暂不受理对作用机制不清的产品,如减肥茶等。不受理药品、香烟的申报。绿色食品拒绝转基因技术,由转基因原料生产(饲养)加工的任何产品均不受理。鼓励、支持知名企业申报绿色食品。不鼓励风险系数大的产品申报绿色食品,如白酒。

随着绿色食品事业的不断发展,绿色食品的开发领域逐渐拓宽,不仅会有更多的食品类产品被划入绿色食品标志的涵盖范围,同时,为体现绿色食品全程质量控制的思想,一些用于食品类的生产资料,如肥料、农药、食品添加剂,以及商店、餐厅也将划入绿色食品的专用范围,而被许可申请使用绿色食品标志。

3.绿色食品认证的申报材料

申报企业要填写"绿色食品标志使用申请书""企业及生产情况调查表",还要准备一份完整的符合绿色食品标志申报要求的申报材料,主要包括以下几个部分:保证执行绿色食品标准和规范的声明;生产操作规程(种植规程、养殖规程、加工规程);公司对"基地+农户"的质量控制体系(包括合同、基地图、基地和农户清单、管理制度);产品执行标准;产品注册商标文本(复印件);企业营业执照(复印件);企业质量管理手册;要求提供的其他材料(通过体系认证的,附证书复印件)。

4.绿色食品标志使用权限

绿色食品标志(图6.2)由三部分构成,即上方的太阳、下方的叶片和中心的蓓蕾,分别代表了生态环境、植物生长和生命的希望。标志为正圆形,意为保护、安全。

图6.2 绿色食品标志

为了区分A级和AA级绿色食品在产品包装上的差异,A级是绿底印白色标志,防伪标签底色为绿色;AA级是白底印绿色标志,防伪标签底色为蓝色。其中标志的标准字体为绿色,底色是白色。

1996年,绿色食品标志作为我国第一例质量证明商标,在国家工商行政管理局注册成功,涵盖了五大类近千个品种的食品。经国家工商行政管理局核准注册的绿色食品质量证明商标共四种形式,分别为绿色食品标志商标,绿色食品中文文字商标,绿色食品英文文字商标及绿色食品标志、文字组合商标,这一质量证明商标受《中华人民共和国商标法》及相关法律法规保护。

取得绿色食品标志使用权的申请者,须严格执行"绿色食品标志使用协议",保证按标准生产。如要改变其生产条件、产品标准、生产规程,须再报以上主管机构批准。

由于客观原因,使绿色食品生产条件改变,例如,由于不慎使用了重金属含量高的矿物肥或工业污泥肥,改变了绿色食品基地的土壤环境条件,此情况下,生产者应在1个月内报省绿色食品办公室和中国绿色食品发展中心,暂时终止使用绿色食品标志;待重金属排除、土壤条件恢复后,再经审核批准,方可恢复标志使用。

绿色食品标志使用权,以核准使用的产品为限,不得扩大,不得转让。标志使用权有效期为3年,期间监测机构进行年检,并可随时抽检。如发现质量不符合标准,可先给予警告并要求限期整改;逾期未改正的,即取消商标使用权。3年期满后,要继续使用绿色食品标志,必须于期满前3个月内重新申请;否则,即视作自动放弃使用权。

任务三　有机食品认证

一、有机食品基础知识

有机食品是当今食品市场的发展趋势之一。消费者选择有机食品的基本原则是它的健康性与安全性,面对诸如目前有争议的遗传工程食品安全性,以及疯牛病事件、二噁英污染食品事件等问题的出现,食品安全问题已引起消费者的高度重视。

有机食品在不同的语言中有不同的名称,国外最普遍的叫法是 organic food,在其他语种中也有称生态食品、生物食品、自然食品等。要充分了解有机食品的概念和区分有机生产与常规生产的异同,还要辨清以下几个概念。

1.有机

有机是指有机认证标准描述的生产体系,以及由该体系所生产的具有特定品质的产品,而不是化学上的定义。

2.有机农业

有机农业是指遵照一定的生产标准,在生产中不采用基因工程获得的生物及其产物,不使用化学合成的农药、化肥、生长调节剂、饲料添加剂等物质,遵循自然规律和生态学原理,协调种植业和养殖业的平衡,采用一系列可持续发展的农业技术维持持续稳定的农业生产体系的一种农业生产方式。这些技术包括选用抗性作物品种,建立包括豆科植物在内的作物轮作体系,利用秸秆还田、施用绿肥和动物粪便等措施培肥土壤,保持养分循环,采取物理的和生物的措施防治病虫草害,采用合理的耕种措施,保护环境,防止水土流失,保持生产体系及周围环境的基因多样性等。

有机农业以减少外部投入,避免使用人工合成肥料和杀虫剂为基础。

3.有机食品

有机食品是指来自于有机生产体系,根据有机认证标准生产、加工,并经具有资质的独立的认证机构认证的一切农副产品,如粮食、蔬菜、水果、奶制品、畜禽产品、水产品、蜂产品及调料等。

4.有机产品

有机产品是指按照有机认证标准生产并获得认证的各类产品,除有机食品外还包括有机纺织品、皮革、化妆品、林产品、家具等,以及生物农药、有机肥料等农业生产资料。

二、有机食品标准

以生态友好和环境友好技术为主要特征的有机农业,已经被很多国家作为解决食品安全、保护生物多样性、进行可持续发展等一系列问题的一条可实践途径。以有机农业方式生产的安全、优质、环保的有机食品和其他有机产品,越来越受到各国消费者的欢迎。为推动和加快我国有机产业的发展,保证有机产品生产和加工的质量,满足国内外市场对有机产品日益增长的需求,减少和防止农药、化肥等农用化学物质和农业废弃物对环境的污染,促进社会、经济和环境的持续发展,中国认证机构国家认可委员会(CNAB),根据联合国食品法典委员会(CAC)《有机食品生产、加工、标识及销售指南》和国际有机农业运动联盟(IFOAM)有机生产和加工的基本规范并参照欧盟有机农业生产规定,以及其他国家(德国、瑞典、英国、美国、澳大利亚、新西兰、日本等)有机农业协会和组织的标准和规定,结合我国农业生产和食品行业的有关标准,制定《有机产品生产和加工认证规范》,为我国有机食品的生产、加工和认证标准化生产提供了保障。

(一)有机农产品生产的基本条件

1. 生产要求

(1)生产基地在最近2~3年内未使用过农药、化肥等禁用物质。

(2)种子与种苗,未经基因工程技术改造过,也未经禁用物质处理过。

(3)生产单位需建立长期的培肥地力、植保、轮作和畜禽养殖计划。

(4)生产基地无水土流失及其他环境问题。

(5)产品收获、储存、运输过程中未受化学物质的污染。

(6)有机生产体系与非有机生产体系间应有有效的隔离。

(7)有机生产的全过程必须有完整的记录档案。

2. 加工要求

(1)原料必须是来自于获得有机认证的产品或获得认证的野生天然产品。

(2)已获得有机认证的原料在终产品中所占的比例不少于95%(不包含水和食盐)。

(3)只使用天然的调料、色素和香料等辅助原料,不用人工合成的添加剂。

(4)在生产、加工、储存和运输过程中应避免化学物质的污染,并避免与非有机产品混杂。

(5)加工过程必须有完整的档案记录,包括相应的票据。

(二)有机食品生产的关键技术

有机生产和加工以社会经济与环境相协调的可持续发展思想和原理为基础,通过有机生产和有机产品的贸易实现以下目标:严格遵守有机生产标准,生产优质产品,满足社会对高档产品的需求;保持生产体系和周围环境的生物多样性,保护野生动植物的栖息地;尽可能地利用当地生产系统中的可再生资源并促进水资源的合理利用和保护;促进耕作系统中生物循环和物质循环、保持和提高土壤的长效肥力;使用可完全生物降解的有机生产投入物质,使各种形式的污染最小化;通过适当的政府补贴,保护生产者和加工者的利益,满足他们的基本需求,努力使整个生产、加工和销售链都能向公正性、公平性和生态合理性的方向发展。

1. 有机产品作物生产技术规范

(1)生产场地环境条件的基本要求

1)申请认证的农场应是边界清晰、所有权和经营权明确的农业生产单元,也可以是多个农户在同一地区从事农业生产,且这些农户都愿意以有机方式开展生产,并且建立了包括内部质量跟踪审查在内的严密的组织管理体系,那么这些农户所拥有的土地可以被看作是整体的有机农场。

2)如果一个农场同时以有机方式和非有机方式(包括常规和转换)种植或养殖同一品种的作物,则必须在满足下列条件之一的前提下,有机地块生产的作物才可获得有机认证:一年生作物的转换期一般不少于 24 个月,多年生作物(如多年生之果树、茶树等)的转换期一般不少于 36 个月。新开荒地或撂荒多年的土地和一直按传统农业方式耕种的土地也要经过至少 12 个月的转换期。

3)如果农场的有机生产区域有可能受到邻近的常规生产区域污染的影响,则在有机和常规生产区域之间必须设置缓冲带或物理障碍物,保证有机地块不受污染。

(2)作物品种的选择　应选择能适应当地的土壤和气候特点、对病虫害有抗性的作物种类及品种,应尽量使用有机种子和种苗,禁止使用包衣种子和任何转基因作物品种。

(3)作物栽培

1)基本要求　禁止连续种植同一种作物,但牧草、多年生作物,以及在特殊地理和气候条件下种植的水稻例外。应采用包括豆科作物或固氮绿肥在内的至少三种作物进行轮作;在一年只能生长一茬作物的地区,允许采用包括豆科作物在内的两种作物的轮作。

2)土壤培肥管理　适时采取土样分析,了解土壤理化性状及肥力状况,作为土壤培肥管理的依据。

施用农家自产的有机质肥料、经充分发酵腐熟的堆肥或其他有机质肥料,以改善土壤环境,并供应作物所需养分。保证土壤的肥力和土壤生物的活性,提倡利用豆科作物的轮作、间作和土地休耕,以维护并增进地力。

农场中施用肥料的种类和数量不应对环境造成污染,有机肥中的重金属含量应符合有机质肥料的重金属允许量标准。这些肥料应主要来自有机农场,遇特殊情况(如采用集约耕作方式)或处于有机转换期或证实有特殊的养分需求等,经认证机构批准可以适当增加农场外的肥料投入量。欧盟标准还具体规定每生产年度施入纯氮不得超过170 kg/hm^2。

严格遵守国家"有机产品"标准中关于在土壤培肥过程中允许使用和限制使用的物质的规定。

非人工合成的矿物肥料和生物肥料只能作为培肥土壤的辅助材料,而不可作为系统中营养循环的替代物。矿物肥料必须保持其天然组分,禁止采用化学处理提高其溶解性。用于有机肥堆制的添加微生物必须来自于自然界,而不是基因工程产物。禁止使用化学肥料和城市污水污泥。

3)水分管理　根据当地情况制定合理的灌溉方式(如滴灌、喷灌、渗灌等)控制土壤水分,有效地调节土壤肥力状况。有机农业生产灌溉用水水质必须符合《农田灌溉水质标准》(GB 5084)。有机地块的排灌系统与常规地块应有有效的隔离措施,以保证常规地块的水不会渗透或漫入有机地块。

4)杂草控制　以人工或机械中耕除草,允许采用热法控制草害,不允许使用合成化学物质。采取敷盖、覆盖、翻耕、轮作及其他物理或生物防治方式,适度控制杂草的发生。不允许使用任何基因改造生物的制剂及资材。

5)病虫害管理　采用轮作及其他耕作防治、物理防治、生物防治、种植忌避或共荣植物及天然资材防治等综合防治法,允许有限制使用国家"有机产品"标准中所列出的限制使用物质,以防治病虫害。

提倡通过释放天敌来防治虫害;允许使用软皂、植物源杀虫剂或植物提取剂等;允许在诱捕器和散发器皿中使用性诱剂,允许使用物理性防治措施(如防虫网、黄板等)。

不允许使用合成化学物质及对人体有害之植物性萃取物与矿物性材料。不允许使用任何基因改造生物之制剂及资材。

(4)污染控制

1)常规农业系统中所用的设备在用于有机生产前,必须得到充分清洗,以去除上面的污染物残留。

2)在使用保护性的建筑覆盖物、塑料薄膜、防虫网和青贮饲料包装材料时,只允许选择聚乙烯、聚丙烯或聚碳酸酯类产品,并且在使用后必须从土壤中清除,禁止在田地上焚烧。禁止使用聚氯类产品。

3)禁止使用合成的植物生长调节剂。

4)如果检测表明农场地块或作物的农药残留、重金属含量超过相应的国家标准,认证机构将取消对该农场地块的认证。

(5)收获　确保有机农产品不会受到非有机农产品的混杂或污染,采收过程及其收获后均应与一般农产品分开处理。有机农产品收获后处理不允许添加或使用合成化学物质,也不允许以辐射或熏蒸剂处理。

2. 加工有机食品的规范与要求

(1)场址设置及各部分卫生保障情况　应远离重工业区或与重工业区之间有足够的护林带。应远离居民区,加工厂周围不得有垃圾堆、粪场、露天厕所和传染病医院。应设置在污染源、传染源的上风方向。应设置"三废"净化装置。

(2)各部分设施卫生保障情况　有机加工应制订正式的卫生管理计划,该计划要符合国家或地方卫生管理法规,并应提供以下几方面的卫生保障:外部设施(垃圾堆放场、旧设备存放场地、停车场等);内部设施(加工、包装和库区);加工和包装设备(防止酵母菌、霉菌和细菌污染);职工的卫生(餐厅、工间休息场所和卫生间)。

(3)有机食品加工应配备专用设备　有机食品的生产加工应当配备有专用的加工设备。如果有条件,加工厂应该尽量设立有机加工专用车间或生产线,这是确保加工过程的有机完整性的有力保障。同时,也可以减少管理的复杂性和检查的难度。然而在许多情况下,由于有机产品的加工量比较少,或者由于市场需求的多样性,很难要求加工者满足这一条件。因此,标准中有允许进行平行加工的条款,不但允许进行不同品种的有机与常规或转换产品之间的平行加工,而且还允许进行同一品种的有机与常规或转换产品的平行加工。这就需要加工者认真地在加工、清洁、清洗、包装、仓储和运输等过程中采用严格的隔离措施,将有机与常规或有机转换产品的原料、半成品和成品区分开来,并严格地做好记录,做到可以随时接受认证机构的检查和审核。如果管理不善,发生产品混合等情况,则有可能给有机认证带来严重影响。

如果在开始有机加工前,无法依靠一般方法彻底清除留存在加工设备中的常规或转换产品的话,则要求加工厂严格采取下述措施:如果要使用加工过常规产品或转换产品的设备加工有机产品,则应先用少量有机原料在设备中进行"冲顶"加工,将残存在设备里的前期加工物质随同"冲顶"加工的产品一起清理出去,然后将这少量的有机原料加工出来的"冲顶"产品作为常规或转换产品处理,此后再清理好设备,才能正式开始有机产品的加工。对"冲顶"加工的运作全过程(加工、包装、仓储、运输)及"冲顶"加工产品的处置(包括销售)必须有详细记录,检查员在检查时必须能得到并审核这些记录和销售单据。

(4)加工工艺要求

1)加工工艺应不破坏食品的主要营养成分。可以使用机械、冷冻、加热、微波、烟熏等处理方法及微生物发酵工艺;可以采用提取、浓缩、沉淀和过滤工艺,但提取溶剂仅限于符合国家食品卫生标准的水、乙醇、动植物油、醋、二氧化碳、氮或羧酸,在提取和浓缩工艺中不得添加其他化学试剂。关于在有机加工中是否应当允许使用微波技术,是目前国际上争论的一个议题。我国的标准是允许使用的,但既然有些国家(地区)的标准禁止使用,我国的有机从业者在从事有机产品出口业务过程中必须充分考虑这一因素。

标准在这里对烟熏没有提出特定要求,但在实际操作中必须注意,这里不包括使用人工合成的化学物质进行烟熏的情况。标准中禁用的物质在烟熏中同样是禁止使用的。

不能大量使用允许使用的物质来取代禁用物质,如使用大量的食盐来取代化学防腐剂等,因为这样会造成对产品营养成分或质量的明显影响。有机食品并不是完全拒绝使用化学品,但允许使用的化学品却是十分有限的,而且要求完全符合国家食品卫生标准。

2)加工用水的水质必须符合《生活饮用水卫生标准》(GB 5749—2006)的规定。加工用水分为加工产品直接接触的水和清洁用水,对前者要求比后者严格。但作为有机产品,主要是有机食品的加工厂,标准要求两种用水的水质都要达到饮用水的卫生标准。如果冲洗、洗刷用的水不符合卫生要求,则很可能会通过设备、仓库和运输工具等污染产品(食品),从而影响其质量和有机完整性。

3)禁止在食品加工和储藏过程中采用离子辐照处理。采用 X 射线、γ 射线或者电子束等高能射线,对食品进行短时间的辐射处理(离子辐照),可消灭或者减少食物中的细菌、寄生虫、霉菌和其他微生物。辐射能可以分解这些有机体中的分子链,消灭这些微生物,或者使它们不能再繁殖。照射的剂量根据食物品种的不同而不同。由于离子辐照会改变食品的分子结构,其使用对人类的影响还在争议之中,因此在有机加工中是禁止使用的。

4)禁止在食品加工中使用石棉过滤材料或可能被有害物质渗透的过滤材料。石棉已经被全世界公认为高致癌的危害人类健康的致命纤维,即使在常规加工生产中也已经受到严格控制,在有机食品的加工中则被禁止使用,特别是禁止作为过滤材料使用。

(三)有机食品加工和贸易的要求

1. 做好有害生物防治工作

(1)有机加工者和贸易者必须采取以下管理措施来预防有害生物的发生:①消除有害生物的滋生条件;②防止有害生物接触加工和处理设备;③通过对温度、湿度、光照、空气等环境因素的控制,防止有害生物的繁殖。

(2)允许使用机械类、信息素类、气味类、黏着性的捕害工具、物理障碍、硅藻土、声光电器具,作为防治有害生物的设施或材料。

(3)允许使用以维生素 D 为基本有效成分的杀鼠剂。

(4)可以使用国家"有机产品"标准中允许或限制使用的物质。

(5)在加工储藏场所遭受有害生物严重侵袭的紧急情况下,提倡使用中草药进行喷雾和熏蒸处理;限制使用硫黄。

2. 有机食品销售技术规范

(1)销售单位必须经有机食品发展中心或其授权机构批准后,才能进行有机食品的销售。

(2)从事销售的工作人员必须按食品卫生管理的规定,保持衣服、手以及周围环境的卫生和清洁。工作人员应经常对室内进行清洗与消毒。

(3)销售点必须远离厕所、坑塘、垃圾,以及生产有毒有害化学物品的场所。

(4)必须有合乎有机食品生产用水标准的水源,并配有盛放污水秽物的专门容器,销售点的室内及地面应易于冲洗。

(5)室内建筑材料不能对环境和有机食品产生污染,不使用对有机食品有污染或潜在污染的物品。室内必须保持卫生清洁,配备有机食品储藏、防蝇、防鼠及防尘设备,严格禁止犬、猫进入。

(6)在销售时所用的容器、餐具必须严格消毒,禁止使用会对有机食品产生污染的容器;容器、餐具消毒后必须彻底清洗干净。

(7)允许使用物理、机械的方法消毒,使用的方法可以是湿热、干热、低温、干燥及紫外光消毒等。禁止使用人工合成的洗涤剂或杀虫剂作为消毒剂。

(8)销售单位在进货时必须严格按照有机食品的质量标准对货物进行认真检查,检查内容包括规格、质量、品质及卫生状况等。拒绝接受不符合标准的物品。售货员对所出售的产品应随时进行检查,一旦发现有变质、不符合标准的食品,应立即停止出售。

(9)有机食品销售点内的食品在储藏或堆放时,必须按不同的品种采取不同的堆放与储藏保管方法,禁止不同类型的食品混放与胡乱堆放。

(10)设立有机食品销售专柜,实行销售、收费、消毒,以及工具专人负责制度。严禁有机食品与普通食品混合销售。

(11)不同食品销售时必须用不同的包装,尽量不用手接触食品。操作台、地面、墙壁、空气、手套等都要定期进行严格的冲洗与消毒。

（四）有机食品包装、储藏和运输标准

1. 有机食品包装、储藏技术规范

（1）包装　有机食品的包装提倡使用由木、竹、植物茎叶和纸制成的包装材料，允许使用符合卫生要求的其他包装材料；包装应简单、实用，避免过度包装，并应考虑包装材料的回收利用；允许使用二氧化碳和氮作为包装填充剂；禁止使用含有合成杀菌剂、防腐剂和熏蒸剂的包装材料，以及禁止使用接触过禁用物质的包装袋或容器盛装有机食品。

（2）储藏　经过认证的产品在储存过程中不得受到其他物质的污染，储藏产品的仓库必须干净、无虫害、无有害物质残留，在最近5天内未经任何禁用物质处理过，使用国家允许使用的化学熏蒸剂对仓库进行熏蒸式喷雾时必须将有机产品移出仓库，至少经过5天后才允许移入。除常温储藏外，允许采用储藏室空气调控、温度控制、湿度调节等储藏方法。有机产品应单独存放，如果不得不与常规产品共同存放，必须在仓库内划出特定区域，采取必要的包装、标签等措施确保有机产品不与非认证产品混放。产品出入库和库存量必须有完整的档案记录，并保留相应的单据。

2. 有机食品运输

运输工具在装载有机产品前应清洗干净。有机产品在运输过程中应避免与常规产品混杂或受到污染。在运输和装卸过程中，外包装上的有机认证标志及有关说明不得被玷污或损毁。运输和装卸过程必须有完整的档案记录，并保留相应的单据备查。虽然允许在确保严格区分的前提下将有机产品与常规产品存放在同一个仓库内，甚至使用同一个运输工具，但绝对禁止有机产品与化学品，尤其是有毒化学品储存在一处或放在一起运输，也不允许用运输过有毒化学品的车辆来运输有机产品，这类车辆即使清洗过的也不行。运输同样是确保有机产品的有机完整性的关键环节之一，也是绝不可掉以轻心的。有机认证机构要求贸易者能随时提供有机运输的记录和清洗有机产品运输设备的记录或证明。

（五）有机食品的标识标准

获得国家批准的认证机构认证的产品，可以使用国家有机产品或有机转换产品标志及认证机构的有机认证标志。

对加工产品，如果获得有机认证的原料在终产品中所占的比例（重量或体积）为100%，则可以使用"100%有机"字样的标识；在95%以上，并且是由认证机构认可的设施加工和包装的，可以使用"有机"字样的标识；如果获得有机认证的原料在终产品中所占的比例不足95%，但超过70%，可以使用"有机配料生产"字样的标识；不足70%的，可以用文字描述获得认证的原料及所占的比例，但不能使用任何带有"有机"字样的标识和使用有机产品标志。在计算比例时，食盐和水不得计入。

由多种原料加工成的产品，必须在产品的外包装上按照由多到少的顺序逐一列出包括添加剂在内的各种原料的名称及所占的质量百分比，并注明哪些是通过有机认证的。

获得有机转换认证的产品可以使用有机转换标志，但必须在包装上明确注明为有机转换产品。

在产品的外包装上必须标明生产或加工单位的名称、地址、认证证书号、生产日期及批号。

完全由符合要求的野生材料制成的产品应清楚地标明"野生"或"天然"字样。

产品标识和包装的说明不能错误诱导消费者,不能标注"纯天然""无污染"等字样,但可以在外包装上标明"本产品在生产和加工过程中未使用人工合成的肥料、农药、激素和食品添加剂"。在产品的外包装上印刷标志或说明的油墨必须无毒、无刺激性气味。

三、有机食品认证

为规范有机食品认证管理,促进有机食品健康、有序发展,防止农药、化肥等化学物质对环境的污染和破坏,保障人体健康,保护生态环境,在中华人民共和国境内从事有机食品认证及有机食品生产经营活动的单位和个人都要遵循国家质检总局制定的《有机产品认证管理办法》。为了建立统一的有机认证认可制度,2004 年 5 月有机食品认证管理正式移交国家认监委。

1. 有机食品认证机构的管理

(1)认证机构的管理　国家对有机产品认证机构实行资格审查制度。从事有机产品认证工作的单位,按照规定程序向国家认证认可监督管理委员会(CNCA)和中国认证机构国家认可委员会(CNAB)提出注册与认可申请,获得国家认监委批准注册的认证机构证书样本,获得 CNAB 认可的认证机构证书样本。

1)申请有机食品认证机构资格证书的单位应具备以下条件:具有独立的法人资格;具有 10 名以上专职从事有机食品认证的技术人员;具备从事有机食品认证活动所需的资金、设施、固定工作场所及其他有关的工作条件。

2)有机食品认证机构在从事有机食品认证时应遵循以下原则:公正、公平、独立;认证的标准、程序和结果公开;保守客户的技术秘密和业务秘密。

3)有机食品认证机构及其工作人员不得从事有机食品的有偿咨询活动或有机食品生产经营活动;有机食品认证机构应按照规定的原则、程序和标准开展有机食品认证活动,不得弄虚作假或欺骗客户。

(2)我国的有机食品认证机构

1)南京国环有机产品认证中心　国家环境保护总局有机食品发展中心(OFDC)成立于 1994 年,是中国成立最早、规模最大的专业从事有机产品研发、检查和认证的机构,也是中国最早获得国际有机农业运动联盟(IFOAM)认可的有机认证机构。其认证部门根据相关规定单独注册为南京国环有机产品认证中心。OFDC 拥有一个专门的质量认证标志(图 6.3),已经在中国国家工商行政管理局商标局注册。标志由两个同心圆、图案,以及中英文文字组成,中心的图案代表着 OFDC 认证的植物和动物产品。文字表达分为有机认证和有机转换认证两种。

2)北京中绿华夏有机食品认证中心　中绿华夏有机食品认证中心(COFCC),是在中国绿色食品发展中心基础上成立的,是中国农业部推动有机农业运动发展和从事有机食品认证、管理的专门机构,其认证标志如图 6.4 所示。

图 6.3 OFDC 标志   图 6.4 COFCC 标志

2. 有机食品认证的程序(图 6.5)

(1)申请

1)申请人向认证机构提出正式申请,领取"有机认证申请表"和缴纳申请费。

2)申请人填写"有机认证申请表",同时领取"有机认证调查表""有机认证书面资料清单"等文件。

3)申请人按要求建立本企业的质量管理体系、质量保证体系的技术措施和质量信息追踪及处理体系。

(2)领审并制订初步的检查计划

1)认证机构对申请材料进行预审。预审合格,认证机构将有关材料拷贝给认证中心。

2)认证机构根据检查时间和认证收费管理细则,制订检查计划和估算认证费用。

3)认证机构向申请人寄发"受理通知书"和"有机认证检查合同"(简称"检查合同")。

(3)签订有机产品认证检查合同

1)申请人确认"受理通知书"后,与认证机构签订"检查合同"。

2)根据"检查合同"的要求,申请人缴纳相关费用。

3)申请人配合认证工作,准备相关材料。

4)所有材料均使用书面文件和电子文件各一份,拷贝给认证机构。

(4)审查

1)认证机构对申请人及其材料进行综合审查。

2)认证机构确定检查时间。

3)如审查不合格,认证机构通知申请人。

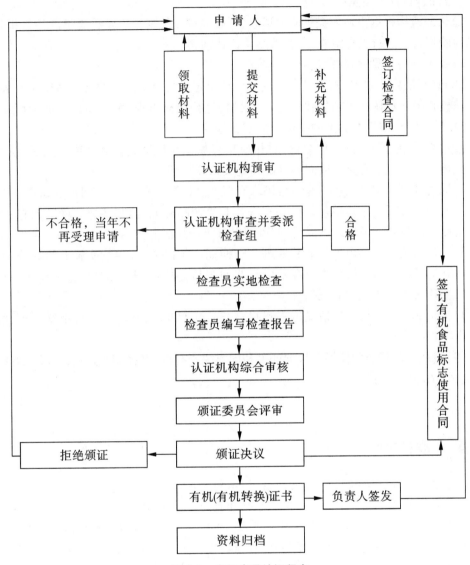

图6.5 有机产品认证程序

（5）实地检查评估

1）全部材料审查合格以后，认证机构派出有资质的检查员。

2）检查员取得申请人相关资料，对申请人的质量管理体系、生产过程控制体系、追踪体系，以及产地、生产、加工、仓储、运输、贸易等进行实地检查评估。

3）必要时，检查员需对土壤、作物、产品抽样，由申请人将样品送指定的质检机构检测。

（6）编写检查报告

1）检查员完成检查后，按认证机构要求编写检查报告。

2）检查员在检查完成后及时将检查报告送达认证机构。

（7）综合审查评估意见

1）认证机构根据申请人提供的申请表、调查表等相关材料以及检查员的检查报告和样品检验报告等进行综合审查评估，编制颁证评估表。

2）提出评估意见并报技术委员会审议。

（8）认证决定人员/技术委员会决议　认证决定人员对申请人的基本情况调查表、检查员的检查报告和认证机构的评估意见等材料进行全面审查，做出同意颁证、有条件颁证、有机转换颁证或拒绝颁证的决定。证书有效期为一年。

技术委员会定期举行工作会议，对相应项目做出认证决定。认证决定人员/技术委员会成员与申请人如有直接或间接经济利益关系，应回避。

1）同意颁证。申请内容完全符合国家有机产品认证标准，颁发有机产品认证证书。

2）有条件颁证。申请单位情况基本符合有机产品标准，但某些方面尚需改进，在申请人书面承诺按要求进行改进以后，亦可颁发有机产品证书。

3）有机转换颁证。申请人的基地进入转换期一年以上，并继续实施有机转换计划，可颁发有机转换证书。从有机转换基地收获的产品，按照有机方式加工，可作为有机转换产品，即"转换期有机产品"销售。

4）拒绝颁证。申请单位情况达不到有机产品标准要求，技术委员会拒绝颁证，并说明理由。

（9）有机产品标志的使用　根据证书和国家关于有机产品标志的要求，签订"有机产品标志使用许可合同"。

 项目小结

安全食品包括无公害农产品、绿色食品、有机食品。

无公害农产品是指产地环境、生产过程和最终产品等符合无公害农产品标准和规范，经专门机构认定，许可使用无公害农产品标识的未经加工或者初加工的食用农产品。

绿色食品是指遵循可持续发展原则，按照特定生产方式生产，经专门机构认定，许可使用绿色食品标识的无污染的安全、优质、营养类食品。

绿色食品根据技术标准可分为 AA 级绿色食品和 A 级绿色食品。

有机食品指来自有机农业生产体系，根据有机农业生产要求和相应标准生产加工，并且通过合法的、独立的有机食品认证机构认证的农副产品及其加工产品。

无公害农产品、绿色食品、有机食品都是经质量认证的安全农产品。无公害农产品是绿色食品和有机食品发展的基础，绿色食品和有机食品是在无公害农产品基础上的进一步提高。无公害农产品、绿色食品、有机食品都注重生产过程的管理，无公害农产品和绿色食品侧重对影响产品质量因素的控制，有机食品侧重对影响环境质量因素的控制。

**课后测验**

1. 选择题

(1)绿色食品产地环境标准中对农田灌溉水质 pH 值要求的限值是(   )。

A. 5.5 ~ 8.5   B. 6.5 ~ 8.5   C. 7.0 ~ 8.5   D. 5.0 ~ 7.5

(2)无公害食品认证证书的有效期为(   )。

A. 3 年   B. 5 年   C. 1 年   D. 2 年

(3)生产 A 级绿色食品禁止使用的农药是(   )。

A. 波尔多液   B. 除虫菊素   C. 烟碱   D. 甲拌磷

2. 填空题

(1)绿色食品加工用水质量要求水中细菌总数每毫升≤_____个。

(2)无公害农产品产地环境中对空气质量的严格控制指标包括_____。

(3)有机农业中允许使用的肥料主要包括_____。

3. 简答题

(1)无公害农产品(食品)生产条件如何?

(2)无公害农产品标志的含义是什么?

(3)绿色食品与普通食品相比有什么区别?并举例说明。

(4)绿色食品对产地环境质量有什么具体要求?

(5)种植业绿色食品生产操作规程有哪些具体规定?

(6)生产有机食品必须具备哪些条件?

(7)简述无公害农产品、绿色食品和有机食品认证的管理办法和认证程序。

**拓展阅读**

世界有机农业最高标准——德米特

关心有机食品的人们或许知道在全球有着许多不同的有机标准,比如中国的有机产品、美国的 USDA、日本的 JAS 等。这些标准往往以其所在国和设立机构不同而有着不同的执行标准,其中最为严苛的世界有机农业最高标准就是德米特。

德米特标准 1928 年形成于德国,是世界有机农业运动中最早的生产质量体系标准。德米特认证的产品必须遵循生物动力(bio-dynamic)农业农耕方法种植,从生产、加工到包装均有严格标准。只有通过德米特国际组织的综合认证程序,严格符合德米特的生产与加工标准的产品方可获得德米特认证。

由于德米特标准严格到超过世界现有各国政府的规定,所以在以环保标准严苛而著称的欧洲,德米特标准是唯一获得欧盟免检的有机认证标准。现在,德米特国际组织为43个国家(生产项目涉及64个国家),大约4 300多家有机农场或有机产品厂商与经销商共同构成的大型有机产业国际组织。同时,国际有机农业运动联盟(IFOAM)也以德米特标准为基础建立了其基本标准,其中引用了德米特标准的2/3。而世界各国的有机标准又是以IFOAM标准为基准制定。由此可见德米特标准影响之深远。

德米特(Demeter)的名称源自于希腊神话中掌管农业与丰收的女神Demeter(一般译为德墨忒耳),从这里即可看出其寓意所在。生物动力(bio-dynamics)农业往往简称为BD农业,其中BD的词源来自于希腊词汇"bio"(生命)和"dynamics"(能量)。BD农业认为,土壤作为农业之基石,其本身也可视为一个有机的生命体,保证其健康和平衡方能收获健康的农产品。BD农业主张根据天文、气象与自然节律,制订有计划的农耕日历与种植计划;以一系列的配置剂和有氧堆肥回复土地的有机质与功能平衡,唤醒土壤自身的肥力与免疫力;适当轮作和微量元素在作物生长中的作用在BD农业中也很早地被认识到。世界各地80多年的种植经验证明,生物动力农业是一种可靠的、低投入、高产出的农业生产体系,以此体系生产出来的农产品方可满足德米特认证体系的严格要求。

项目七
食品质量安全制度

知识目标

1. 熟悉食品生产许可制度的具体要求。
2. 掌握食品生产许可证的申办条件与程序。
3. 掌握食品生产许可审查中资料审核和现场核查的内容要求。

能力目标

1. 具备编写食品生产许可证申办材料的能力。
2. 熟悉食品企业可追溯体系的建立与实施。

素质目标

学会运用 SC 的取证流程,为企业进行 SC 的取证工作。

任务一 食品生产许可制度

一、食品生产许可基础知识

1. 食品质量安全市场准入制度

食品质量安全市场准入制度是我国对食品市场进行干预的基本制度,是一种政府行为,是一项行政许可制度。其核心内容包括三项具体制度。

(1)食品生产许可制度 食品生产许可制度旨在控制食品生产加工企业的生产条件,凡不具备保证产品质量必备条件的公民、法人或其他组织,不得从事食品生产加工。

(2)食品出厂强制检验制度 为保证食品质量安全,企业必须对出厂销售的食品实施强制检验制度,包括自行检验和委托检验两种模式。不合格的商品不得出厂销售。

(3)企业食品生产许可证标志(SC)制度 需要特别说明的是,2015 年 10 月 1 日开始实施新的《食品生产许可管理办法》后,食品的 QS 标志即将退出历史舞台。随着食品监督管理机构的调整和新的《中华人民共和国食品安全法》的实施,食品包装上应当标注食品生产许可证编号,没有要求标注食品生产许可标志。同时新的食品生产许可证编号由字母 SC 加上 14 位阿拉伯数字组成,完全可以满足识别、查询的要求。

2. 食品生产许可的概念和内容

食品生产许可是为保证食品的质量安全,在中华人民共和国境内,从事食品生产活动,应当依法取得生产许可。

食品生产许可制度是工业产品许可证制度的一个组成部分,是为保证食品的质量安全,由国家食品药品监督管理部门制定并实施的一项旨在控制食品生产加工企业生产条件的监控制度。该制度规定:在我国境内从事食品生产加工的企业,必须具备保证产品质量安全的规定生产条件,按规定的程序获得食品生产许可证,所生产加工的食品必须经检验并标注食品生产许可证号,才可出厂销售;国家已经实行生产许可证管理的食品,没有取得食品生产许可证的企业不得生产。未经检验合格、未标注企业食品生产许可证号的食品,不得出厂销售。

食品生产企业规定条件审查制度是食品生产许可制度的基本内容,依据《食品生产许可审查通则》和每一类食品的《审查细则》,对国内所有食品生产加工企业保证产品质量规定条件进行审查,对于具备基本生产条件,能够保证食品质量安全的企业,发放食品生产许可证,准予生产获证范围的食品。不符合条件,没有取得食品生产许可证的企业,禁止生产这类食品。从而在生产条件上保证企业能够生产出符合质量安全要求的产品。

3. 食品生产许可证的实施意义

(1)是提高食品质量、保证消费者身体健康的需要 食品作为一种特殊商品,它最直接地关系到每一个消费者的身体健康和生命安全。近年来,随着人民生活水平的不断提高,食品质量安全问题也日益突出。食品生产工艺水平较低,产品抽样合格率不高,假冒伪劣产品屡禁不止,因食品质量安全问题所造成的中毒及伤亡事件屡有发生,已经影响到人民群众的安全和健康,同时也引起了党中央、国务院的高度重视。

(2)是保证食品加工企业的基本条件,强化食品生产防治管理的需要 我国食品工业的生产技术水平总体上同国际先进水平还有较大差距,许多食品加工企业规模极小,加工设备简陋,环境条件很差,技术力量薄弱,质量意识淡薄,难以保证食品的质量安全。企业是保证产品质量的主体,为保证食品的质量安全,必须加强食品生产加工环节的监督管理,从企业的生产条件上把住市场准入关。

(3)是适应改革开放、创造良好经济运行环境的需要 我国的食品加工和流通领域中,降低标准、偷工减料、以次充好、以假充真等违法活动比较猖獗。为规范市场经济秩序,保护消费者的合法权益,适应加入世界贸易组织后我国社会经济进一步开放的形势,也必须实行生产许可制度,采取审查生产条件、强制检验、加贴标志等措施,对此类违法活动实施有效的监督管理。

4. 实施食品生产许可的法律依据

食品生产许可制度涉及的法律、法规、规章主要有三个方面。

(1)法律、行政法规和部门规章 《中华人民共和国食品安全法》《中华人民共和国行政许可法》《食品生产许可证管理办法》等法律法规,是我们实施食品生产许可制度、制定相应工作文件的法律依据。

(2)规范性文件 为了解决国内食品生产领域存在的严重质量问题,国家质量监督检验总局(简称质检总局)以上述法律法规为依据,根据国务院赋予的职能,制定了《进一步加强食品质量安全监督管理工作的通知》和《加强食品质量安全监督管理工作实施意见》,确立食品生产许可制度的基本框架,明确了实施食品生产许可制度的目的、职责分工、工作要求和主要工作程序。

(3)技术法规 为了在全国范围内统一食品加工企业的生产许可制度,规范质量监督技术部门的管理行为,国家质检总局还针对具体食品生产证许可实施细则,根据2010年8月25日质检总局发布的《关于公布实行生产许可证制度管理的产品目录的公告》,陆续印发了乳制品、肉制品、饮料、米、面、食用油等直接关系人体健康的加工食品和其他重要工业产品的生产许可证实施细则,属于技术性很强的技术规范,用以指导企业完善保证产品质量必备条件,指导各地实施食品生产许可证的审查工作和食品强制检验工作。

为了保障食品安全,加强食品生产监管,规范食品生产许可活动,根据《中华人民共和国食品安全法》和其实施条例以及产品质量、生产许可等法律法规的规定,2015年8月31日国家食品药品监督管理总局发布了《食品生产许可管理办法》,自2015年10月1日起施行。国家食品药品监督管理总局在该办法施行前公布的有关食品生产许可的规章、规范性文件与该办法不一致的,以该办法为准。

二、食品生产许可认证

1. 食品生产许可证的申办程序

根据《食品生产许可管理办法》和《审查通则》(2016版)的有关要求,申请人办理食品生产许可证分为两种情况:一是新设立的食品生产企业(包括已取得营业执照但经营范围未涵盖拟要生产的食品类别的申请人);二是已经设立的食品生产企业(包括延续换证、扩项、生产条件变更)。根据《食品生产许可管理办法》和《审查通则》的规定,许可申请受理后,许可审查的基本程序如下:一是审查部门应当对申请人提交的申请材料的完整性、规范性进行审查。二是审查部门应当自收到申请材料之日起3个工作日内组成核查组,负责对申请人进行现场核查,并将现场核查决定书面通知申请人及负责对申请人实施食品安全日常监督管理的食品药品监督管理部门。三是核查组应当自接受现场核查任务之日起10个工作日内完成现场核查,并将"食品、食品添加剂生产许可核查材料清单"所列的许可相关材料上报审查部门。四是审查部门应当在规定时限内收集、汇总审查结果以及"食品、食品添加剂生产许可核查材料清单"所列的许可相关材料。五是许可机关应当自受理申请之日起20个工作日内,根据申请材料审查和现场核查等情况,做出是否准予生产许可的决定。六是对于通过现场核查的,申请人应当在1个月内对现场核查中发现的问题进行整改,并将整改结果向负责对申请人实施食品安全日常监督管理的食品药品监督管理部门书面报告。

2. 食品生产许可的申请和审查规定

为规范食品、食品添加剂生产许可活动,加强食品生产监督管理,保障食品安全,在中华人民共和国境内,从事食品生产活动,应当取得食品生产许可证。食品药品监督管理部门按照食品的风险程度对食品生产实施分类许可。县级以上的地方食品药品监督管理部门负责本行政区域内的食品生产许可管理工作。保健食品、特殊医学用途配方食品、婴幼儿配方食品的生产许可由省、自治区、直辖市食品药品监督管理部门负责。二线及以上地方食品药品监督管理部门实施食品生产许可审查,应当遵守食品生产许可通则和细则。

申请食品生产许可,应当先取得营业执照,并且按照以下食品类别提出:粮食加工品、食用油、油脂及其制品、调味品、肉制品、乳制品、饮料、方便食品、饼干、罐头、冷冻饮品、速冻食品、薯类和膨化食品、糖果制品、茶叶及相关制品、酒类、蔬菜制品、水果制品、炒货食品及坚果制品、蛋制品、焙烤咖啡产品、食糖、水产制品、淀粉及淀粉制品、糕点、豆制品、蜂产品、保健食品、特殊医学用途食品、婴幼儿配方食品、特殊膳食食品、其他食品等。

申请食品生产许可,应当向申请人所在地县级以上地方食品药品监督管理部门提交申请材料。申请保健食品、特殊医学用途配方食品、婴幼儿配方食品的生产许可,还应当提交与所生产食品相适应的生产质量管理体系文件以及相关注册和备案文件。

根据申请材料审查和现场核查等情况,对符合条件的,由县级以上地方食品药品监督管理部门做出准予生产许可的决定,并自做出决定之日起 10 个工作日内向申请人颁发食品生产许可证;对不符合条件的,应当及时做出不予许可的书面决定并做出书面理由,同时告知申请人依法享有申请行政复议和提起行政诉讼的权利。同时食品生产许可证发证日期为许可决定做出的日期,有效期 5 年。

任务二　食品可追溯体系

一、食品可追溯体系基础知识

可追溯体系最早不适合应用在食品上,而是应用在汽车、飞机、航空等领域。20 世纪 80 年代以来,由于疯牛病、口蹄疫等危机的爆发,发达国家的政府和消费者对动物健康、食品安全及食品质量安全等方面的信息需求不断增加,多个国家都在积极探索如何构建出一套有效的食品安全控制体系,食品安全可追溯体系就是在这一过程中诞生的,并逐渐应用于食品及其他工业部门。近年来,我国也越来越关注和重视食品的可追溯体系问题。可追溯性现已被消费者认为是生产安全优质食品的保障,也是提供食品来源和生产条件相关信息的主要途径。

2012 年 6 月 23 日,国务院印发了《国务院关于加强食品安全工作的决定》,其中明确要求建立健全农产品产地推出、市场准入制度和农产品质量安全追溯体系,加快推进食品安全电子追溯系统建设,建立统一的追溯手段和技术平台,提高追溯体系的便捷性和有效性。

食品可追溯体系(food traceability system)是在以欧洲疯牛病危机为代表的食源性恶性事件在全球范围内频繁爆发的背景下,由法国等部分欧盟国家在国际食品法典委员会生物技术食品政府间特别工作组会议上提出的一种旨在加强食品安全信息传递、控制食源性疾病危害和保障消费者利益的信息记录体系。从食品可追溯体系的实际功效而言,可追溯体系是一种基于风险管理的安全保障体系。危害健康的问题发生后,可按照从原料上市至成品最终消费整个过程中各个环节所必须记载的信息,追踪食品流向,召回存在危害的尚未被消费的食品,撤销其上市许可,切断源头,消除危害,减少损失。

二、食品可追溯体系的建立与实施

1. 建立食品安全可追溯体系必备的信息

(1)原料的基本信息。以一般的蔬菜种植为例,必须有如农田的基本信息,耕作者的基本信息,种子的来源,耕作过程中的基本情况如化肥使用、各种病虫害、采摘情况等。

(2)生产加工过程中必须有生产者的基本信息、原材料的来源、辅助材料的来源、食品添加剂的信息、生产的基本信息。

(3)运输过程中要有运输者基本信息、班次信息等。目前各国规定牛肉的可追溯,即所有牛肉包装必须具有八大主要信息:牛肉所属性别、出生年月、饲养地、屠宰场、加工者、零售商、无疯牛病病变说明。

2. 食品可追溯体系的建立(以粮油为例)

粮油产品是中国人民广泛食用的主要农产品,在人们的日常饮食中占据着重要地位。目前食品药品监督管理总局出台了关于食用植物油生产企业食品安全追溯体系的指导意见(食药监食监一〔2015〕280 号),从适用范围、信息记录、信息管理、建立食用油追溯体系和加强监督五个方面提出具体意见。

粮油产品安全可追溯体系针对规模化的产品生产加工企业,涵盖原材料生产、产品加工、质检、包装、运输、销售等供应链的各个环节,如图 7.1 所示流程,除此之外,还需要供应链参与方就实施食品跟踪与追溯要求达成一致,结成战略联盟。

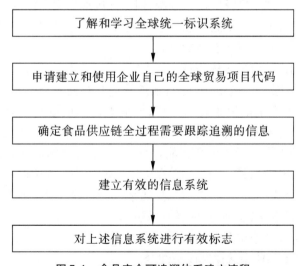

图 7.1　食品安全可追溯体系建立流程

通过对整个链条、各个环节业务流程的分析,采用 HACCP 等技术方法,研究提出粮油产品质量安全要素,采用国家及行业的相关编码标准,设计粮油产品追溯链编码体系,利用信息采集、数据交换等技术获取整个生产过程的信息,构建粮油产品质量安全可追溯平台,可以满足企业日常内部追溯,同时向消费者和监管部门提供服务。粮油产品质量安全可追溯系统由 4 个子系统组成,分别是产地管理系统、生产管理系统、指标管理系统、溯源管理系统,如图 7.2 所示,其中生产管理系统涵盖了从原材料采购到终产品销售全过程的信息管理,是整个系统的基础。

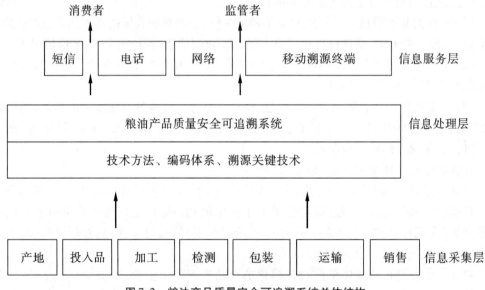

图 7.2　粮油产品质量安全可追溯系统总体结构

目前,RFID 和条码技术广泛应用于溯源,但二维码应用食品溯源的技术尚未完全成熟,粮油产品的 22 位条形码追溯技术正处于研究阶段,粮食质量可追溯建设已经列入国家 2014 年公益性科技项目,有望有新的突破。

建立专门的粮油产品流通主体信息库,汇总各流通节点主体和进场经营商户基本信息,按主体性质、主体类别、经营范围、经营地点等进行存储和检索。建立粮油安全追溯信息库,汇总各流通节点上的电子台账信息,形成本地区粮油产品流通追溯信息链条。为了更好地监控各方链条的实施状况,制定追溯工作考核管理制度及动态考核指标,定期对各流通节点追溯工作进行考核和智能评估,实现信息的横向比较和纵向比较,对各流通节点的信息进行有效监控,存在问题的及时予以警示。搭建粮油公共服务平台,包括信息公开平台、网上投诉举报平台、信息报送平台、公众互动平台,实现各地、各部门数据互联互通,提高工作效率,实现与公众的良好互动。

3. 我国食品可追溯体系中存在的问题

(1)食品安全可追溯体系法律制度不健全

1)食品安全可追溯体系覆盖面仍比较狭窄　我国重要的监管法律《中华人民共和国食品安全法》并未提出食品可追溯性,地方级的法律条例要求也比较片面。北京市关于食品追溯问题更多地涉及肉类产品和乳制品;上海市的追溯体系相对比较完善,但也只涉及搭配生活中常用的食品,并非对全部食品进行可追溯要求;甘肃省虽然出台了《甘肃省食品安全追溯管理办法(试行)》,但是该办法的规定比较笼统,缺乏法律条例的强制保障力。

2)食品安全追溯主体的权利义务规定不明确　关于追溯系统中各个环节负责人应该承担的指责和旅行的义务,现有法律条例并未做出严格的规范和划分,比如原有的《中华人民共和国食品安全法》只是针对产品的来源和销售监管方面的记录做出了明确的规定,但是对于溯源过程中各个阶段信息的采样和记录以及整体溯源机构的建立没有进行明确的说明。现行的《中华人民共和国食品安全法》对于我国的食品追溯机制建立提出了明确要求,但并没有完全补充以往法律体系的空白区,特别是针对产品生产销售整个阶段的追溯行为以及主体对象的相关权益没有做出详细规定,因此当前我国政府亟待解决的问题是构建完善法律体系,对食品生产经营活动中的所有行为做出详细补充和说明。

(2)监管能力较为薄弱　各级食品安全监管部门尤其是基层单位,存在人员不足、装备滞后、一线执法快速检测能力较低等问题。食品安全检验检测能力不能满足食品安全监管需要,特别是中西部地区和基层还存在大面积空白,专业技术人员不足,仪器设备配置和实验室环境条件不能适应检测需要,一些检验机构仪器设备利用率不高,信息难以共享,高端检测仪器设备大量依赖进口,难以为保障食品安全提供全方位的技术支撑。此外,食品安全事件应急处置中信息报送、发布不畅,部门间、区域间协调联动不够,应急队伍装备落后,快速反应能力有待进一步提高。

(3)法规和标准体系有待完善　食品安全法配套法规规章还不健全,相关法律法规之间衔接不畅,对食品安全违法犯罪行为的惩处力度仍需加大。地方性法规制定滞后,大部分地区尚未制定针对食品生产加工小作坊、食品摊贩的管理办法。统一的食品安全标准体系尚未完全形成,部分食品卫生标准、质量标准、食用农产品质量安全标准以及行业标准存在缺失、滞后、重复以及相互矛盾的问题,食品安全标准整合及制修订任务繁重,相关投入尚不能满足实际工作需要。

(4)风险监测评估和科技支撑能力仍需提高　我国食品安全风险监测、评估工作起步较晚,风险监测体系有待进一步完善,监测网点数量、监测范围、监测技术机构数量和能力等与实际需要仍有较大差距。食品安全风险评估能力仍然薄弱,专业技术人员缺乏,系统性风险防范能力有待加强。对食品安全规律的系统性研究不够深入,食品安全管理理论与方法、检验检测技术与设备、过程控制技术等领域的研究相对不足,科研成果应用前安全性评估不够,基础数据缺乏,食品安全隐患识别能力不强。

(5)食品企业参与度低　食品企业是市场流通食品的提供者,是食品质量安全监管和追查对象。根据调查显示,食品质量安全可追溯体系的应用会影响到企业的投资和直接的经济利益,企业可以通过建立健全食品可追溯体系,利用食品的特殊性逐步获取更大的市场份额,赢得消费者信赖以及为企业带来直接的经济效益,同时还为企业带来品牌效应;但是从企业成本方面分析,特别是对中小型食品生产企业,构建食品可追溯体系代价较大,成本在短期内是超过收益的,因此绝大多数中小企业不愿意建立可追溯体系,经济利益直接决定企业的经济行为。

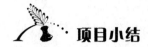 **项目小结**

本章主要介绍了食品生产许可的概念、内涵、法律依据；食品可追溯体系建立的背景和意义。重点介绍了食品生产许可申报条件、申办程序。概要介绍了食品生产许可证的管理以及熟悉的食品可追溯体系的建立和实施。

课后测验

1. 选择题

(1)《中华人民共和国食品安全法》于( )发布。

A. 2005 年 9 月　　　　B. 2009 年 4 月　　　　C. 2010 年 6 月　　D. 2015 年 10 月

(2)( )规定:国家对食品生产经营实行许可制度,从事食品生产应当依法取得食品生产许可。

A.《食品安全法实施条例》　　　　　　　B.《中华人民共和国食品安全法》

C.《产品质量法》　　　　　　　　　　　D.《食品生产许可证审查通则》

(3)食品生产许可证书遗失或者损毁的,企业应及时在省级以上媒体声明,同时报( )食品药品监督部门。

A. 省级　　　　　　　B. 县级　　　　　　　C. 市级　　　　　　　D. 地级市

(4)提出办理食品生产许可证的申请,一式( )份。

A. 2　　　　　　　　B. 3　　　　　　　　C. 5　　　　　　　　D. 6

2. 判断题

(1)企业食品生产许可证标志以"生产许可"的拼音的缩写"SC"表示,并标注"生产许可"字样。　　　　　　　　　　　　　　　　　　　　　　　　　( )

(2)食品生产许可证有效期为 3 年,如需继续生产的,应当在食品生产许可证有效期届满 6 个月前,向原许可机关提出换证申请。　　　　　　　　　　　　( )

(3)食品生产许可证编号由字母 SC 和 14 位阿拉伯数字组成,最后一位为校验码。
　　　　　　　　　　　　　　　　　　　　　　　　　　　　　　( )

3. 简答题

(1)食品生产许可制度包括哪些内容?

(2)取得食品生产许可应该具备哪些条件?

(3)简述《审查通则》(2010 版)正文的主要内容以及包括的附表。

拓展阅读

一张 IC 卡囊括猪肉"前世今生"

在宁波肉菜市场,当每辆运载着生猪的货车通过屠宰场查验点时,车主会将一张银行卡大小的 IC 卡交给进场处工作人员。工作人员将 IC 卡放在读写器上,电脑上立刻显示并记载下这批生猪的重量、屠宰企业名称、检疫证号等多项内容和一个溯源码。溯源码是从生猪在养殖场时就已经形成了,从养殖场到屠宰场,再到批发市场和菜市场,将一直跟随猪肉的各个流通环节,相当于这批猪肉的身份证号。

猪肉批发商和经营户在挑选好带着溯源码的白条肉后,也需要刷一下 IC 卡才能付款出场。经营户刷卡后,该批猪肉的所有信息又输入到了经营户的 IC 卡里,并将跟随经营户来到批发市场和菜市场。

第三篇 食品安全与质量控制技术应用案例

项目八
植物性食品的安全与质量控制

知识目标

1. 学习并了解果蔬汁饮料、果蔬干制品、面包、速冻水饺的定义分类。
2. 学习并掌握果蔬制品、粮油制品的安全与质量标准,包括感官评定标准、微生物标准、理化标准等。

能力目标

熟悉影响粮食及其制品、果蔬和几种农产品的不安全因素,掌握常见问题的控制措施。

素质目标

培养学生对于植物性食品安全与质量的知识素养。

任务一 果蔬制品的安全与质量控制

一、果蔬汁饮料的安全与质量控制

(一)果蔬汁饮料的定义

新鲜果品和蔬菜经挑选、分级、洗涤、压榨取汁或浸提取汁,再经过滤、装瓶、杀菌等工序制成的汁液称为果蔬汁,也称为"液体水果或蔬菜"。以果蔬汁为基料,添加糖、酸、香料和水等物料调配而成的汁液称为果蔬汁饮料。

(二)生产中常见的问题及防治方法

果蔬汁因其食用价值和营养价值的特点,以及色香味优于其他果蔬制品,深受消费者喜爱。但果蔬汁在加工和贮运过程中,经常出现败坏、变色、变味等质量问题,如何防止此类现象产生是生产上较为突出的问题,也是提高果蔬汁饮料品质的关键。

1. 果蔬汁的败坏

果蔬汁的败坏常表现为表面发霉、发酵,同时产生二氧化碳、醇或因产生醋酸而败坏。

(1)细菌的危害 果蔬汁在加工贮运过程中,常见的细菌为乳酸菌,除了生成乳酸外,还有醋酸、丙酸、乙醇等,并产生异味。由于乳酸菌耐二氧化碳,在真空和无氧条件下繁殖生长,其耐酸力较强,在温度低于 8 ℃时活动受到限制。

此外,醋酸菌、丁酸菌等感染引起苹果汁、梨汁、橘子汁等败坏,使汁液产生异味。由于它们能在嫌气条件下迅速繁殖,对低酸性果蔬汁具有极大的危害。

(2)酵母菌的危害　酵母是引起果蔬汁败坏的重要因素之一,引起果蔬汁发酵产生乙醇和大量的二氧化碳,发生膨胀现象,甚至会使容器破裂。有时可产生有机酸,分解果实中原有的酸;有时可产生酯类物质。酵母菌需氧,在低温条件下活性受到抑制。

(3)霉菌的危害　霉菌主要侵染新鲜果蔬原料,当原料受到机械损伤后,霉菌迅速侵入造成果实腐烂,霉菌污染的原料混入后易引起加工产品的霉味。这类菌大多数都需要氧气,对二氧化碳敏感,热处理时大多数被杀死。霉菌在果蔬汁中破坏果胶,引起果蔬汁浑浊,分解原有的有机酸,产生新的异味酸类,使果蔬汁变味。

果蔬汁中所含的化学成分如碳水化合物、有机酸、含氮物质、维生素以及矿物质,均是微生物生长活动所必需的。因此在加工中必须采取各种措施来处理,尽量避免微生物的污染。如在加工前,采用新鲜、健全、无霉烂、无病虫害的原料取汁,并注意原料取汁打浆前的洗涤消毒工作,尽量减少原料外表微生物数量。防止半成品积压,尽量缩短原料预处理时间。严格把控车间、设备、管道、容器、工具的清洁卫生以及加工工艺规程。在不影响果蔬汁饮料质量的前提下,杀菌必须充分,也可适当降低果蔬的 pH 值,有利于提高杀菌效果等。

2.果蔬汁的变味

一种果蔬汁能否满足消费者的需求,关键在于能否保存其风味。果蔬汁饮料加工的方法不当以及不适宜的储藏环境条件下都会引起果蔬汁产品变味。原料的新鲜程度成为影响产品风味的首要因素。在加工过程中的过度热处理、调配不当,也会明显降低果蔬汁饮料的风味。加工和储藏过程中的各种氧化和褐变反应,不仅影响果蔬汁的色泽,风味也随之变劣,非酶褐变引起的风味变化尤以菠萝汁和葡萄柚汁为甚。金属离子可以引起果蔬汁变味,如铁和铜能加速某些不良化学变化,铜的污染加剧抗坏血酸的氧化,同时铜的催化常因铁的存在而加剧,从而引起汁液风味变劣。此外微生物活动所产生的不良物质也会使果蔬汁变味。

因此,防止果蔬汁变味应从多方面采取措施,首先选择新鲜良好的原料,合理加热,合理调配,同时生产过程中尽量避免与金属接触,凡与果蔬汁接触的用具和设备,最好采用不锈钢材料,避免使用铜铁用具及设备。

柑橘类果汁较容易变味,特别是浓度高的柑橘类果汁变味严重。柑橘果皮和种子含有柚皮苷和柠檬苦素等苦味物质,榨汁时稍有不当就可能进入果汁中,同时果汁中的橘皮油等脂类物质发生氧化和降解会产生萜品味。因此,对于柑橘类果汁可以采取以下措施防止变味。

用锥形榨汁机或全果榨汁机压榨时分别取油和取汁,或先行磨油再行榨汁,同时改变操作压力,避免破坏种子和过分压榨果皮,以防橘皮油和苦味物质进入果汁。杀菌时控制适当的加热温度和时间。

将柑橘汁于 4 ℃条件下储藏,风味变化比较缓慢;如果在 21 ~ 27 ℃下储藏,柑橘汁在2~3个月后就会变味。在柑橘汁中加入少量经过除萜处理的橘子油,以突出柑橘汁特有的风味。

3. 果蔬汁的色泽变化

果蔬汁色泽的变化比较明显,包括色素物质引起的变色和褐变引起的变色两种变化。

(1)色素物质引起的变色　果蔬汁中的天然色素按其化学结构的特征可分为卟啉色素、类胡萝卜素和多酚类色素等。果蔬汁进行加热处理时,叶绿素蛋白变性释放出叶绿素,同时细胞中的有机酸也释放出来,促使叶绿素脱镁而成为脱镁叶绿素;在果蔬汁中加酸,同样会使叶绿素变成脱镁叶绿素,而使果蔬汁的颜色消失。叶绿素受光辐射可发生光敏氧化,从而裂解为无色的产物。果蔬中存在的叶绿素水解酶可使叶绿素水解为脱叶醇基叶绿素及叶绿醇,最后氧化成无色产物,叶绿素只有在常温下的弱碱中稳定;此外,若用铜离子取代卟啉中的镁离子,使叶绿色变成叶绿素铜钠,可形成稳定的绿色。

类胡萝卜素是包含异戊二烯共轭双键的一类色素,按结构上的差异可分为胡萝卜素和叶黄素两大类。类胡萝卜素为脂溶性色素,比较稳定,一般耐pH值变化,但光敏氧化作用极易使其褪色。因此,含类胡萝卜素的果蔬汁饮料必须采用避光包装和避光储存。

多酚类色素包括花青素类、花黄素类、单宁物质类,均为水溶性色素。花青素类是一类极不稳定的色素,其颜色随环境pH值的改变而改变,易被氧化剂氧化而褪色,对光和温度也极敏感,含花青素的果蔬汁饮料在光照下或稍高的温度下会很快褪色,二氧化硫可以使花青素褪色或变成微黄色。花青素还可以与铜、镁、锰、铁、铝等金属离子形成络合物而变色。花青素主要是黄酮及其衍生物,颜色自浅黄至无色,偶为鲜明橙黄色,但遇碱会变成明显的黄色,遇铁离子可变成蓝绿色,如能控制果蔬汁饮料的铁离子含量,则花黄素对果蔬汁饮料色泽的影响较小。

(2)褐变引起的变色　果蔬汁发生非酶褐变产生黑蛋白,使其颜色加深。非酶褐变引起的变色对浅色果蔬汁饮料明显,对类胡萝卜素含量较高的柑橘汁及花青素较多的红葡萄汁等的影响较小,对浓缩果蔬汁色泽影响较大,因为褐变反应的速度随反应物浓度的增加而加快。影响非酶褐变的因素主要是温度和pH值,果蔬汁加工中应尽量降低受热程度,控制pH值在3.2或以下,避免与非不锈钢的器具接触等,可延缓果蔬汁的非酶褐变。果实组织中的酶,在加工过程中接触空气,多酚类物质在酶的催化下氧化生成有色的醌类物质,使果蔬汁发生酶褐变。

4. 果蔬汁的浑浊与沉淀

澄清果蔬汁要求汁液清亮透明,浑浊果蔬汁要求有均匀的浑浊度,但果蔬汁生产后在贮运销售期间,常出现浑浊、沉淀等现象。例如,苹果和葡萄等澄清汁常出现浑浊和沉淀,柑橘、番茄和胡萝卜汁易发生沉淀和分层。

(1)澄清果蔬汁的浑浊沉淀　引起澄清果蔬汁浑浊沉淀的原因可能有:加工过程中杀菌不彻底或杀菌后微生物再污染,由于微生物活动并产生多种代谢产物,而导致浑浊沉淀;果蔬汁中的悬浮颗粒以及易沉淀物质未充分去除,在杀菌后储藏期间会继续沉淀,加工用水未达到饮料用水的标准,带来沉淀和浑浊的物质;金属离子与果蔬汁中的相关物质易发生反应产生沉淀;调配时糖和其他物质的质量差,可能会导致有浑浊沉淀的杂质;香精水溶性低或用量过大,从果蔬汁中分离出来产生沉淀等。

果蔬澄清汁出现浑浊和沉淀的原因是多方面的,为防止不同果蔬汁的浑浊和沉淀,在加工过程中严格澄清并充分杀菌,是减轻果蔬汁浑浊和沉淀的重要保障。

(2)浑浊果蔬汁的沉淀和分层   导致浑浊果蔬汁产生沉淀和分层现象的因素有:果蔬汁中残留的果胶酶水解果胶,使汁液黏度下降,引起悬浮颗粒沉淀;微生物繁殖分解果胶,并产生导致沉淀的物质;加工用水中的盐类与果蔬汁中的有机酸反应,破坏体系的pH值和电性平衡,引起胶体及悬浮物质的沉淀;香精的种类和用量的不合适,引起沉淀和分层;果蔬汁中所含的果肉颗粒太大或大小不均匀,在重力的作用下沉淀;果蔬汁中的气体附着在果肉颗粒上,使颗粒的浮力增大,引起果蔬汁分层;果蔬汁中果胶含量少,体系黏度低,果肉颗粒不能抵消自身的重力而下沉等。

导致浑浊果蔬汁分层和沉淀的原因很多,要根据具体情况进行预防和处理。在榨汁前后对果蔬原料或果蔬汁进行加热处理,破坏果胶酶的活性,严格均质、脱气和杀菌操作,是防止浑浊果蔬汁沉淀和分层的关键措施。

5.果蔬汁的悬浮稳定性问题

果粒果肉饮料中含有明显的果肉颗粒,其悬浮问题是加工中的关键因素。果粒果肉饮料中果肉颗粒的平衡和下沉取决于其在重力场所中的重力、浮力以及上浮下沉运动中与运动方向相反的Stokes(斯托克斯)阻力3种作用力的合力效果。当果肉颗粒不能悬浮时,如果把果肉颗粒视为规则的圆形颗粒,则果肉颗粒上浮下沉的运动速度符合Stokes(斯托克斯)定律:

$$v = d^2(\rho_1 - \rho_2)g/18\eta$$

式中:v 表示果肉颗粒上浮的速度;d 表示果肉颗粒的直径;ρ_1 表示成品果肉饮料的密度;ρ_2 表示果肉粒子的密度;g 表示重力加速度;η 表示成品果肉饮料的黏度。

即果肉颗粒上浮或下沉的速度与果肉颗粒直径的平方成正比,与汁液和颗粒的密度差成正比,与汁液的黏度成反比。果肉颗粒上浮或下沉的运动速度越小,则果肉颗粒饮料的运动稳定性越大,如果果肉颗粒上浮或下沉的运动速度等于零或趋于零,则果粒果肉饮料趋于稳定体系。为了增加果粒果肉饮料的悬浮稳定性,生产上可采取以下措施。

(1)在工艺允许的情况下,通过均质尽量降低果肉颗粒的粒速,以降低果肉颗粒的运动速度,增加果粒果肉饮料的悬浮稳定性,但由于果粒果肉类饮料要求果肉颗粒有一定粒度,因此很难完全通过改变果肉颗粒的粒速来达到增加悬浮稳定性的目的。

(2)果粒果肉饮料生产中虽然很难使果肉颗粒密度与汁液的密度相等,但可采取一些措施使两者的密度接近。例如,通过调整汁液的浓度来改变汁液的密度;通过对果肉颗粒进行适当的热处理,部分破坏细胞膜的半透性,增加物质的通透性,当果肉颗粒加入到汁液中后,很快使两者的密度接近;在果肉颗粒加入汁液之前,可在与汁液密度和成分相同或接近的液体中进行适当时间的浸泡,以缩小果肉颗粒与汁液的密度差。

(3)添加合适的稳定剂增加汁液的黏度。果肉颗粒要达到悬浮平衡必须有一定的汁液黏度值,临界黏度值的确定既要考虑果肉颗粒的悬浮平衡,又要考虑果粒果肉饮料的口感风味,否则汁液黏度高,易品尝到稳定剂的稠腻味。生产中通常使用混合稳定剂,稳定剂混合使用的稳定效果比单独使用好。如果果汁液中钙离子含量高,则不能选用海藻酸钠、羧甲基纤维素作稳定剂,原因在于钙离子可以使此类稳定剂从汁液中沉淀出来。

(三)果蔬汁饮料的质量标准

(1)感官要求　具有原料蔬菜和水果应有的色泽、香气和滋味,无异味及肉眼可见的外来杂物。

(2)理化指标　果蔬汁饮料的理化指标如表8.1所示。

表8.1　果蔬汁饮料的理化指标

项目	指标	项目	指标
可溶性固性物/%	应与标签显示值一致	铅/(mg/kg)	≤1.0
总酸/(g/100 g)	应与企业标准一致	铜/(mg/kg)	≤5.0
砷/(mg/kg)	≤0.5		

(3)微生物指标　果蔬汁饮料的微生物指标如表8.2所示。

表8.2　果蔬汁饮料的微生物指标

项目	指标	项目	指标
细菌总数/(cfu/mL)	≤100	霉菌、酵母菌/(个/mL)	≤20
大肠菌群/(MPN/100 mL)	≤6	致病菌	不得检出

(四)生产果蔬汁饮料HACCP体系的关键点及控制措施

果蔬汁饮料HACCP体系的关键点及控制措施如表8.3所示。

表8.3　果蔬汁饮料HACCP计划

生产工序	关键点	临界范围	监控方法	控制手段	校正措施
原料	果蔬汁质量	符合食品卫生标准	自检有关指标	杜绝低质、劣质果蔬汁	选择知名供应商
脱气	氧气指标	符合SSOP	检测有关指标	严格执行SSOP	严格控制温度和压力
无菌灌装	环境设备卫生要求	符合SSOP	检测有关指标	严格执行SSOP	加强消毒与封口管理
二次杀菌	杀菌强度	杀菌效果达到食品卫生标准	测定卫生指标	控制杀菌温度和保温时间	提高杀菌温度和适当延长保温时间
生产用水	生产用水指标	生活饮用水标准	测定卫生指标	重新处理或更换生产用水	操作人员连续监控

二、果蔬干制品的安全与质量控制

(一)果蔬干制品的含义

果蔬干制品属于干藏食品的一类。习惯上,将以果品为原料的干制品称为果干,以蔬菜为原料的干制品称为干菜或脱水菜。前者如葡萄干、红枣、荔枝干等,后者如黄花、干椒、脱水大蒜等。

果蔬的干制在我国历史悠久,如葡萄干、红枣、柿饼、龙眼干、黄花菜、干辣椒等,都是我国传统的干制产品,在国际上享有盛誉。随着科技的发展,果蔬干制和包装技术也取得了较大的进步,如冷冻真空升华干燥、远红外干燥、微波干燥、太阳能干燥等,突破了传统干制方法,既节约了能源、提高了效率,又改善了制品品质。

(二)影响果蔬干制品质量的主要因素

1. 原料的选择和处理

(1)原料的选择　果蔬干制对原料总的要求是:果品原料要求干物质含量高,纤维素含量低,风味良好,核小皮薄;蔬菜原料,要求菜心及粗叶等废弃部分少,肉质厚,组织致密,粗纤维少,新鲜饱满,色泽好。

大部分蔬菜均可干制,只有少数种类,由于化学成分或组织结构的关系而不适合干制。例如:石刁柏(又名芦笋或龙须菜)干制后失去脆嫩品质,组织坚韧,不能食用;黄瓜干制后失去柔嫩松脆的质地;番茄除喷雾干燥法制造番茄粉外,因水分含量高,在加工过程中,汁液损失很大,成品吸湿性又很强,容易变质,不宜采用一般方法进行干制。

(2)原料的处理

1)洗涤　干制前,须将原料中不适宜于干制的部分剔除,然后洗涤。清除原料表面的污物、泥沙和微生物,特别是残留的农药。洗涤用水一般用软水,因为硬水中含有大量钙盐和镁盐,镁盐过多使产品具有明显的苦味。果皮上如带残留农药的原料,还须使用化学药品洗净。一般常用0.5% ~1%盐酸等,在常温下浸泡1~2 min,再用清水洗涤。洗时,必须用流动水或使果品产生振动及摩擦,以提高洗涤效果。

2)热烫　热烫又称为烫漂或热处理。即将去皮、去核、切分的(或未切分的)新鲜果蔬原料在温度较高的热水或沸水中(或常压蒸汽中)加热处理。热烫可以破坏果蔬的氧化酶系统。氧化酶在73.5 ℃下,过氧化酶在90~100 ℃下处理5 min 即失去活性。可防止因酶的氧化而产生褐变以及维生素 C 的进一步氧化。同时热烫可使细胞内的原生质发生凝固、失水而和细胞壁分离,使细胞膜的通透性加大,促使细胞组织内的水分蒸发,加快干燥速度。经过热烫处理后的干制品,在加水复原时也容易重新吸收水分。绿色蔬菜要保持其绿色,可在热水中加入0.5%的碳酸氢钠或用其他方法使水呈中性或微碱性,因为叶绿素在碱性介质中水解,会生成叶绿酸、甲醇和叶醇,叶绿酸仍为绿色。

3)硫处理　用硫燃烧熏果蔬,或用亚硫酸及其盐类配制成一定浓度的水溶液浸渍果蔬,称为硫处理。经过硫处理的干制品所含二氧化硫经吸水复原,加热煮熟之后,二氧化硫即可逸散,应达到无异味。

果蔬进行硫处理,可防止原料在干制过程中及干制品储藏期间发生褐变。期间,应注意硫处理的浓度和处理时间,浸泡溶液中二氧化硫含量为 1 mg/kg 时,能降低褐变率 20%,含量为 10 mg/kg 时能完全不变色。虽然如此,但不应过度处理。

　2. 干制的方法和设备

　　果蔬干制加工采用的方法有自然干制和人工干制两种。自然干制,一般包括太阳辐射的干燥作用和空气的干燥作用两个基本因素。人工干制设备费用较高,操作技术比较复杂,因而成本也较高,但产量高、质量好,具有自然干制不可比拟的优越性,是果蔬干制的方向。自然干制的主要设备为晒场和晒干用具。干制时,比较简便的做法是将原料直接放置在晒场曝晒,或者放在席箔上晒制。晒场要向阳,位置宜选择交通方便的地方,但不要靠近多灰尘大道,还应注意要远离饲养场、垃圾场和养蜂场等地方,避免污染和蜂害。

　　人工干制设备要具有良好的加热装置及保温设备,以保证干制时所需的较高而均匀的温度;要有良好的通风设备,以及时排除原料蒸发的水分;要有较好的卫生条件和劳动条件,以避免产品污染并便于操作管理。

　　目前,我国的人工干燥设备,一般按烘干时的热作用方式,分为借热空气加热的对流式干燥设备、借热辐射加热的热辐射式干燥设备和借电磁感应加热的感应式干燥设备三类。此外,还有间歇式烘干室和连续式通道烘干室及低温干燥室和高温烘干室之别。所用载热体有蒸汽、热水、电能、烟道气等。间歇式烘干室以采用蒸汽、电能加热为普遍,连续式通道烘干室则多采用红外线加热。电磁感应式干燥,目前尚未广泛应用。近年来,又出现了电子束固化、波长在 50 μm 以上的远红外线干燥,以及单体直接用光激发聚合成膜的光固化干燥等新技术。

　3. 干制品的处理和包装储存

　(1)干制品的处理

　1)回软　回软又称均湿、发汗或水分的平衡,目的是通过干制品内部与外部水分的转移,使各部分的含水量均衡,呈适宜的柔软状态,以便产品处理和包装运输。不同果蔬的干制品,回软所需时间也不同,少者需 1~3 天,多者需 2~3 周。

　2)压块　蔬菜干制后,呈蓬松状,体积大,不利于包装和运输,因此,需要经过压缩,一般称为压块。脱水蔬菜的压块,必须同时利用水、热与压力的作用。一般蔬菜在脱水的最后阶段温度为 60~65 ℃,这时可不经回软立即压块。否则,脱水蔬菜转凉变脆。在压块前,须稍喷蒸汽,以减少破碎率。喷蒸汽的干菜,压块以后的水分,可能超过预定的标准,影响耐贮性,所以在压块后还需作最后干燥。可用生石灰作干燥剂,如压块后的脱水蔬菜水分在 6% 左右时,可与等重的生石灰贮放一处,经过 2~7 天,水分可降低到 5% 以下。

　(2)干制品的包装　干制品经过必要的处理和分级之后,即可进行包装。包装容器要求能够封盖、防虫、防潮。近年来,采用聚乙烯、盐酸橡胶、苯乙烯、聚丙烯等的制品包装果干。

　(3)干制品的储藏

　1)储藏要求　干制原料的选择及干制前的处理与干制品的耐贮性有很大关系。干制品的含水量对干制品的保藏效果影响很大。在不损害成品质量的条件下,越干燥含水量越低,保藏效果越好。低温对干制品的储藏有利,因为氧化作用与温度有关。一般储藏温度最好为 0~2 ℃,不可超过 10~14 ℃。

干制品的含水量低,空气的相对湿度也必须相应地降低,否则,相对湿度增高就必然使干制品的平衡水分增加,从而使水分含量提高。光线能促进干制品的色素分解,氧气不仅能造成干制品变色和破坏维生素 C,而且能氧化亚硫酸为硫酸盐,降低二氧化硫的保藏效果。因此,储藏果蔬干制品应遮蔽阳光的照射,减少空气的供给。

2)储藏管理　在一定的储藏环境下,管理工作的好坏与储藏效果也有密关系。储藏干制品的库房要求清洁卫生,通风良好又密闭,并有防鼠设备。储藏干制品时切忌同时存放潮湿物品。要注意堆放高度,以利于空气流动,中央要留走道。时刻注意库内温、湿度的管理,经常检查产品的质量,以防止虫害和霉变。害虫的防治方法通常有以下几种。

低温杀虫:采用低温杀虫最有效的温度在-15 ℃以下。

热力杀虫:在不损害品质的适宜高温下加热数分钟,可杀死干制品中隐藏的害虫。

熏蒸剂杀虫:熏杀果蔬干制品中的害虫,常用的熏蒸剂有二硫化碳、氯化苦熏蒸法、二氧化硫、溴化甲烷。

此外,还须保持包装室和储藏室的清洁,注意清理废弃物,室内和各用具都应进行药剂消毒。

(三)常见问题分析与控制

1.制品干缩

干制时,体积缩小,细胞组织弹性丧失称为干缩。果蔬干缩严重会出现干裂或破碎等现象。干缩有两种情形,即均匀干缩和非均匀干缩。可通过适当降低干制温度,进行缓慢干制;采用冷冻升华干燥也可减轻制品干缩现象。

2.表面硬化

表面硬化也称为结壳现象。表面硬化的原因主要有两点:其一是果蔬干制时,内部的溶质随水分不断向表面迁移和积累而在表面形成结晶造成的;其二是由于果蔬干燥内部水分向表面迁移的速度滞后于表面水分汽化速度。可采用真空干燥、真空油炸、冷冻升华干燥等方法来降低干燥温度、提高相对湿度或减少风速,以减轻表面硬化现象。

3.制品褐变

果蔬在干制或干制后的储藏中,色素物质受影响或流失,造成品质下降。褐变主要有两种:酶促褐变和非酶褐变。

酶促褐变是在有氧条件下,由于多酚氧化酶(PPO)的作用,酚类物质氧化为醌,醌聚合成为褐色素而引起组织褐变。PPO 是发生酶促褐变的主要酶,存在于大多数果蔬中。在大多数情况下,由于 PPO 的作用,不仅不利于果蔬感观,影响产品运销,还会导致风味和品质下降,特别是在热带鲜果中,酶促褐变导致的直接经济损失达 50%。

非酶褐变是指在没有酶参与的情况下氧化和聚合成为黑色素的过程,称为非酶褐变。非酶褐变是导致茶叶、咖啡、葡萄干和梅干以及人的皮肤色素形成期望色和黑色的原因。非酶褐变包括美拉德反应、焦糖化作用和抗坏血酸褐变、金属变色。在干制前,进行热烫、硫处理、酸处理等,可以有效抑制干制品褐变。

4.营养损失

果蔬中的营养成分主要是糖类、维生素在干制过程中会发生不同程度的损失。缩短干制时间,降低干制温度和空气压有利于减少养分的损失。

5. 风味变化

失去挥发性风味成分是干制时常见的一种化学变化。通常采用干燥设备中回收或冷凝外逸的蒸汽再加回到干制品中,以便尽可能保存它原有风味。

6. 干制品保质期缩短

干制品若密封包装不严,遇湿热环境,极易吸潮,产品内部微生物生长繁殖,产生霉变。此外,害虫在自然干制期间或产品储藏期间侵入产卵,发育成为成虫,所以保质期缩短。为延长干制品保质期,通常采用控制含水量以及预防储藏期间的吸湿回潮,并辅助低温杀虫、热力杀虫及化学熏蒸剂等方法进行杀虫。

7. 干燥率低

原料固形物含量太低,原料成熟度不够导致果蔬干制品干燥率低。干制过程中一般选择固形物含量高的品种作为原料,在干制前对原料进行烫漂处理、选择适宜成熟的原料来提高干燥率。

(四)果蔬干制品的质量标准

由于果蔬干制品具有特殊性,大多数产品没有国家统一制定的产品标准,只有生产企业参照有关标准所制定的地方企业产品标准。果蔬干制品的质量标准主要有感官指标、理化指标和微生物指标。产品不同时,其质量标准也有差别。

1. 感官指标

(1)外观　要求整齐、均匀、无碎屑、无霉变、无病虫害、无杂质。

(2)色泽　应与原有蔬菜色泽相近,色泽一致。

(3)气味　具有原有蔬菜的气味,无异味。

(4)含水量　一般水果类干制品水分含量允许值为15%～20%,最高可达24%～25%;蔬菜类干制品易腐坏,除甜瓜、胡萝卜、马铃薯等干制品的含水量可稍高外,其他都应低于6%,才能有良好的保藏性。

2. 理化指标

果蔬干制品的理化指标如表8.4所示。

表8.4　果蔬干制品的理化指标

项目	指标
砷/(mg/kg)	≤0.5
铅/(mg/kg)	≤0.2
镉/(mg/kg)	≤0.05
汞/(mg/kg)	≤0.01
亚硝酸盐/(mg/kg)	≤0.01
亚硫酸盐/(mg/kg)	≤100

3.微生物指标

果蔬干制品的微生物指标如表8.5所示。

表 8.5　果蔬干制品的微生物指标

项目	指标
细菌总数/（cfu/mL）	NY5184—2002 无公害食品脱水水果蔬菜标准化
大肠菌群/（MPN/100 mL）	

任务二　粮油制品的安全与质量控制

一、面包的安全与质量控制

（一）面包的定义及分类

1.定义

面包是一种经过发酵的烘焙食品,是由面粉、酵母和其他辅助材料如食用油脂、糖、鸡蛋、盐等调制成面团,再经过搅拌、发酵、整形、醒发、烘烤等程序制成的组织松软的方便食品。

面包的品种繁多:按用途分为主食面包和点心面包;按口味分为甜面包和咸面包;按柔软度分为硬式面包和软式面包;按成型方法分为普通面包和花色面包;按配料不同分为水果面包、椰蓉面包、巧克力面包、全麦面包、奶油面包、鸡蛋面包等。

2.分类

面包的种类繁多,其配方和加工技术基本相似,可按产地、形状和口味分类。面包的分类主要包括以下几种。

（1）软式面包　我国生产的面包大部分属于软式面包。此外,大部分亚洲和美洲国家生产的面包,如著名的汉堡包、三明治、热狗等面包也属于软式面包。

（2）硬式面包　硬式面包也称欧洲式面包或大陆式传统面包,如法国面包、英国面包、荷兰面包、维也纳面包及俄国生产的大列巴。

（3）起酥面包　起酥面包制作时,在面团中加入奶油,进行反复折叠和压片,再用油脂将面团分层,产生清晰的层次,其口感酥松、层次清晰,成为最受消费者喜爱的面包之一。

（4）调理面包　调理面包是烤制成熟前或后在面包胚表面或内部添加奶油、人造奶油、可可、蛋白、果酱等的面包,其最大的特色是符合中国人特有的口味,具有色、香、味俱全的特点。

此外,按照加工和配料特点,面包可分为软式面包、硬式面包、听型面包、果子面包、快餐面包等。

（二）面包的安全与质量问题

面包是通过微生物的发酵作用而制成的烘焙食品。影响面包质量的因素有很多，在生产过程中经常会出现一些质量问题。要加工出高质量的面包产品，必须掌握造成面包质量下降的各种原因及改善、提高面包质量的各种措施和方法。

1. 面包的外观质量问题及原因

（1）表皮龟裂　造成面包表皮龟裂的原因：面包出炉后冷却太快；面包未进炉前已结皮；醒发室温度过高；面包烘烤温度太低；面包入炉后上火温度太高；面团发酵不足或过度，老面团、面粉中淀粉酶活性低等。

（2）面包体积小　造成面包体积小的原因很多，如：酵母储存过久或温度太高、用量不足或酵母食物用量过多、调配不适当、冷冻酵母使用时没有完全解冻、活化酵母的水太热或太冷、水质过硬或过软、使用了碱性水或水中含硫黄；牛奶用量太多或酸含量太高；面团盐、糖用量较多；油脂用量太多或太少；使用了新磨的面粉或面粉储存过久、筋度过小或太强、面粉的拌和不适当；搅拌时面团量太多或太少，搅拌不足或过度，搅拌速度太快，发酵过久，温度太高或太低，面团太软或过硬；中间醒发时间不足或时间过久；面团整形不当，整形时温度降低，醒发整形时面团结皮，面团发酵的空间不适当；最后醒发时间不足，最后醒发室温度太低，湿度过低或过高；装烤盘时烤盘温度过低或过高，装盘的面团量不足，烤盘涂油过多；烤炉操作不当，炉内太热，蒸汽压过大或蒸汽不足等。

（3）面包体积过大　造成面包体积过大的原因：使用的面粉种类不当；用盐量不足；最后醒发时间太久；面团稍微发酵过度；整形不当；烤盘内放置太多的面团；烤炉内温度过低。

（4）面包表皮颜色太深或太浅　面包表皮颜色太深的原因：糖、牛奶用量过多；面团搅拌过度，发酵时间太短；最后醒发室湿度太高；烤炉温度太高，炉内上火太大，烘烤过度等。面包表皮颜色太浅的原因：水质硬度过低；糖、奶粉用量少；面粉贮放时间过长；淀粉酶活性不足；酵母食物、浮粉用量太多；中间醒发时间太长；最后醒发室湿度过低；面团发酵过度；烤炉温度太低，炉内上火不足，烘烤时间短等。

（5）表皮有气泡　面包表皮有气泡的原因：面团太软，发酵不足，搅拌过度；最后醒发室湿度太大；烤炉操作不当，炉内上火太大等。

（6）面包表皮太厚　面包表皮太厚的原因：油脂、糖、牛奶用量不足；酵母食物用量太多；缺乏淀粉酶；面粉筋度太强；面团发酵过久，机械损伤过度，搅拌不适当；最后醒发温度不适当，醒发室湿度太低或太高；烤盘温度太高或太低，盘内的面团量不足，涂油太多；烤炉温度、湿度太低，烘烤过度等。

（7）面包上部形成硬壳　面包上部形成硬壳的原因：面粉筋度太低，缺少淀粉酶，使用了新磨的面；面团太硬；中间醒发室内湿度太低；最后醒发时间不足；烤炉的底火太高，炉内缺少蒸汽。

（8）面包缺少胀痕　面包缺少胀痕的原因：调制面团时使用了软水；酵母食物过量；面团太软，发酵时间太短或太长；面粉粉质太差，淀粉含量太多；最后醒发时间太长，醒发室温度太高，湿度太低或太高；烤炉温度太高，炉内缺少水分等。

（9）表皮韧性大　表皮韧性大的原因：面粉品质差筋度低或筋度太强；配方成分较

低;面团的机械损伤太大,使用了老面团,发酵时间太短;最后醒发时间太长,醒发室温度太高,湿度太低或太高;烤炉温度太高,炉内缺少水分等。

(10)面包顶部扁平及边角尖锐   面包顶部扁平及边角尖锐的原因:使用了新磨制的面粉;面团太软,搅拌过度造成面团的机械损伤性太大,面团内盐用量太多,发酵时间短;中间醒发箱湿度太大。

(11)面包的形状不良,外观不干净   面包的形状不良的原因:面团整形,装盘不当;最后醒发过度;烤盘小面团太多。面包外观不干净的原因:面包架、手套、烤盘、工作台及机器等不干净;操作人员不小心等。

(12)面包边发白   面包边发白的原因:新烤盘未经适当处理,烤盘太热,使用了不锈钢烤盘;烘烤时闪热,下火太小,烤盘位置不当等。

(13)面包边凹入   面包边凹入的原因:酵母食物用量较多;面团发酵过度;最后醒发时间太长;新烤盘未经适当处理,烤盘太厚,盘内涂油太多,烤盘与烤盘之间距离太近;烤炉下火太小等。

(14)面包表皮缺少光泽   面包表皮缺少光泽的原因:盐用量太少;酵母食物太多;使用了老面团;最后醒发室温度太高;烤炉温度太低,炉内缺少蒸汽或使用了高压蒸汽等。

(15)面包表皮有不良斑点   面包表皮有不良斑点的原因:使用乳粉时没有溶解;原材料没有适当的拌匀;最后醒发室内水蒸气凝结成水滴;未烘烤前面包上有糖;烤炉的水蒸气管流出水等。

2. 面包的内部质量问题及原因

(1)面包内部灰白色面无光泽   面包内部灰白色面无光泽的原因:面粉品质差,过度的漂白;酵母食物用量太多;面团搅拌过久,发酵时间太长;最后醒发时间较长;使用了太热的烤盘,烤盘内涂油太多;烤炉温度低等。

(2)面包内部有硬质条纹   面包内部有硬质条纹的原因:酵母食物用量较多,干性材料没有充分拌匀;面粉没有筛匀,搅拌不适当;面团过软或过硬,没有适当的搅拌,整形时压条部分没有适当调整;种子面团或主面团发酵时表面结皮,搅拌时没有充分拌匀;整形时撒粉太多,撒的品质不好;中间醒发时面团表面结皮,醒发室的温度太高;面团发酵槽涂油太多,整形机调整不当,分割机用油太多;烘焙操作不小心等。

(3)面包内部颗粒粗大   面包内部颗粒粗大的原因:水质硬度太大或使用了碱性水;乳粉的品质差;面粉筋度低;淀粉酶用量过多或不足;酵母用量较少;面团太软或太硬,发酵时间太长或不足;中间醒发时间较长;最后醒发时间太长,醒发室温度和湿度太高;整形不当;面团小;烤盘大或烤盘温度太高;烤炉温度太低,烘烤操作不当。

(4)面包组织不良   面包组织不良的原因:水的硬度太大,使用了碱性水;牛乳未经处理;油脂、酵母用量少;使用了新磨的面粉,面粉的筋度低;种子面团与主面团搅拌时没有充分拌匀,发酵时表面结皮;面团太软或太硬,搅拌不当,面团的机械破坏太大,发酵不足或发酵时间太长,放烤盘时没有放好;中间醒发时间太长,醒发时面团表面结皮;最后醒发室温度或湿度太高,醒发时间太长或不足;发酵槽、分割机涂油太多;整形不当;面团小,烤盘大或烤盘太热;烤炉温度太低,烘烤操作不当等。

(5)面包风味及口感不良   面包风味及口感不良的原因:原材料品质不好,已变味,掺杂了其他不良物品；油脂的品质不良；防腐剂使用过量；配方比例不平衡,盐的用量太多或太少,面粉、盐、糖、牛奶储存不良；酵母用量太多；使用不良的装饰材料及蛋水；香料使用过量或使用的香料不好；使用了软水或碱性水；面团搅拌不正确,发酵时间太长或不足；种子面团或主面团发酵时靠近热源；中间醒发时间过长；最后醒发时间太长,醒发室湿度、温度不正确；面包感染黏状菌、已老化或已发霉；整形设备、烤盘、架子及面包冷却的环境不卫生；涂油刷子、包装箱、展示贮放产品的橱柜、发酵槽、运输车辆、烤炉内部、切片机及包装设备不干净；烤盘太热,没有充分清洗干净,使用了酸败油涂烤盘；面包烘焙不足或表面烤焦；烤炉的情况不好,温度太低；包装容器储藏不当,面包未冷却至适当温度即包装等。

(6)面包内部有孔洞　　面包内部有孔洞的原因:酵母用量太多,盐用量少；搅拌时油脂添加不当,油脂太硬；水质太硬或太软,碱度太高；使用了新磨的面粉,面粉筋度太强或筋度低,面粉已结块或湿度太大,面粉搅拌不适当；缺少淀粉酶或淀粉酶活力过强；种子面团或主面团于发酵时靠近热源,搅拌时没有充分拌匀,表面结皮；面团太软或太硬,发酵时间太长,搅拌时间太长或不足,搅拌速度太快,机械性损伤大,整形时压紧部分没有调好；中间醒发时间太长或不足；此外,醒发室湿度太大,温度太低或太高,醒发时间太长,都可导致面包内部孔洞；发酵槽涂油太多,整形机调整不当,分割机用油太多,整形机的滚轴情况不良,滚轴太热；撒粉量太多；面团小烤盘大,烤盘温度太高;烘焙操作不当,烤炉温度过低等。

3.面包的储存质量问题及原因

(1)面包的储存性差　　面包的储存性差的原因:糖用量太少,油脂用量不足,奶粉用量少,使用的牛乳酸度太高；面粉品质低劣,储存时间过长,淀粉酶作用太强；种子面团没有充分拌匀;面团太软或太硬,发酵时间太长或不足,面团搅拌不适当,机械性损伤过度；中间醒发时间太长,醒发室的湿度不当；最后醒发室太热,醒发时间太长；天气过于干燥；整形不当;烤盘太大而面团太少；烘烤时间过长,烤炉温度太低或炉内缺少蒸汽；面包冷却条件不良；包装不良或没有包装,面包太热即包装或出炉后冷却过长再包装;面包发霉;储存条件不良;运输车没有适当的隔绝设备等。

(2)面包内有黏状菌　　面包内有黏状菌的主要原因:原材料内有细菌;工作环境卫生未达标;面包没烤熟;冷却不彻底等。

(3)面包易于发霉　　面包易于发霉的原因:面包冷却不适当;所使用的的工具感染霉菌;包装机已受污染,包装及切片设备不卫生;储存环境不良;受退货陈面包的污染;运输容器不卫生等。

4.面包的面团发酵质量问题及原因

(1)面团发酵太慢　　面团发酵太慢的原因:盐、糖、油脂、牛乳用量太多,酵母食物用量少;使用了冷冻酵母或活力低的酵母;溶解酵母的水太热;酵母与盐、油脂一起搅拌;水温太低,水的硬度太高,使用了碱水;面粉温度太低;发酵时间太短,发酵室温度太低;种子面团或主面团太硬;面团搅拌前没溶解,搅拌不足,面团温度太低;面小,发酵槽大;整形机械温度低;烤盘温度低等。

(2)面团发酵太快　　面团发酵太快的原因:酵母用量少,盐用量少;使用了软水;麦芽糖用量太多,面粉筋度太低,淀粉酶活力太高;种子面团或主面团加入酸性材料过多;面团太软,面团翻面不当,温度太高,搅拌过度;使用太热的发酵槽,发酵室温度太高;室内温度太高;面团大,整形设备太小等。

（3）面团发黏　面团发黏的主要原因:面粉筋度低,使用了新磨制的面粉,淀粉酶含量太多;面团太软,面团发酵不足或发酵过度,机械损失大,搅拌不适当等。

（三）面包的质量标准

1. 面包的感官质量标准

（1）外观质量标准　面包的外观检查内容包括重量、体积、形态、色泽、杂质和包装6个方面。

1）重量　用1 000 g托盘天平称量,10个面包的总重量不该高于或低于规定重量的10%。

2）体积　以cm^3为单位,听子面包以长×高×宽计算其体积。圆形面包以高与直径计算其体积。其体积应符合标准中的规定。

3）形态　听子面包两头应同样大小,圆形面包的外形应圆整,形态端正,不摊架成饼状。

4）色泽　按照标准色样比较,有光泽,不焦不生,不发白,无斑点。

5）杂质　表面清洁,四周和底部无油污和杂质。

（2）内部质量标准　面包的内部质量感官检查主要包括检查内部组织及口味,具体方法与要求如下所述。

1）内部组织　用刀横断切开,面包的蜂窝细密均匀,无大孔洞,蜂窝壁薄而透明度好。富有弹性,瓤色洁白,撕开成片。带有果料的面包,果料分布要均匀。

2）口味　面包口感柔软,有酵母特有的酒醇香味,无酸味或其他异味。

2. 面包卫生质量标准

（1）理化指标　面包的理化指标如表8.6所示。

表8.6　面包的理化指标

项目	指标
酸价(以脂肪计)/(mg_{KOH}/g)	≤5
过氧化值(以脂肪计)/(g/100 g)	≤0.25
总砷(以As计)/(mg/kg)	≤0.5
铅(以Pb计)/(mg/kg)	≤0.5
黄曲霉毒素 B_1/(g/kg)	≤5

（2）微生物指标　面包的微生物指标如表8.7所示。

表 8.7　面包的微生物指标

项目	指标	
	热加工	冷加工
菌落总数/(cfu/g)	≤1 500	≤10 000
大肠菌群/(MPN/100 g)	≤30	≤300
霉菌/(cfu/g)	≤100	≤150
致病菌	不得检出	

二、速冻水饺的安全与质量控制

(一)速冻水饺的定义及分类

(1)速冻水饺的定义　水饺是我国的特色传统食品,不但营养丰富、适口性好,而且可以当主食食用,因而深受人们的喜爱。随着速冻食品业的兴起和不断发展,速冻水饺已成为国内许多速冻食品生产家的主打产品之一,在非发酵型速冻面食产品中,速冻水饺占了较大的份额,目前国内速冻方便食品市场上,水饺占冷冻调理食品的 1/3 左右,在人们生活节奏日益加快的今天,速冻水饺以其方便、可口、营养丰富的特征成为消费量最大的冷冻调理食品之一。

(2)速冻水饺的分类　速冻水饺的种类以其馅料的组成不同而多样,目前我国市场上常见的主要有白菜猪肉馅水饺、韭菜猪肉馅水饺和三鲜馅水饺等。

(二)速冻水饺的加工

1. 原料的预处理

饺子是含馅的食品,饺子馅的原料可以是蔬菜和肉,原料处理的好坏与产品质量关系密切。

(1)蔬菜的预处理　洗菜工序是饺子馅加工的第一道工序,洗菜工序控制的好坏,将直接影响后续工序,特别是对产品卫生质量更为重要。因此洗菜时除了新鲜蔬菜要去根、坏叶、老叶,削掉霉烂部分外,更主要的是要用流动水冲洗,一般至少冲洗 3 次,复洗时要用流动水,以便清洗干净。切菜的目的是将颗粒大、个体长的蔬菜切成符合馅料需要的细碎状。从产品食用口感方面讲,菜切的粗一些好,一般人们较喜欢食用的蔬菜长度在 6 mm 以上,但蔬菜的长度太长不仅制作的馅料无法成型,且手工包制时饺子皮也容易破口;如果是采用机器包制,馅料太粗,容易造成堵塞,在成型过程中就表现为不出馅或出馅不均匀,所形成的水饺就会呈扁平馅少或馅太多而破裂,严重影响水饺的感官质量;如果菜切的太细,虽有利于成型,但食用口感不好,会有很烂的感觉,或者说没有咬劲,消费者不能接受。一般机器加工的饺子适合的菜类颗粒为 3~5 mm,手工包制时颗粒可以略微大一点。

脱水程度控制得如何,与馅类的加工质量关系很大,也是菜类处理工序中必不可少的工艺,尤其是对水分含量较高的蔬菜,如地瓜、洋葱、包菜、雪菜、白菜、冬瓜、新鲜野菜等,各种菜的脱水率还要根据季节、天气和存放时间的不同而有所区别,春夏两季的蔬菜水分要比秋冬两季的蔬菜略高,雨水时期采摘的蔬菜水分较高。实际生产中很容易被忽略的因素就是采摘后存放时间的长短,存放时间长了,会自然干耗脱水,一般春季干旱时期各种蔬菜的脱水率可以控制在15%～17%。一个简单的判断方法就是采用手挤压的方式,即将脱水后的菜抓在手里,用力捏,如果稍微有一些水从手指缝中流出来,说明脱水率已控制良好。

某些情况下,蔬菜需要漂烫,漂烫时将水烧开,把处理干净的蔬菜倒入容器内,将菜完全淹没,入容器时开始计时,30 s左右立即将菜从容器中取出,用凉水快速冷却,要求凉水换三遍以防止菜叶变黄。严禁长时间把菜在热水中热烫,最多不超过50 s。

(2)肉类预处理 在水饺馅制作过程中,肉类的处理非常重要,如果使用鲜肉,用10 mm孔径的绞肉机绞成碎粒,反复两次,以防止肉筋的出现,注意绞肉过程中要加入适当的碎冰块;若是冻肉,可以先用切肉机将大块冻肉刨成6～8 cm薄片,再经过10 mm孔径的绞肉机硬绞成碎粒。如果肉中含水量较高,可以适当脱水,脱水率控制在20%～25%为佳。冷冻的肉糜一般不宜马上用作制馅,静置一段时间后,待肉糜充分解冻后方能使用。否则会出现肉糜没有黏性,馅料不成形和馅料失味等现象。

2. 配料

肉类要和食盐、味精、白糖、胡椒粉、酱油以及各种香精香料等先进行搅拌,主要是为了能使各种味道充分的吸收到肉类中,同时肉只有和盐搅拌才能产生黏性,因为盐分能溶解肉类中的不溶性蛋白而产生黏性,水饺馅料存在一定的黏性后,加工过程中才会有连续性,不会出现馅料不均匀,也不会在成型过程中脱水。但是也不能搅拌太久,否则肉类的颗粒性被破坏,食用时就会产生口感很烂的感觉,食用效果不好。判断搅拌时间是否适宜可以参考两个方面:首先,看肉色,肉颗粒表面有一点发白即可,不能搅拌到颗粒发白甚至都模糊了,肉色没有变化也不行。其次,还可以查看肉料的整体性,肉料在拌馅机中沿一个方向转动,如果肉馅形成一个整体而没有分散开来,且表面非常光滑并且有一定的光泽,说明搅拌还不够,肉料还没有产生黏性;如果肉料已没有任何光泽度,不再呈现一个整体,体积缩小,几乎是粘在转轴上,用手去捏时感觉柔软,且会粘手,说明搅拌时间过长。

菜类和油类需要先拌和,这点往往被人们忽略或不重视,其实这是一个相当重要和关键的工艺。肉料含有3%～5%的盐分,而菜类含水量非常高,两者混合在一起很容易使菜类吸收盐分而脱水,由此产生的后果是馅料在成型时容易出水,另外一个可能隐藏的后果是水饺在冻藏过程中容易缩水,馅料容易变干,食用时汤汁减少,干燥。如果先把菜类和油类进行拌和,油类会充分地分散在菜的表面,把菜叶充分包起来,这样产品在冷冻、冷藏过程中,菜类的水分不容易分离出来,即油珠对菜中的水分起了保护作用。而当水饺食用前水煮时,油珠因为受热会完全分散开来,消除了对菜类水分的保护作用,菜中的水分又充分分离出来,这样煮出来的水饺食用起来多汤多汁,口感最佳。

影响打馅质量的因素很多,关键要控制好以下三个方面。

搅拌速度的控制:按照产品配方计算出各种原辅料数量,准确称量各种按照指定工艺加工过的原辅料,倒入搅拌机中,先慢搅5 min左右,然后快速搅拌8 min左右,加入适量水,进行第二次搅拌,搅拌时间比第一次延长 5 min 左右,制得的馅料有一定的黏度,外观没有明显的肥膘。

植物油的添加时间:植物油的最佳添加时间在加菜中间或之后尽快加入,并尽可能将油均匀撒在菜上。

制备好的馅料要在 30 min 内发往包制生产线使用。

3. 面团的调制

制作水饺的面粉要求灰分低、蛋白质质量好。一般要求面粉的湿面筋含量在 28% ~ 40%。搅拌是制作面皮的最主要的工序,这道工序掌握的好坏不但直接影响到成型是否顺利,还影响到水饺是否耐煮,是否有弹性(Q 性),冷冻保藏期间是否会发裂。为了增加制得的面皮的 Q 性,要充分利用面粉中的蛋白质,要使这部分少量蛋白质充分溶解出来,为此在搅拌面粉时添加少量食盐,食盐添加量一般为面粉量的 1%,添加时要把食盐先溶解于水中,添加量常为面粉量的 38% ~ 40%,在搅拌过程中,用水要分 2 ~ 3 次添加,搅拌时间与和面机的转速有关,转速快的搅拌时间可以短些,转速慢的搅拌时间要长。搅拌时间是否适宜,可以用一种比较简单的感官方法判定:搅拌好的面皮有很好的筋性,用手拿取一小撮,用食指和拇指捏住小面团的两端,轻轻地向下上和两边拉延,使面团慢慢变薄,如果面团伸的很薄,透明,不会断裂,说明该面团搅拌的刚好;如果面团伸不开,容易断裂或表面很粗糙会粘手,说明该面团搅拌的不够,用于成型时,水饺表皮不光滑,有粗糙颗粒感,容易从中间断开,破饺率高。当然,面皮也不能搅拌的太久,如果到发热变软,面筋也会因面皮轻微发酵而降低筋度。压延的目的是把皮料中的空气赶走,饺子皮更加光华美观,成型时更易于割皮。如果没有压延,皮料有大块的面团,分割不易。

计算每次面粉、食盐和食用碱的投料量,准确称量好面粉和小料,先倒入和面机内干搅 3 ~ 4 min,使各种原料均匀混合,再按照投入干粉的总量加水。加水量计算方法为:室温在 20 ℃以上时加水量为干粉量的 38% ~ 40%(根据实践经验,通常加工第一批面粉时,加水量可以比计算量减少大约 1 kg,以后在打面时加水量可恢复为实际计算量)。当室温在 20 ℃以下时,加水量为干粉量的 45%。要求将计算好的加水量一次性加入。不同批次面粉的加水量不一定完全相同,要根据实验所得的结果进行计算每次的加水量。另外,盐的加入量为面粉量的 1% 左右,添加时先把食盐溶于水中。搅拌完毕后面团要静置 2 ~ 4 h,使它回软,有韧性。

4. 饺子面皮的辊压成型

用于生产水饺的面粉最主要的质量要求是湿面筋含量,因此,并不是所有的面粉都适合生产水饺。另外,不同厂家对面粉的白度也有不同的要求,一般要求面粉的湿面筋含量为 28% ~ 30%,面筋是形成面皮筋力的最主要的因素,制作的面皮若筋力不佳,在成型时水饺容易破裂、增加废品率,进而增加加工成本。

如果面皮的辊压成型工序控制条件不合适,制得的饺子水煮后,可能会导致饺子皮气泡或饺子破肚率增高等质量问题。目前工业制得的饺子皮的厚度均匀,而手工加工的饺子皮具有中间厚、周围薄的特点,因此手工加工的饺子口感好,且不容易煮烂。调制好的面团经过 4 ~ 5 道压延,就可以得到厚度符合要求的饺子面皮,整张面皮厚度约为

2 mm,经过第一道辊压后面皮厚度约为 15 mm,第二道辊压后面皮厚度约为 7 mm,第三道辊压后面皮厚度约为 4 mm,第四道辊压面皮厚度约为 2 mm。第四道辊压时用的面扑为玉米淀粉和糯米粉混合得到的面扑(玉米淀粉∶糯米淀粉=1∶1)。第三道压延工序所用的面扑均与和面时所用的面粉相同。

5. 饺子的成型(包制)

馅料和皮料加工完成后,接下来就是饺子成型工序了,如果是手工包制,一定要对生产工人的包制手法进行统一培训,以保证产品外形的一致。同时该工序是工人直接接触食品阶段,因此除了进入车间进行常规的消毒以外,同时还应该加强车间和生产用具的消毒,手工包制车间人员多,为了保证食品的安全,要定期对车间换气通道出口的空气进行卫生指标的检验。

如果用水饺机包制,成型出的水饺外观和质量自然就一样,但成型时有几个要点需要注意:首先,要调节好皮速,皮速过快会使成型出的水饺产生痕纹,且皮很厚;如果皮速慢了,成行出的水饺容易在后脚断开,也就是通常所说的缺角,因此调节皮速是水饺成型时首先要考虑的关键工作。调节皮速的技巧是关上机头,关闭馅料口或不添加馅料,先让空皮形成一些水饺,此时可能会因为皮料空心管中没有空气,出现瘪管,空皮饺形不出来,这时也可以在机头前的皮料管上用尖器迅速地捅一个小洞,让空气进入,这样皮料管会重新鼓起,得到合适的外观和稳定的质量时,皮速才算调好。其次,要调节好机头的撒粉量,水饺成型时由于皮料经过绞纹龙绞旋后,面皮会发热发黏,经过模头压模时,水饺会随着模头向上滚动,滚到刮刀时会产生破饺,因此需要在机头上方放适量的撒粉,撒粉的目的是缓和面皮的黏性,通常可以用玉米淀粉。撒粉量不是越多越好,如果撒粉太多,经过速冻、包装后,水饺表面的撒粉就容易潮解,而使水饺表面发黏影响产品外观。调整好饺子成型机首先把馅料调至每 5 只重 30 g±5 g,然后调节供馅开关使包出的饺子饱满,每 5 只饺子质量为 80 g±4 g。一般每个饺子重 18~20 g,馅心占 60%,面皮占 40%。

6. 速冻

对于速冻调理食品来说,要把食品原有的色香味保持得较好,速冻工艺条件控制至关重要。原则上要求低温、短时、快速,使水饺以最快的速度通过最大冰晶生成带,中心温度要在短时间达到−15 ℃。在速冻过程中,工艺条件控制不好的现象有以下几个。

(1)速冻隧道冻结温度还没有达到−20 ℃以下就把水饺放入速冻隧道,这样就不会在短时间内通过最大冰晶生成带,因此不是速冻而是缓冻。

(2)温度在整个冻结过程中达不到−30 ℃,有的小厂家根本没有速冻设备,甚至急冻间都没有,只能在冰柜里冻结,这种条件冻结出来的水饺很容易解冻,而且中心馅料根本达不到速冻食品的要求,容易变质。

(3)生产出的水饺没有及时放入速冻车间,在生产车间放置的时间太长,馅料中的盐分水汁已经渗透到了皮料中,使皮料变软,变扁变塌,这样的水饺经过速冻后最容易发黑,外观也不好。

(4)隧道前段冷冻温度不能过低或风速太大,否则会造成水饺进入后因温差太大,而导致表面迅速冻结变硬,内部冻结时体积变化表皮不能提供更多的退让空间而出现裂纹。

（5）通过实验确定速冻水饺在速冻隧道中的停留时间，速度过快不能达到速冻的目的，停留时间过长会影响产量。包制好的水饺要尽快进入速冻隧道，速冻 30 min 左右，使饺子中心温度达 -18 ℃ 即可。速冻隧道温度要求低于 -35 ~ 45 ℃，冻结时间为 15 ~ 30 min，完成速冻后的产品要求表面坚硬、无发软现象。必要时可在速冻水饺表面喷洒维生素 C 水溶液，可以对水饺表面的冰膜起到保护作用，防止饺子龟裂，形成冰晶微细，减少面粉老化现象。

（三）速冻饺子常见的问题及原因

由于技术、设备、用料及定位的原因，不同的厂家反映的问题也不一样。一般来说，小厂家设备落后，技术力量差，原料不稳定，他们反映最多的常常是冻裂问题，较高的冻裂率直接造成了成本的大幅上升，依他们的力量尚无暇顾及其他方面的问题。中型厂家大多经过了一定的技术和市场的考验，冻裂问题基本能够自行调整解决，但和大厂相比，饺子的外观特别是色泽常常还存在一定的差距，"货卖一张皮"，白亮光洁的外观是生产企业努力追求的目标。对于大型速冻厂，虽然有较好的设备，较强的技术力量，但饺子的制作关联到许多方面的知识，像面粉、肉、菜、调味料、机械加工及冷冻等方面，一般人难以全面掌握，对于生产者来说，大部分的问题经过努力能够解决，饺子皮的咬劲、光滑度、耐煮、耐泡性和馅的口感常常成为更关注的问题。

1. 速冻饺子开裂的主要原因

速冻饺子开裂的原因很多，从根本上来讲，主要有胀裂和干裂两种，胀裂是指饺子中水分结冰，体积膨胀造成的面皮开裂；干裂是指水饺皮表面水分挥发过快，干耗损失过大，饺皮不均匀收缩而引起的开裂。具体的来说有以下几点。

（1）面粉原因：面粉筋力太强（麦谷蛋白偏高）或筋力太糟（陈化等），抗延比异常，或粉路的搭配不适于生产饺子粉。

（2）制皮原因：面团和的不到位或过度打面，面筋网络形成不佳。

（3）速冻原因：速冻温度太高，或制冷量太小，达不到速冻要求；循环风太大，速冻时间过长，或速冻设备内湿度过低，导致饺皮失水过多；能量传递不均匀，局部温度升、降过快或局部产生大的冰晶等。

（4）馅的原因：馅中游离水的含量过高；使用吸水性能差的肉，或菜的处理方法不恰当，又或是肥、瘦肉的配比及含量不合适等。

（5）其他原因：①饺子的皮馅比一般在 1∶1 ~ 1∶1.5，皮太薄时易冻裂；②包制饺子的手法不好，饺子皮局部变形、变薄，或应力集中时易冻裂；③饺子速冻时的品温过高，或速冻前后的温差过大等。

总之，饺子的冻裂很大程度上与冰的结晶和水分的挥发有关系，在生产上可以通过工艺的调整，原材料的选取以及改良剂的添加来解决，在改良剂的选取方面应主要考虑能改变冰晶形成和冰点温度，以及保水和帮助面筋形成的改良剂。

2. 速冻水饺色泽不好的原因

速冻水饺厂家经常会遇到冻出的饺子白度、亮度不好，甚至颜色发青、发乌、偏红等现象，造成这样的原因也很多。

（1）面粉取粉部位不合适，面粉本身色泽不好，或所用原粮有问题。

（2）返色，褐变：①面团中的酪氨酸及酚类在多酚氧化酶等的催化下生成邻苯醌的聚合物使颜色变深；②面团中某些化合物的自由氨基与一些化合物的羰基发生缩合反应（美拉德反应的一种），产物也是褐色的物质；③碱性条件下类黄酮色素的呈色反应。

（3）冻结速度和面皮的加水量也会造成速冻饺子色泽的差别等。一般来说，速冻厂家可以通过更换面粉，调整工艺（如缩短饺子包制和入速冻机前的时间）来改善这种现象，也可以通过添加辅料或改良剂来使饺子更加光洁、白亮。

3. 速冻水饺皮口感不佳的原因

一般来说，饺皮的品质和面粉的关系较大，和制作过程也有关系，面粉筋力低、质量差、弱化度大或面筋网络形成不完善、面扑的添加不合适等都易造成饺子皮没咬劲、浑汤、不耐煮、不耐泡、粘牙等；饺子皮的质量还和面粉中淀粉的糊化特性有关系，淀粉的粒径大小，支链淀粉、直链淀粉的比例，酶活性和破损淀粉含量等都对淀粉的糊化特性有影响。筋道、爽滑、耐煮、耐泡的饺皮可以通过选用质量较好的面粉来实现，但更多的是通过添加辅料和改良剂来提高饺子皮的质量，比如加入食盐、变性淀粉、生物酶复合乳化剂等。

4. 速冻水饺对原材料的选取

高品质的原材料无疑是做出高质量速冻水饺的重要保证，对于速冻厂家来说，面粉、肉、蔬菜、调味料及改良剂的选择对降低生产成本、提高速冻水饺质量有着现实的意义。

（1）速冻水饺对面粉质量的要求　速冻水饺粉一般要求用硬质率较高的小麦来加工，提取中、前粉路的粉，酶活性低，灰分要求低（0.5 左右），自然白度高，面筋含量28%~34%的中强筋粉，面粉加工精度高，破损淀粉含量低。从流变学特性来看，稳定时间>5 min，弱化度<90 Bu，135 min 延伸性>140 mm，135 min 弹性>400 Bu，降落数值400~500 s。一般来说，这样的面粉制作的速冻水饺问题较少。从微观角度来说，速冻水饺用粉的选择可以从蛋白质、淀粉、色素和酶四种成分来考虑。蛋白质是小麦面粉形成黏弹性可延伸的面团、区别于其他谷物粉的根本所在，其组成成分清蛋白、球蛋白属于生理活性蛋白质，含量较少（10%~20%），决定了面粉的营养品质，对水饺的加工影响不大；麦谷蛋白、麦胶蛋白是组成面筋主要成分，决定了面粉的加工品质；麦谷蛋白吸水率高，保水性强，是面团弹性的主要来源，它和麦胶蛋白的比例决定了面团的弹性和延伸性，水饺粉要求麦胶、麦谷蛋白在一定的比例范围内，筋力太强或太弱都不行。

淀粉是面粉的主要成分，糊化后直接影响饺子皮的口感，其中的直链淀粉结合力较强，糊化后达到最高黏度的时间较长，黏度破损值较低，含量高时制作的饺子皮柔软、口感好；一般来说，前路心磨、前路皮磨、渣磨和重筛粉的直链淀粉含量较高。破损淀粉含量高时，面团的弱化度大，饺子皮易浑汤，一般来说，心磨粉破损淀粉含量高于同级皮磨粉，后路高于前路，尾磨和吸风粉破损淀粉含量最高，水饺粉要求较低的破损淀粉含量。小麦面粉中两类主要的色素是类胡萝卜素和类黄酮，类胡萝卜素主要存在于胚乳中，易被脱色剂脱色；类黄酮色素主要含于小麦的皮层，比较稳定，不易脱色，在酸性时无色，在碱性时与铁盐共存会出现绿色或褐色，这也是许多速冻水饺厂制作饺子皮加碱时造成速冻水饺褐变的一个原因。酶含量对水饺粉的影响也较大，如 α-淀粉酶含量高时会产生过多的可溶性糊精等，使饺子皮口感发黏；蛋白酶等使面团的筋力变弱，饺子皮没有咬劲;多酚氧化酶等使饺子皮褐变、返色,所以后路粉、新麦或芽麦等酶活性含量高的小麦制作的面粉都不适于作为饺子粉使用。

(2)速冻水饺对肉、菜的选取　肉对速冻水饺的成本、口感及冻裂都有很大影响,肉的保水性按猪肉、牛肉、羊肉、禽肉次序减低。刚屠宰 1～2 h 的肉保水能力最高,经过冰冻的肉,肌肉组织和胶体结构都受到了破坏,保水性降低,保水性高的肉制作的肉馅可以多灌汤,口感好,速冻时饺皮不易开裂。同一种动物不同部位的肉保水性也不一样,像猪的前、后腿肉就比腹肉保水性好。肥肉(脂肪)热传导的速率慢,能减小馅在玻璃化转变过程中的形变,降低馅中水分结冰体积膨胀对面皮的挤压作用,减少冻裂率。因此无论从口感、防冻裂还是经济方面来考虑,肉的选取都要肥、瘦搭配,菜可根据季节和加工品种来选取新鲜的时令蔬菜。

5. 关键工艺控制及改良

(1)面团加水量的控制　"软面饺子硬面条",对于中国传统的家庭制作水饺来说,加水量一般是比较大的,在55%左右;面筋吸水较充分,包制的水饺口感软而筋,光滑不浑汤。而工业化生产的速冻水饺,首先要考虑到操作的可行性,加水量太大了易造成粘机、粘辊,加水量太小了又造成饺子的口感发硬、发脆,且不利饺子皮的保水,对于速冻水饺的内在品质也有很大的影响,速冻水饺煮后表皮易起小水泡的现象就跟速冻水饺制作时加水量少、面筋吸水不充分有关。

(2)面筋的形成、饺皮制作及面团的褐变控制　面团的和制是由和面机来完成的,速冻水饺厂家现用的有三种和面机:①卧式和面机转速较慢,对面筋的破坏作用较弱,适于和中筋粉,是目前速冻水饺厂使用最广泛,也是最实用的一种和面机。②立式和面机转速较快,一般可调速,对面筋的破坏作用中等,适于和高筋粉,现有部分速冻厂家在用。③齿状高速打面机转速较高,1～2 min 就能将面打成糊状,对面筋的破坏作用过强,目前速冻厂家极少使用。和面时将面团和光即可,面团和不到位或过度打面都会对面筋的形成有影响。一般面粉用卧式和面机和面时间 15～20 min,和好后的面团要静置醒面20 min左右,以使搅拌过程中破坏的面筋得到修复,使面筋网络的形成更加完善。然后再制皮,压延制皮的本身对于饺子皮的制作就不太适合,饺皮面团总是在同一方向上进行压延,面筋纤维沿压延方向排列成束,面筋束的这种排列使饺子皮的强度在其压延长度方向远大于压延宽度方向。制皮机首道辊的直径、压延比、压延道数和压延速度对饺子皮也有很大的影响,一般来说,首道辊的直径大、压延比小、压延道数多、压延速度慢对提高饺子皮的质量有好处。制好的面皮为了防止褐变和粘连应尽快充馅包制,并使包制好的水饺尽快进入速冻机冷冻,以减少饺子皮的返色、褐变,提高水饺的表皮白度和光亮度。

(3)肉处理、菜处理　制馅时对肉要先行加盐腌渍,因未经腌制肌肉中的蛋白质是处于非溶解状态,吸水力弱,经腌制后,由于受食盐中钠离子的作用,从非溶解状态转变成溶解状态,从而大大提高肉的吸水能力,一般来说盐、酱油、味精等调味料加入肉馅中加水或灌汤后搅拌,芝麻油等则加入斩拌处理好的菜中,然后再将二者混合。

(4)辅料和改良剂的添加　辅料和改良剂的添加是速冻水饺厂家竞争制胜的秘密武器,一般来说,速冻水饺厂家会在面片中加入变性淀粉、食盐、生物酶复合乳化剂等来提高速冻水饺的外观和整体质量,食盐的加入会使水饺皮变得筋道有咬劲,变性淀粉能使水饺的白度、透明度和口感的糯性得到提高,生物酶复合乳化剂等改良剂能从控制冰晶的形成、提高面粉筋力和爽滑度、改善耐煮耐泡性,到防止返色、褐变、改善操作性等多个方面整体提高速冻水饺的内在品质,降低冻裂率,提高附加值。

(5)充馅及速冻 饺子作为传统食品,一向讲究"皮薄馅大,外形美观",而工业化加工的速冻水饺一般较难做到皮薄馅大,皮薄则失水易开裂,馅大则冻后体积膨胀大、易胀裂;速冻水饺的皮、馅比一般为 1:1～1:1.5,机制水饺偏于 1:1,手工水饺偏向 1:1.5,充馅包制时不能只顾外形美观,而使饺皮局部变形、变薄,或应力集中。速冻时还应注意能量传递不均匀的问题,与水饺接触传热的器皿传热速率应与水饺相差不大,比如托盘应采用塑料的,不锈钢托盘传热速率太快,易造成水饺皮局部受热不均匀而开裂。

(6)蛋白质含量对速冻水饺品质的影响 蛋白质含量是影响速冻水饺品质的重要因素,这方面研究较多。主要面制食品对蛋白质含量的要求从低到高依次为糕点、饼干、馒头、面条、饺子、面包,可见,饺子仅次于面包,要求其蛋白质质量分数为 12%～14%。研究认为,小麦粉的蛋白质含量对速冻水饺的总分影响不显著,但相关系数较大,对速冻水饺的品质也有较大影响。

(7)储藏温度对水饺品质的影响 玻璃化保存理论认为,如果食品处于玻璃态,一切受扩散控制的松弛过程将被极大抑制,使得食品在较长时间处于稳定状态,食品内部受扩散控制的结晶,再结晶过程将不再进行。如果食品可以在玻璃化转变温度以下保存,就可以减缓食品内部的变化,从而延长食品的保质期,提高保存过程中的质量。

储藏和运输条件对冷冻食品的品质有很大的影响,但是储存运输过程中的温度波动有时不可避免,温度波动是影响重结晶的重要因素。出现温度波动时,速冻过程中形成的细小冰晶逐渐长大,破坏了内部结构,从而导致面制品的变质。用玻璃态转变理论可以很好地解释食品加工与储藏过程中的某些食品品质变化,并且用玻璃化转变温度和水分活度的关系,还可以预计食品的储藏期及储藏条件。

(四)速冻水饺的质量标准

1.产品外观和感官质量要求

(1)组织形态 外形完整,具有该品种应有的形态,不变形,不破损,不偏芯,表面不结霜,组织结构均匀。

(2)色泽 具有该品种应有的色泽,且均匀。

(3)滋味 具有该品种应有的滋味和香气,不得有异味。

(4)杂质 外表及内部均无杂质。

2.理化指标

速冻水饺的理化指标如表8.8所示。

表8.8 速冻水饺的理化指标

项目	肉类	含肉类	无肉类
馅料含量占净含量比例	由企业自定,应标明在销售包装上		
蛋白质/%	≥6.0	≥2.5	—
水分/%	≤65	≤70	≤60
脂肪/%	≤14	≤14	—
铅(以Pb计)/(mg/kg)	≤0.4		
砷(以As计)/(mg/kg)	≤0.5		
酸价(以脂肪计)/(mg$_{KOH}$/g)	≤3.0		
过氧化值(以脂肪计)/%	≤0.20		
挥发性盐基氮/(mg/100 g)	≤10		
食品添加剂	按GB 2760—2014有关规定执行		

(五)HACCP在速冻水饺生产中的应用

1. 速冻水饺生产危害分析

(1)生物性危害分析 生物性危害包括细菌总数、大肠菌群、致病菌、寄生虫等。原料菜在生长、采购过程中可能污染上细菌,操作工也可能被细菌污染,若细菌总数从原料加工到成品包装,受外界污染菌落总数大于100万cfu/g(SB/T 10412—2007),则细菌超标。大肠杆菌作为粪便污染指标,列入食品卫生微生物常规检测项目,多来自操作人员双手和原料。致病菌包括金黄色葡萄球菌、沙门菌、志贺氏菌、李斯特菌、空肠弯曲杆菌等。原料菜在生长过程中可能产生致病菌,操作时也可能污染致病菌,人的头发内含有金黄色葡萄球菌。寄生虫来自于原料菜。

(2)化学性危害分析 化学危害包括消毒剂、油污、润滑油、农药残留等。消毒剂可能在设施清洗、消毒过程中进入;油污可能在原料采购、运输过程中受到污染;润滑油可能是加工过程中机器渗漏进入;农药残留是蔬菜在生长过程中为杀死有害虫类对其侵害,通常对其喷洒一些农药,这些农药通过原料菜过程中养料输送进入蔬菜内部或蔬菜表面。

(3)物理性危害分析 物理性危害是食品加工全过程中进入食品中的外来物质造成的,原料菜收购过程中可能混入的金属物、泥沙、杂草、垃圾等,以及生产过程中机械设备的破损而混入的金属碎片等。

2. 速冻肉(素)水饺HACCP计划

速冻肉(素)水饺HACCP计划如表8.9所示。

表 8.9 速冻肉(素)水饺 HACCP 计划

关键控制点	显著危害	各种预防措施的关键限值	监控				纠正措施	记录	审核
			对象	方法	频率	人员			
原料肉收购	致病菌寄生虫疫病	不得检出	原料肉	送检、厂家保证	逐批	原料质检员	通过检查,不合格拒收	①填写原料保证记录表;②抽检;③外购物料检验记录	质量技术中心每周抽检一次
	兽残、农残						通过调查确定安全区域,定点采购		
	金属碎片、骨头						通过感官检查,质量不合格拒收		
菜处理	致病菌寄生虫等	最少清洗三遍	清洗次数	感官检查	逐批	菜处理质检员	检查发现不合格,重新增加清洗次数	填写菜处理监控记录表	①菜处理班长、车间主任检查每日记录;②质检中心每周抽检一次
	农药残留、重金属						农药残留、重金属CCP不得超标,否则拒收		
	金属物、泥沙、塑料片						发现不合格重新增加挑拣次数		
原料菜收购	致病菌、寄生虫等	不得检出	原料菜	感官检查	逐批	原料质检员	通过进货和菜处理控制	①填写原料保证卡记录表;②抽检;③外购物料记录表	质检中心每周抽检一次
	农药残留、重金属						通过调查确定安全区域,定点采购		
	金属、泥沙、塑料片等						通过感官检查,质量不合格拒收		
金属检测	金属物	直径小于1.5 mm金属不得存在	金属物	金属探测器	30 min/次	包装班质检	发现机器失灵,及时找维修人员维修并对已检产品重新逐袋检测	填写金属检测CCP监控记录表	包装班班长及车间主任每日检查记录

项目小结

植物性食品主要包括粮油、果蔬及其制品,其中的危害主要包括生物危害、化学危害以及物理危害。生物危害主要包括细菌性危害和霉菌性及其毒素危害;化学危害主要包括农药、各种重金属、放射性物质等;物理危害主要包括一些外来的异物,例如铁丝、玻璃、塑料、铅块、铁钉、石块等。

本项目主要介绍了果蔬汁、果蔬干制品、面包、速冻水饺等几种常见的植物性食品的分类、加工工艺、常见的安全问题、控制策略以及相应的标准。

课后测验

1. 简述果蔬汁生产的常见问题及控制方法。
2. 影响果蔬干制品质量的主要因素都有哪些?
3. 简述面包生产的常见问题及控制方法。

拓展阅读

毒饺子事件

2008 年 2 月 19 日,春节刚过的石家庄,人们还沉浸在节日的喜庆中,几乎所有的工厂都开始了年后的工作,而在位于市区东南郊的天洋食品厂,大门紧锁,整个厂区空无一人。

与这种冷清现象形成鲜明对比的是,在工厂大门外窄窄的甬道上,竟然高高低低地摆放着 20 余架摄像机,只要厂门口一有车辆和人员出入,这些“长枪短炮”马上就进入“备战状态”。

“春节前一直到现在,从大清早儿一直到天黑,总看着这二三十人在门口候着,最多的时候大概能有百余号人,好像大部分是日本媒体的记者。”厂区门口一位卖报的老人告诉《望东方周刊》。

河北省天洋食品厂十多年来一直生产专供日本的水饺产品,在日本市场占据相当大的份额。2008 年 1 月 30 日,日本某电视台在晚间新闻报道称,自 2007 年 12 月底至 2008 年 1 月 22 日,日本千叶、兵库两县 3 个家庭共有 10 人,在食用了中国河北省天洋食品厂生产的速冻水饺后,先后出现了呕吐、腹泻等中毒症状,其中一名 5 岁的女孩一度“丧失意识”。

该事件迅速将天洋食品厂推到风口浪尖,同时,日本厚生省通过中国驻日使馆向国家质检总局通报了该事件。日本方面表示,在中毒者的呕吐物和水饺包装袋中检测出了甲胺磷,这是一种有毒农用杀虫剂。

此事立即引起中国政府的高度重视,国家质检总局马上成立了专家调查组,并责成河北省出入境检验检疫局对该企业的留样产品和原辅料进行检测。1月31日上午,国家质检总局调查组紧急赶赴石家庄对该企业进行现场调查。

随后,天洋食品厂被责令停止生产,企业所有的产品被召回。中日双方的相关调查也随即开始。

"毒饺子事件"发生后,日本厚生劳动省分别向日本各都道府县政府下达通知,要求报告类似事例,同时公布了进口河北省天洋食品厂其他产品的19家公司的名称和产品名单,要求各地方政府勒令各公司停止销售这些产品,日本食品生产厂家、食品流通企业等必须暂时停止使用中国进口的食品原材料。

日本媒体的报道引起国际关注,2008年1月31日,韩国也采取行动,开始对从中国进口的水饺等食品进行清查。据韩国媒体报道,韩国有关部门官员已经同中国方面进行了核实,确认韩国没有进口与问题水饺同一品牌的产品。

资料来源《望东方周刊》2008年第2期。

思考:(1)毒水饺中出现了哪一类危害?

(2)水饺中还可能出现哪类危害? 如何来控制?

项目九
动物性食品的安全与质量控制技术

知识目标

1.通过案例学习 HACCP 在动物性食品加工中的应用。
2.熟悉 HACCP 计划的制订步骤。

能力目标

会参照案例分析制订出产品的 HACCP,并简单制订出 HACCP 计划。

素质目标

1.能够遵守动物性食品的安全与质量控制的行为规范。
2.能够具有应用科学的质量管理体系的意识。

任务一　肉制品的安全与质量控制

一、HACCP 在中式香肠生产中的应用

(一)HACCP 工作机构的组建

建立 HACCP 体系的第一步是组建小组,小组成员应由生产厂长、生产设备工程师、现场质控人员和检验员等组成,也可邀请了解潜在微生物危害、熟悉公共卫生健康的外来专家。第二步是进行培训,对 HACCP 小组成员进行 HACCP 相关知识和相关法律法规、卫生规范及卫生标准的培训,以确保 HACCP 小组成员具备建立 HACCP 食品安全保障体系的能力。另外还需对所有员工进行 HACCP 基础知识的培训,以确保所有员工能够理解和正确执行 HACCP 中设计的程序。

(二)产品说明

HACCP 工作的首要任务是对实施 HACCP 系统管理的产品进行描述,说明产品的特性、规格、销售等,包括产品的名称、成分、质量要求、标签、储存等。

（1）产品描述

1）名称　中式香肠。

2）感官　色泽——切面有光泽,肌肉呈灰红色至玫瑰红色,脂肪呈白色或微带红色,外表有光泽;香气——腊香味纯正浓郁,具有中式香肠固有的风味;滋味——滋味鲜美,咸甜适中;形态——肠衣干燥完整且紧贴肉馅,表面干爽呈现收缩后的自然皱纹。

其理化指标和微生物指标分别见表9.1和表9.2。

表9.1　中式香肠的理化指标

项目	指标
水分/(g/100 g)	≤38
氯化物(以 NaCl 计)/(g/100 g)	≤8
蛋白质/(g/100 g)	≥14
脂肪/(g/100 g)	≤55
总糖(以葡萄糖计)/(g/100 g)	≤22

表9.2　中式香肠的微生物指标

项目	指标
菌落总数/(cfu/g)	≤1 000
大肠菌群/(MPN/100 g)	≤30
致病菌	不得检出

（2）包装　复合膜真空袋真空热合包装。

（3）储存　10 ℃以下保存。

（4）销售　供应各大中城市的商场、连锁超市。

（5）产品用途及销售对象　预期用途:蒸或者煮熟后食用。预期消费者:供一般消费者食用。

（三）描绘流程图

根据实际生产情况绘制猪肉香肠加工过程流程图,如图9.1所示。

（1）原料　生肉可能携带致病菌、病毒、寄生虫及兽药残留。因此,鲜猪肉都通过屠宰场购买,在卸车过程中按5%比例随意抽取样品,并按原料肉验收检验程序检验。每一批肉都要有卖方提供的"检疫合格证明"(从周边城市购买需提供"出县境动物产品检疫合格证明""非5号病疫区证明""产品运载工具消毒证明"及要求的"卖方声明")。收到的新鲜猪肉按批号分别储存于冷库中冷却24 h以上,冷库温度0~4 ℃,然后进行分割,分割后供应加工车间。

（2）解冻、整理、清洗　根据下达的生产任务准备原料肉。把分割后的原料肉运入解冻间,整齐摆放在不锈钢的肉案子上,在上面浇水促进解冻,解冻间室温15 ℃以下,水温

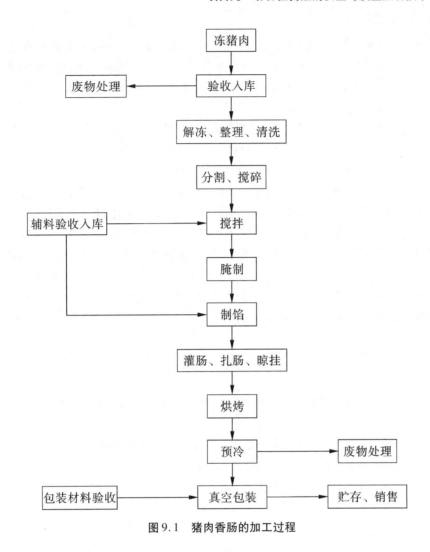

图 9.1　猪肉香肠的加工过程

为 18 ℃ 。一般浇水两次,间隔时间为 1.5 h。由解冻员负责控制解冻的程度,以使用时化开的程度七成为准。工人将解冻后的原料肉严格按照加工的有关质量要求进行整理。剔除金属杂质及不应有的下脚,将软硬脂肪分开,同时要把残留的皮、毛根、凝血、变质及氧化变黄的部分修整干净。要把残留毛、污物等去除干净。

(3)分割绞碎　解冻后的原料肉通过切肉机切成 5 cm 左右见方的肉块,肉块接入下方的料斗车,运入绞肉间。把肉块倒入绞肉机,绞肉机用的 5 mm 筛孔,肉馅用料斗车盛装。

(4)加入辅料　根据肉的重量按配方加入过筛后的食盐、白糖、白酒和亚硝酸钠。亚硝酸钠、食盐称量后用水溶解,加入时尽量使其均匀分散到肉的表面,开动搅拌机搅拌 4 min,打开搅拌机下方的出料口,定量装桶。

(5)腌制　搅拌后的肉立即推入腌肉间,用干净纱布覆盖表面防止落入杂物,腌制间温度控制在 0~4 ℃,腌制时间为 36 h。腌肉间内有温度表和干湿度计,由专人负责检查调节温度。

（6）制馅　领料员将腌制成熟的原料肉由腌制间运到制馅间，要抽样检查当日用于生产的原料肉的腌制质量，发现问题及时向质管员反映。操作前应认真检查搅拌机是否正常运行，同时查看机器内是否有异物，确定机器运行正常时方可操作。拌馅时要按照规定加水，搅拌时间为 7 min，水温 15 ℃以上。

（7）灌肠、扎肠、晾挂　肠衣工负责当日生产所需肠衣从供应部领取，经感官检查合格后，计数，在领料单上签字。整理工根据灌肠加工的要求，对肠衣要进行选择，以保证肠衣的合理利用。将不符合加工要求的花肠衣（有沙眼、变质易断的）剔除。

灌肠机操作工开机前对机器要认真仔细检查，方可投入使用。拌好的猪肉馅推入灌制间，倒入料斗内。肠衣套管工负责把整理好的肠衣，迅速准确的套在灌肠机出料口上，同时把不符合质量要求的肠衣剔除。灌制时掌握好肠陷的填充量，松紧度适当。操作工负责定量产品程序的设定，并随时检查所设定的重量是否符合要求的重量。灌肠操作时，肠衣两端控制在 15 cm 以内，避免造成人为的浪费。

打结工负责手工将灌肠按产品规格要求打结，保证肠体长度均匀一致。操作时发现灌肠不符合产品规格要求时，不得进入下一工序。操作时发现肠衣有沙眼，应及时用绳打结，其长短应符合产品规格标准。

工人负责把打好结的肠体用杆挂好，系绳时将肠衣末端残留肉馅取出，不得造成人为浪费。

（8）烘烤　猪肉香肠晾挂后送入烘烤室，烘烤室预先加热至温度 60 ℃后放入香肠，烘烤 8 h。

（9）预冷、包装　预冷时需控制温度在 15 ℃以下，防止肠内残存细菌繁重增加，同时缩短保质期。在产品包装过程中，要有效控制产品被二次污染以及室内温度过高引起的细菌大量繁殖，应严格按照操作规范和要求进行。

（10）入库　储存温度 10 ℃左右。

（四）确认流程图

HACCP 小组必须通过现场观察操作，确定制定的流程图与实际生产是否一致。流程图中列出的步骤必须在加工现场被验证。如果某一步骤被疏忽就有可能导致遗漏显著的安全危害。所有 HACCP 实施人员都要参与该流程图的确认工作。若有必要，对流程图进行调整，如改进产品配方或改变设备等，以确保流程图的准确性和完整性（应包含所有的 HACCP）。

（五）生产卫生情况调查

（1）原料肉情况

1）抽查 10 批次原料肉的"检疫合格证明"、从周边城市购买需提供"出县境动物产品检疫合格证明""非 5 号病疫区证明""产品运载工具消毒证明"及要求的"卖方声明"情况。

抽样方法：采用随机抽样，每次检查 20 个样品。

2)抽查5次原料肉的感官、理化、微生物情况

①感官检验:外形、色泽和异物;组织状态手触;气味(嗅觉检验)。煮沸后的肉汤按GB 5009.44—2016《食品安全国家标准　食品中氯化物的测定》中2.1条的规定测定。

②理化检验:挥发性盐基氮按GB 5009.228—2016《食品安全国家标准　食品中挥发性盐基氮的测定》中的规定测定;汞按GB 5009.17—2014《食品安全国家标准　食品中总汞及有机汞的测定》的规定测定;水分按GB 5009.3—2016《食品安全国家标准　食品中水分的测定》的规定测定。

③微生物检验:菌落总数按GB 4789.2—2016《食品微生物学检验　菌落总数的测定》的规定测定;大肠菌群按GB 4789.3—2016的规定测定;沙门菌按GB 4789.4—2016的规定测定;葡萄球菌按GB 4789.10—2016的规定测定。

理化检验的取样方法按GB 9695.19—2008《肉与肉制品　取样方法》;微生物检验的取样方法按GB 4789.17—2003《食品卫生微生物学检验　肉与肉制品检验》。

(2)加工过程中的微生物变化　对一批产品从原料肉开始到产品出售的各个工序进行检测,以获得菌落总数在各工序消长情况,对产品的菌落总数、大肠菌群、沙门菌、葡萄球菌进行检测,从而判断灭菌是否可以消除潜在危害。

(3)环境、机器、工具、手的含菌量

1)空气含菌量的测定方法:平板沉降法采样,将营养琼脂平板(直径为9 cm)置于采样点,打开平板盖,使平板在空气中暴露5 cm,盖上平板盖。将采样平板置于37 ℃培养24 h观察结果,计算平板上细菌菌落数。

2)手的取样方法:被检人在从事工作前,双手五指并拢,用一浸湿生理盐水棉拭子在双手指曲面,从指根到指端来回涂擦2次(一只手涂擦面积约30 cm²),然后剪去手接触部分,将棉拭子放入含10 mL无菌生理盐水的采样管内送检。

物体表面将经灭菌的内径为5 cm×5 cm的无菌规格板放在被检物体表面,用一浸湿有无菌生理盐水的棉拭子在其内涂擦5次,并随之转动棉拭子,连续采样4个规格板面积,共采集100 cm²,然后剪去手接触部分,将棉拭子放入20 mL生理盐水采样管内送检。

将每支采样管振动80次,取1 mL样液接种无菌平皿内,如污染严重,可做适当稀释后接种,每个样本平行接种两个平皿,倾注营养琼脂,摇匀并冷却后置37 ℃培养48 h,计算平板上细菌菌落总数。

(4)搅拌时间与盐和亚硝酸盐的均匀度

1)取样方法:在搅拌到4 min和6 min时停机,在搅拌机的4个不同位置取样。

2)亚硝酸盐:按GB 5009.33—2016《食品中亚硝酸盐与硝酸盐的测定方法》。

3)盐:按GB/T 9695.8—1988《肉与肉制品　氯化物含量测定》。

(5)辅料

1)微生物检验的取样方法:按GB 4789.17—2003《食品卫生微生物学检验　肉与肉制品检验》的测定方法。

2)菌落总数:按GB 4789.2—2016《食品微生物学检验　菌落总数的测定》的规定测定。

(六)卫生标准操作程序

(1)水的安全 企业使用的水源有两个:城市供应自来水及企业内地下深井水,各项指标均符合《生活饮用水卫生标准》(GB 5749—1985)。

供水设施完好,一旦损坏后立即维修,供水设施要封闭、防尘和安全,管道设计防止冷凝水下滴。生产部负责根据用水管线画出详细的供水网络图和污水排放管道分布图,以便日常的管理与维护。排污水管道、未经处理的井水管道与生活饮用水管道三者严格分开。车间内使用的软水管由无毒的材料制成,用后盘挂在专用架上或团在干净的地面,水管口不能触及地面。生产现场洗手消毒水龙头为非手动开关。

地下深井周围无污水、化粪池及其他污染源,井口应高于地面,防止地面污水倒流井,使用前经紫外线灭菌或加热处理。废水排放符合国家环保部门及防疫的规定,污水站远离生产车间。下水道应保持排水畅通,无淤积现象。车间内地沟加不锈篦子,与外界接口设有防虫装置。

供水设施的监控:企业生产部负责对供水设施的维护和日常维修,生产部派专人负责对供水设备进行检查,对于检查不符合要求的要立即维修,使供水设施处于完好状态。

(2)食品接触表面卫生 与食品直接接触的器具、设备及其他接触物手、手套等保持良好的卫生状况,无对人体有害物质。

设备及器具应采用无毒无味、抗腐蚀、不吸水、不变形的材料(如不锈钢,便于拆卸,易清洗消毒),设备不应安装在紧贴墙面的死角,应装在让机器里面与四周有足够的空间来做清洁和卫生工作。在更换设备或采购新的设备时,须和生产部协商将清洗因素考虑在内。一切直接接触产品的器具和设备的表面都要进行有效的清洗消毒。每天开工前,各班组负责人应对加工所需的一切设备、器具进行卫生检查,若卫生条件不符合,则重新清洗消毒,否则不能进行生产。

加工过程中,手、工器具必须按规定的清洗指导和频率进行操作,由各班组负责人进行监督指导。若器具、手被污染应随时清洗、消毒。

(3)交叉污染的预防 防止因物料、人员、工作用具等因素在生产过程中产生交叉污染,确保产品卫生安全。

1)防止个人卫生防护装备的交叉污染 员工配备专用的塑料围裙、袖套和一次性薄手套,半成品周转员、加料员配备厚的橡胶手套,不准私自交换或使用私自代替用品。手套如有破损及时更换。另外,坚决执行一次性薄橡胶手套更换制度,特别强调操作员工有事出车间或上厕所后重新上岗必须更换一次性薄橡胶手套,以避免交叉污染。

品管员必须在每天生产前检查这些用品,检查结果记录在"每日卫生检查表"内,不符合要求的用品不准使用。

2)防止洗手消毒设施交叉污染 培训、督导员工如何、何时进行洗手消毒。操作工人的手每4 h左右清洗消毒一次。洗手消毒程序:清水→皂液→清水消毒液、清水干手→戴手套。

清洁工负责配制洗手处消毒液,手消毒液的余氯浓度为$50×10^{-6}$以上(根据实验室的检测结果,浸手消毒时间为20 s),在手消毒槽上方表示。每2 h左右观察添加,每4 h左右更换一次。

3)防止生产设备、工器具交叉污染　如果生产设备、工器具被废水和污物污染,班组长应立即停止使用,并重新进行清洗、消毒,经品管员检查合格后方可重新开工,检查结果记录在"每日卫生检查表"内。

4)防止人员交叉污染　从事制造的操作人员需进入包装作业时,必须经卫生管理员同意,重新更衣、洗手、消毒,方准进入。加工过程中员工意外受伤或被查出患有疾病,必须马上撤离工作岗位,被伤口或血液污染的产品必须作废物处理。

5)防止原材料、半成品、成品交叉污染　内包装物料间必须与外包装间分开,内包装物料堆放要求离墙、离地20 cm。内包装间不应放置不被马上使用的包装材料。

成品要有明显标示批号、品种和最终产品名称,在正常条件下,成品不能未经包装存放,成品库只能存放成品,原料、半成品和其他产品须专用库存放,不能在成品库混放。

(4)手的清洗、消毒和卫生间设施

1)加强对手清洗、消毒的控制及卫生间设施与卫生的保持,以预防不良微生物和有害物质的传播污染。

2)车间入口处及车间内适当地点,安装足够数量的洗手、消毒设备,并配有清洁剂和消毒剂以及非手动开关的水龙头。

3)进车间时,手的清洗、消毒程序:清水→清洁剂→清水→消毒剂→清水→干手。

4)进入车间的工作人员应穿戴整齐洁净的工作服,工作人员应严格执行洗手消毒程序,确保彻底洗手消毒。

5)各使用部门、车间指定专人对洗手点进行检查,确保物品齐全;设施可用,并负责按说明配制消毒液用于补充或更换,确保消毒液浓度符合要求。

6)卫生间的位置尽可能设在离生产现场较远的地方,卫生间的门、窗不能直接开向生产加工作业区,卫生间的墙壁、地面和门窗应该用浅色、易清洗消毒、耐腐蚀、不渗水的材料建造,并配有冲水、洗手设施,防蝇设施齐全、通风良好。

7)卫生间设于生产车间外面下风口处,男女分开,配备防蚊、蝇设施(自动关闭纱门、纱窗),通风良好,下排水道畅通,蹲位足够,并保持在良好卫生和保养维护状态。

8)各使用部门、车间配制洗手消毒液时,由卫生监督员现场确认、把关,确保消毒液浓度符合要求。各车间的卫生监督员负责检查并监督工人入车间、上岗前手的清洗与消毒情况。卫生监督员每天负责对厂区各卫生间的卫生情况进行监控检查。

9)当消毒剂的浓度配制不符合规定时,应重新配制。车间卫生监督员发现不符合项应立即进行整改,发现工人清洗不到位时,应及时制止其进入生产车间,以免造成交叉污染,经整改重新确认合格后方可上岗。工人的不良卫生习惯应及时纠正。若车间的洗手、消毒设施损坏,车间负责人应及时报修,卫生监督员应对工人不正确的洗手消毒程序及时进行纠正,保证符合卫生要求。

(5)防止外部污染物造成的污染

1)污染源

①有毒化合物的污染:生产中使用的非食品级的润滑剂、润滑油;机修电焊用的燃料(氧气、乙炔、乙烷等);锅炉的燃油;扑杀虫害的杀虫剂和灭鼠剂;生产使用的清洗剂和消毒剂;部分化学品和可能的有毒烟雾等。

②卫生死角的污染：由于设备本身不够完善、设计不合理或人员操作不当产生卫生死角、冷凝水，可能造成的污染。

③其他污染：照明设备无保护装置；原辅料包装材料被污染或运输过程被污染；部分添加剂使用不当产生的污染。

2）污染的监控　加强非食品级的润滑剂、燃料、灭虫剂、清洁剂、金属类或其他化学或物理污染物的定置管理，防止其污染食品、食品接触表面或食品包装材料；灭虫专职员应对灭虫剂进行定置管理，不在生产现场存放任何灭虫剂，供应商须提供有关杀虫剂的安全使用资料，控制器具；维护保养部门使用的非食品级润滑剂、燃油、氧气、乙炔等，须在生产现场外定置存放，并加贴标示，当生产停止后，方可进入使用，维修结束后该设备应做彻底清洁及检查。

控制 CIP 操作，防止工艺卫生死角的存在；控制生产现场的湿度和温度，对冷凝水可能产生污染的要及时清理，防止冷凝水的污染。

包装车间的照明设施均须加设防爆装置，以避免玻璃碎片的污染，卫生监督员每天检查这些装置的情况，并记录在"每日卫生检查表"内。

严格把关包装材料品质，按以下要求进行监控，包装材料必须符合卫生标准且保持清洁。与产品接触的包装材料必须符合卫生规定。

按工艺要求对各原料库、辅料库及成品库的温度、湿度进行监控，保持库内清洁，定期消毒、除虫、除异味，有防霉、防鼠、防虫设施。运输原辅料的车辆清洁无异味，并符合国家有关标准。

厂区有合理的给排水系统，供水系统与排水系统间不存在交叉联结。厂区内水沟保持清洁、畅通，废水直接排入下水道，不造成地面积水，防止溢溅污染食品及食品接触表面。生产厂区与生活区分开，厂区及邻近道路铺设水泥，路面平坦，无积水，空地全面进行绿化，防止灰尘造成污染。

3）纠正措施　加强对员工的培训，纠正不正确的操作，强化良好、规范操作。对有可能受外部污染的产品进行复检和安全性评估，除有足够的证据排除污染的可能性外，严格剔除不合格品。

（6）有毒有害物品的标识、储存和使用

1）化验室经常使用的化学药品，如甲苯类、有机酸类、无机酸、碱液等。

2）常见的制冷剂，如液氨、20% ~25%酒精等。

3）清洗剂和消毒剂，如设备 CIP 的碱液（30%和低浓度）、清洗剂、消毒剂等。

4）设备润滑剂，如润滑油等。

5）食品添加剂，如偏重亚硫酸钠（抗氧化剂）等。

6）有毒有害物品的标记：所有有毒有害物品原包装必须标明名称、制造商、批准文号、容量使用，使用说明工作容器必须标明物品名称、浓度、有效期、使用说明。

企业所有有毒有害物品存放于指定的远离生产现场、设备、工器具和其他食品接触的地方，并加以明显标识。由经过培训的人员依据说明书要求进行领用、配制、使用、记录，并填写"有毒有害物品领用、使用登记表"。

企业建立所有入库的有毒有害物品一览表，领取、使用台账。仓库和各分厂、部门由经过培训的专人负责管理有毒有害物品,专房(柜)储存,领用时须进行登记,保证不对包装材料、食品、食品接触表面因喷入、滴入、排入、吸入而造成污染。使用人必须记录有毒有害物品的使用情况,做好储存台账,并由各班组专人负责督查是否正确储藏、使用、标记。如果发现有毒有害物品遗失,应立即逐级上报并进行追踪对有质疑的产品进行隔离、复检、评估,严格剔除不合格品。

(7)人员的健康与卫生的控制 员工健康卫生要求:生产员工要求身体健康,任何经医学检验或感官观察患有的疾病如伤口感染化脓、开放性损伤或带有可能污染食品、食品接触表面、包装材料的皮肤病及传染病的人员应立即离开操作岗位,直至康复才能进行生产操作。

企业制订员工健康体检计划,每年按计划至少进行一次全企业员工健康体检,必要时做临时健康检查,新招收的员工也须经体检合格后方可上岗,并设有员工健康档案。凡患有以下疾病者一律不准进入生产现场:沙门菌病感染,化脓性、渗出性皮肤病,疥疮,活动性肺炎、肝炎、志贺菌的病症感染以及其他有碍食品卫生的疾病。

每次班前会时由车间负责进行员工健康体征检查,对身体不符合健康卫生要求的员工应立即离开操作岗位,进行员工健康卫生培训,养成良好的卫生习惯。

(8)虫害的防治及控制 厂区路面无积水、无昆虫幼体生长现象,有足够排水系统,排水通畅。厂区生产现场清洁卫生,无虫害出入;清除厂区内一切可能聚集、滋生蚊蝇的场所。生产废料、垃圾及时用容器运送,做到当日废料垃圾当日消除出厂。

虫害的管理规范以及防范、监制措施:厂区环境绿化,定期清除杂草;路面用水泥铺成,平坦不积水,排水沟保持畅通。卫生清洁工每天对厂区环境进行打扫,每周开展两次全面卫生大扫除;垃圾、下脚料、旧设备、废物及玻璃碎片应由专人负责,堆放于离生产区较远的地方,及时清理出厂,减少虫害滋生,确保环境卫生良好。

办公室负责每周组织检查一次厂区环境卫生,监督厂区卫生工作,并做检查记录。办公室负责建立虫害控制计划,并遵照执行;根据季节需要及时联系消杀站进行全厂除蝇、除虫。

生产现场使用纱窗、纱网、天窗防止虫害出入;包装车间员工出入口均设有风帘或风幕;废次品及下脚料由有防蝇虫设施的通道运出车间。车间排水口配有铁丝网,防虫害出入;生产入口处设置荧光灭虫灯。每天卫生监督员检查生产现场虫害情况,并将检查结果填写在每天的卫生评审表内。日常加强保护,发现防虫害设施破损及时修补,每周由企业组织有关人员对生产现场防虫害设施进行检查。

厂区卫生间配自动关闭门、固定纱窗;排水管为封闭排污道,有足够水及水压冲污。每周两次卫生专职员对卫生间及周围喷洒灭虫药;每周对卫生间防虫设施和下水道进行一次检查,发现问题即予上报、修补。

制订捕鼠计划,绘制捕鼠网络图。车间、仓库各排水口均按防鼠要求设计,排水口用铁丝网与外部隔开,卫生员每月进行一次防鼠设施检查,发现破损即予修补。办公室每月一次对各个点的老鼠捕抓情况进行汇总、分析,根据情况随时变动、增加捕鼠点。

据实际情况,及时调整灭鼠、除虫方案,加强生产过程卫生检测和监控,对可能被污染的产品进行隔离、复检,剔除不合格品。生产现场若发现虫害应立即组织人员进行扑杀,分析虫害可能进入的路线,加强控制。

(七)危害分析

危害是指一切可能造成食品不安全消费、引起消费者疾病和伤害的生物的、化学的和物理特性的污染。危害分析是 HACCP 最重要的一环,根据对食品安全造成危害来源与性质,常划分为生物性危害、化学性危害和物理性危害。要求在危害分析中不仅要确定潜在的危害及其发生点,并且要对危害程度进行评估。确认所有加工过程每一可能出现的危害性生物性、化学性及物理性危害,并说明可用于控制这些危害点的方法。这些办法可以排除或减少危害出现,使其达到可接受水平。

肉中危害人的健康和安全的有毒有害物质有三大类:①生物类有毒有害物质,主要包括病原微生物、微生物毒素及其他生物毒素;②化学类有毒有害物质,包括残留农药、过敏物质、其他有毒有害物质如二噁英等;③物理性有害物质,主要指沙石、毛发、铁器和放射性残留等,其中以前两类有毒有害物质较为常见,危害性也较为显著。

(1)生物性危害　食品中的生物性危害主要是指生物(尤其是微生物)本身及其代谢过程对食品原料、加工过程和产品的污染,这种污染对食品消费者的健康造成危害。生物性危害可分为三种类型,即细菌、病毒和寄生虫。

细菌危害能导致食源性传染病或食物中毒。如肉毒梭菌能产生强效力的神经毒素;变形杆菌在被污染的食品中大量繁殖,如食用前未彻底加热,其产生的毒素可引起中毒;人感染沙门菌后会出现恶心、呕吐、腹痛、腹泻、发烧等症状,症状会持续 3~12 天。

病毒属专性细胞内寄生物,在食品中处于不活跃状态,也不能繁殖,但病毒可以通过粪—口途径直接或间接地传播到食品中。以食品为媒介的病毒传播能通过防止粪便污染和食用前加热食品的方法避免。

寄生虫为寄生在人体内能活动的有害生物,也是食品中重要的生物危害。原料肉中常见的寄生虫有猪囊虫、牛囊虫、旋毛虫、扁虫、绦虫和血吸虫等。寄生虫的幼虫主要通过带病的新鲜猪肉、牛肉等食物的消费侵染人体。

预防措施:对原料肉的微生物指标严格控制,生产过程中的微生物生长进行有效措施控制,务必使有害细菌、病毒、寄生虫数量减少到国家标准以下。

(2)化学性危害　食品的化学性危害是指有毒的化学物质污染食品而引起的危害。化学污染对消费者的影响分慢性和急性两种,慢性化学污染物(如汞)能在体内积累许多年而导致病变,急性如过敏性食品影响等。食品的化学性危害包括天然毒素、农药残留、兽药残留、金属、过敏性物质、有毒金属元素、增塑剂和包装迁移、添加的化学物质等。

预防措施:原料肉中有害物质严格控制,对在香肠生产加工中可能的化学污染如加工器械、包装材料进行严格管理。

(3)物理性危害　物理性危害包括各种称之为外来物质或外来颗粒。物理性危害可定义为消费产品过程中可能使人致病或致伤的食物中发现的任何非正常的物理材料。大块固体食品如肉畜屠体可用射线探测、金属探测、视觉检验、电子扫描等方法除去混入其中的物理危害物。

预防措施:供应商 HACCP 计划;使用的规格和保证书;卖方检验与认证;用磁铁筛选;分离器或过滤器处理;原料的厂内检验。

其中,在猪肉香肠的生产过程中,生物性危害是对产品质量有决定性影响的关键性危害。

(八)确定关键控制点

关键控制点是决定可被控制,使食品安全危害可以被防止、排除或减少到可以接受水平的点、步骤和过程。关键控制点(critical control point,CCP)的数量取决于产品或生产工艺的复杂性、性质和研究的范围等。通常食品加工制造过程的关键控制点包括蒸煮、冷却、特殊卫生措施、产品配方控制、交叉污染防止、操作工人及环境卫生状况等。采用关键控制点判断树(CCP decision tree)比较容易找出生产流程中的关键控制点,是HACCP执行人员常采用的判断图,要按图先后回答每一个问题。

关键控制点常常是危害介入的那一点,但也需注意远离显著危害介入点几个加工步骤以外的点,只要这些点有预防、消除或降低危害到可接受水平的措施,也属关键控制点。一种危害可由几个关键控制点来控制,若干危害也可由一个关键控制点来控制。

对流程图中每一个步骤根据危害分析的结果,按照关键控制点判断树(图5.2)依次提问来判断此步骤是否是关键控制点,形成了危害分析工作单,如表9.3所示。

表9.3　危害分析工作单

工厂名称: 工厂地址: 签名: 日期:				产品名称:猪肉香肠 储存和销售方法:常温,超市 预期用途和用户:一般消费者		
(1)配料加工步骤	(2)确定本步骤引入的、受控的或增加的潜在危害	(3)潜在的食品安全危害是显著的吗	(4)对第三栏的判断提出依据	(5)应用什么预防措施来防止显著危害		(6)此步骤是关键控制点吗(是/否)
原料肉	生物危害 细菌性病原体	是	原料肉可能带来病原菌	指令供应商提供"检疫合格证明"(从周边城市购买需提供"出县境动物产品检疫合格证明""非5号病疫区证明""产品运载工具消毒证明"),按规定进行微生物检验		是
	化学的	是	生猪体内药物残留	对进厂的原料肉按规定进行药物残留检验		
	物理的	是	金属异物引起食品不安全	对进厂的每批原料肉按规定进行感官检验		

续表9.3

	生物危害 细菌性病原体	否	SSOP 可控		
冷藏	化学的				否
	物理的				
解冻、整理、清洗	生物危害 细菌性病原体	是	温度过高能使微生物大量繁殖	用自动温控仪控制温度并定期校正	否
	化学的				
	物理的	是	合格标签残留	严格按照操作规程操作	
分割、绞碎	生物危害 细菌性病原体	否	SSOP 可控		否
	化学的	否	SSOP 可控		
	物理的				
搅拌(加辅料)	生物危害 细菌性病原体	否	SSOP 可控		否
	化学的 亚硝酸盐	是	亚硝酸盐添加过量或者不均匀	专人称量,严格计量,规定搅拌时间,在搅拌机上配自动计时装置	
	物理的杂质	是	辅料中引入	严格验收把关,提供每批次的检验报告,并进行感官验收	
腌制	生物危害 细菌性病原体	是	温度过高能使微生物大量繁殖	用自动温控仪控制温度并定期校正	否
	化学的				
	物理的				
制馅	生物危害 细菌性病原体	否	SSOP 可控		否
	化学的				
	物理的				

续表 9.3

灌肠、扎肠、晾挂	生物危害细菌性病原体	否	SSOP 可控		否
	化学的				
	物理的				
烘烤	生物危害细菌性病原体	是	温度和时间达不到，容易造成细菌残留多，危害消费者健康	控制温度、时间并记录；质量人员定期抽查	是
	化学的				
	物理的				
预冷	生物危害细菌性病原体	是	温度过高，肠内细菌残留，保质期缩短	控制温度	否
	化学的				
	物理的				
真空包装	生物危害细菌性病原体	是	二次污染、温度过高，引起细菌繁殖	SSOP 可控	否
	化学的				
	物理的				
储存	生物危害细菌性病原体	是	温度过高，引起细菌大量生长	专人控制、检查，减少库存时间	否
	化学的				
	物理的				

(九)确定每个关键点的限值

对每个关键控制点需要有对应的一个或多个参数作为关键限制值(CL)，且这些参数应能确实表明关键控制点是可控的。这些参数包括温度、时间、流速、水分含量及 A_w、盐度、有效氯浓度等，这些关键限值都有辅助证明可获得控制。基于主观决定的数据，应该有明确说明,什么是可以接受的,什么是不可以接受的。在执行计划中,生产过程的监控也可以选择一个比较严格的操作限值,它既可以充分考虑产品的消费安全性,也能最大限度地减少消费损失,弥补设备和仪器自身存在的正常误差,而且可为生产条件的瞬间变化设定一个缓冲区。

在危害分析工作单中确定了两个关键控制点,原料肉和烘烤两个工序。根据实际情况、实验结果和以往的经验对每个关键控制点确定了关键限值和操作限值,分别如表9.4、表9.5所示。

表9.4　原料肉关键限值和操作限值

项目	关键限值	操作限值
大肠菌群	≤1 000 个/100 g	≤500 个/100 g
沙门菌	不得检出	不得检出
葡萄球菌	不得检出	不得检出
检疫合格证明	有	有
出县境动物产品检疫合格证明	有	有
非5号病疫区证明	有	有
产品运载工具消毒证明	有	有
卖方声明	有	有

表9.5　烘烤关键限值和操作限值

项目	关键限值	操作限值
肠体中心温度	连续7 h≥55 ℃	连续7 h≥55 ℃
烘烤房内温度	60 ℃	60 ℃
时间	8 h	8 h

(十)建立监控程序

监控是指评估关键控制点是否在控制之中的一系列有计划的观察和测试,以及为将来核实措施所建立的准确的记录。

监控过程必须能检测出CCP控制的失误;监控必须及时提供信息用于校正操作,使控制恢复。在此以前,需将产品隔离或抛弃。监控可能是在线(如时间、温度测量)或不在线测量(如盐含量、pH值、A_w等)。在线测量可以随时提供执行情况;离线监控是离开生产线的监控;容易造成纠偏动作之前较长时间的失控状态,需引起特别注意。

来自监控过程的数据需由专门训练的人员评价,必要时采取纠偏措施。对监控的方法、步骤、频率、执行需严格规定和控制。

(1)原料肉监控　原料肉入厂后需经严格的检验方可入库。

检验项目:感官检验(填写原料评价单);理化检验、微生物检验(填写实验室报告);产品合格证,检疫合格证。

检验方法:

1)感官检验执行《原料肉的感官检验》程序。

2)理化检验:取样方法按 GB 9695.19—2008《肉与肉制品　取样方法》;检验项目和方法执行《原料肉的理化检验》程序。

3)微生物检验:取样方法按 GB 4789.17—2003《食品卫生微生物学检验　肉与肉制品检验》;检验项目和方法按照《原料肉的微生物检验》程序。

4)检查是否有检疫合格证、卖方声明等。

5)监控频率:每批肉。

(2)烘烤过程监控

1)监控对象:每小时记录的烘烤房的温度、肠体温度。

2)监控频率:每炉。

必须明确监控人员和监控责任。监控人员要及时记录监控结果,报告异常事件和 CL 值的偏离情况,以便采取加工过程调整或纠偏措施。所有的 CCP 有关记录必须有监控人员的签名,同时,在监控程序中规定审核负责人,审核人员负责对监控记录进行审核,并在审核记录上签字。监控记录必须予以保存,可以用来证明产品是在符合 HACCP 计划要求的条件下生产的,同时,为将来的验证提供必需的资料。

(十一)建立纠偏措施

当某 CCP 出现一个 CL 发生偏差时采取的行动叫纠偏行动。纠偏行动包括纠正和消除偏离的原因、重建加工控制。当出现偏差时生产的产品,应有对应措施对它们进行处理。

为了消除实际存在的或潜在的不能满足 HACCP 计划指标(关键限值)要求的可能性,需在 HACCP 中建立补救的安全措施,即在所有 CCP 上都有具体的补救措施,并以文件形式表达。

纠偏措施应包括:采用的纠偏动作受到权威部门确认;有缺陷产品能及时处理;纠偏措施实行后,CCP 一旦恢复控制,有必要对系统进行审核,防止再出现偏差;授权给操作者,当出现偏差时停止生产;保留所有不合格产品,并通知工厂质量控制人员;在特定的 CCP 失去控制时,使用经批准的可替代原工艺的备用工艺(如生产线某处出现故障,可按 GMP 法,用手工控制)。

无论采用什么纠偏措施,均应保存以下记录:被确定的偏差,保留产品的原因,保留的时间和日期,涉及的产量,产品处理和隔离,做出处理决定的人,防止偏离再发生的措施。

原料肉的纠偏行动:无产品合格证,产品检疫合格证坚决拒收,取消供货方的供货资格;大肠菌群超过操作限值但低于关键限值,原料肉可以接收但通知供货厂家下次改进;大肠菌群、致病菌有一项超过关键限值,产品拒收,通知供货厂家下次改正。

烘烤过程的纠偏行动:设定的时间内,肠体中心温度达到 55 ℃以上时间不足 7 h 的,延长相应时间。

(十二)建立记录保存程序

文件和记录的保存是有效地执行 HACCP 的基础,以书面文件证明 HACCP 系统是有效的。保存的文件应包括:说明 HACCP 系统的各种措施(手段);用于危害分析采用的数据;HACCP 执行小组会议上的报告及决议;监控方法及记录;由专门监控人员签名的监控记录;偏差及纠偏记录;审定报告及 MCP 计划表;危害分析工作表等表格。

(1)文件和记录的编号:按照《质量体系文件编号规则》编号。

(2)与 HACCP 体系有关的文件和记录由质管部在每周制定后及时整理和归档。

(3)文件和记录的分类:卫生检查记录、每月消毒审查记录、原料评价单、烘烤炉记录、实验报告为临时文件。其他文件和记录为永久性文件。

(4)文件和记录的查阅:临时文件可供给企业内部其他部门查阅,查阅时需填写文件查阅记录表,永久性文件需经保管部门负责人批准后方可查阅。查阅时不得涂改和损毁文件和记录。

(5)文件和记录的保管和处理:文件和记录由质管部负责保管,保管时要分类摆放在通风、防虫、防蛀的环境中。文件和记录在保存期满后由存档部门填写文件销毁申请单,由记录保管部门负责人批准,方可销毁。

(6)文件和记录的保存期限:临时文件至少保存 3 年;永久性文件保存 10 年以上,或者保存的文件由新的文件代替,旧文件保存期限同临时文件。

(十三)建立验证程序

审核(验证)措施是为了确保 HACCP 系统是处于准确工作状态中。审核的目的要明确:HACCP 系统是否按 HACCP 计划进行;原制订的 HACCP 计划是否适合目前实际生产过程并且有效的。审核措施应确保 CCP 的确定,监控措施和关键限值是适当的,纠偏措施是有效的。审核至少包括记录的回顾,但理想的审核应包括工厂运行的监控。

审核工作由 HACCP 执行小组负责,应特别重视监控中的频率、方法、手段或实验方法的可靠性,包括:对 HACCP 计划所采用记录(文件)的审查;纠偏和纠偏结果的评论;中间产品和终产品的微生物检查;检查 CCP 记录;现场检查 CCP 控制是否正常;不合格产品的淘汰记录;检查 HACCP 修正记录;顾客对产品消费的意见总结等。

为了证实 HACCP 质量体系的有效性,控制微生物的数量和评价原料肉的卫生情况是必需的。

审核活动按规定的程序进行,审核的重点包括:已颁布的 HACCP 计划的适用性,当原料或原料来源、加工方法等发生变化时要重新评价,发现问题应及时予以修改;检查关键控制点的监控记录、纠偏措施记录、监控仪器校正记录及成品、半成品的检验记录,这些记录是否完整规范,是否可靠;标准卫生操作程序的执行情况,对验证发现的问题需要采取纠偏措施时,应按"建立纠偏措施"相关内容进行。

二、火腿的安全与质量控制

传统发酵火腿是用带皮、骨、爪(或不带皮、骨、爪)的鲜(冻)猪后腿,经腌制、洗晒或风干、发酵加工而成的具有中国火腿特有风味的腌腊肉制品,是我国传统食品中的一个重要品种。该类产品产地主要分布在长江流域等,品种繁多,大多采用传统手工作坊式制作工艺,加工周期较长(一般在冬季选料,经过 8 ~ 12 个月的加工,夏秋季节成品上市)。按生产地域可分为南腿、北腿和云腿,其中金华火腿、宣威火腿和如皋火腿被誉为三大名腿,又以金华火腿最为著名。

近年来,国内西式肉类制品生产领域内的产品工艺和加工设备都有了大幅度的改进和提高,但一些传统发酵火腿仍处于工艺落后、设备简陋、产品质量不稳定、档次较低等状况,与西式肉制品科学的工艺流程、先进的技术装备、现代化的包装形成了鲜明的对比。以金华火腿为例,介绍 HACCP 体系在火腿的安全与质量控制中的应用有重要的意义。

(一)工艺流程

火腿的生产工艺流程如图9.2所示。

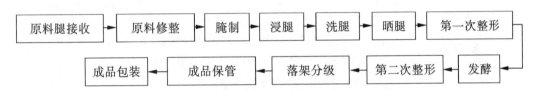

图9.2　金华火腿的生产工艺流程

(二)危害分析

1.加工过程的危害分析及预防控制

根据金华火腿的生产工艺及产品性能,对生产过程各环节进行危害分析。根据实际检测结果并查阅相关食品方面的资料与标准,确定各步骤是否存在显著危害。

(1)原料腿接收　在金华火腿类干腌火腿加工制造过程中,火腿原料腿的选择对产品质量影响很大,原料腿的差别主要有重量、色泽、硬度、水分含量、脂类的含量组成、pH值等,其中,重量是非常关键的项目之一,国外干腌火腿制作也将重量作为主要选择标准。

虽然鲜腿是金华火腿的主要原料,但由于鲜原料腿是微生物生长很好的营养物质,极易腐败变质,另外还受屠宰季节的限制,选用冻腿为原料已成为火腿企业工业化生产的必备条件。企业生产参照国家标准制定了明确的原料腿收购标准(表9.6)。原料腿中挥发性盐基氮含量直接影响到最终火腿产品的品质,挥发性盐基氮含量的不同,说明原料腿的新鲜度不一致,挥发性盐基氮含量过高会影响发酵时火腿的风味,从而造成产品风味不纯正或有异味。原料腿中兽药残留会直接影响产品安全性。原料腿中兽药残留以及重金属残留是否超标,也是影响产品安全性的重要因素。另外,原料腿温度的控制也是影响微生物繁殖的关键因素。感官是用来判定原料腿质量好坏的最直接方法,一般的感官指标要求见表9.7。

表9.6 原料腿收购标准

项目	感官指标	项目	理化指标	项目	微生物指标（操作限值）	
色泽	肌肉鲜红,脂肪洁白,皮色白润或淡黄	挥发性盐基氮/(mg/100 g)	≤20	菌落总数/(cfu/g)	≤5×10^5	
		汞(以 Hg 计)/(mg/kg)	≤0.05	大肠菌群/(MPN/100 g)	≤500	
气味	无异味	水分/%	≤77	致病菌	不得检出	

表9.7 原料腿的感官指标

项目	感官要求(冻腿应解冻后观察)
色泽	肌肉鲜红,脂肪洁白,皮色白润或淡黄
组织状态	腿心丰满,腿杆细小,皮肉完整无损,腿皮厚度≤0.35 cm,肥膘厚度(以腿头处肥膘为准)≤3.5 cm,指压后凹陷立即恢复
气味	具有新鲜猪腿固有的气味,无异味
黏度	干燥,无软化、发黏现象
煮沸后肉汤	澄清透明,脂肪团聚于表面

（2）冻藏　冻腿在储存过程中应冻结良好,不发生解冻、反复冻结现象,要求包装完整卫生,因此需要加强控制冷冻库的温度恒定情况,同时注意冷冻库的卫生状况。

（3）解冻　待解冻的原料腿采用自然解冻,经质检把关符合工艺要求的方可投料使用。原料腿送入解冻间后,有秩序地摆放到解冻架上,原料腿之间要留有空隙,利于通风。解冻区摆放的原料腿要按时间先后顺序予以编号,做到先解冻、先使用,防止解冻过度或不足。解冻间温度应控制在18 ℃±2 ℃,解冻时间控制在24 h 之内,待中心温度达到-2~4 ℃时即可投入使用。在解冻过程中,要经常查看有无解冻过度现象,杜绝原料腿发生变质。室温每2 h 测1 次,并做好记录。

（4）原料修整　修整时间的长短,修整间环境温度控制是否得当,都将影响原料微生物的繁殖速度,如果温度过高,修整时间长,则会造成微生物过快繁殖,发生变质现象;另外,修整环节还容易带入外来杂质。一般该工序通过 SSOP 可以得到有效控制,通过加工刀具和人员的严格消毒,减少交叉污染。

（5）腌制　传统腌制时间是从立冬后的小雪开始,立春或春节前结束,称为"正冬腿"。用干腌法进行腌制。根据原料腿的大小,通常要经过6~8 次的上盐过程。该过程周期长,如遇到"暖冬"或温度变化波动大的情况,极易造成细菌性病原体繁殖,一般腌制温度在10 ℃以下,才能有效抑制微生物的繁殖,因此要严格控制腌制间温度,并设立库管人员定期检查。另外,食盐、亚硝酸钠等辅料的质量及使用量的控制也是确保产品安全的重要环节,食盐、亚硝酸钠等辅料的质量应符合国家相关标准的规定。亚硝酸钠的使用要严格按照《食品添加剂使用卫生标准》(GB 2760—2014)的规定执行,并要确保添加的均匀性。

（6）浸腿、洗腿　腌制好的后腿要及时进行浸泡和清洗。采用符合卫生要求的井水或自来水进行浸泡，提倡"活水"浸泡，目的是除去表面的剩余食盐和污物。如果用水不合格（水温过高、浸泡时间过长等），则会造成产品质量下降或微生物繁殖，因此，控制浸泡水温度和时间以及水质状况非常重要，是影响发酵后期杂菌是否繁殖的关键环节。

（7）晒腿　晾晒环境影响最终成品的感官质量，一般要求晾晒场光线充足、通风良好。传统的晾晒时间冬季为 5~6 天，春季 4~5 天，但一定要晒 3~4 天的太阳，直至猪皮收缩黄亮，肉面黄亮出油为宜（如有白点要继续晒）并适时盖印。该环节可通过 SSOP 控制，提供适宜的环境，控制温湿度，保持良好的通风换气等。

（8）发酵　发酵工序是火腿形成独特风味的最关键环节，发酵间温湿度控制是否得当、不同发酵阶段温湿度的变化都将影响成品风味的形成，另外，发酵间要通风良好，不得有蚊蝇等进入，同时应避免太阳照射。传统发酵时间为 3 月至 7 月底，历时约 5 个月，湿度 70%~85%，温度从低到高逐渐过渡。

（9）包装　包装前的检查主要是挑选出表面氧化严重的次品以及排除金属等杂质进入成品，该工序是产品质量把关的最后一步，包装前产品长时间裸露，仍易受到微生物的污染，因此要控制包装间环境卫生，并注意缩短包装周期。

2. 环境和加工设备的危害分析

环境及设备用具的卫生状况是火腿直接污染的途径。通常情况下，要保持车间通风良好（需有空气过滤设施），通过紫外线照射或消毒剂（过氧乙酸）对生产车间和包装车间进行消毒处理，每天清洁地面积水并对地板消毒。排水口需有防止有害动物侵入的装置。

如果加工设备（如腌制架、浸腿池、案板、包装机等）清洗消毒不彻底，会残留油污和大量微生物，成为火腿发酵过程中不利于风味形成的主要污染源。

微生物数目的消长是随着加工工艺的不同而变化，趋势是随工艺先减少后增加，因此，加工过程中加强卫生控制非常重要。

3. 操作人员

生产人员的卫生意识、操作习惯等素质高低直接决定着生产能否严格按照操作规程进行，也将直接影响到成品质量，是造成产品微生物或物理化学污染的来源之一。必须加强生产人员培训，要求严格遵守卫生规范要求，保证个人卫生，进入生产车间要有必要的消毒措施。

（三）确定关键控制点

以微生物检测结果作为基础，根据对金华火腿整个生产过程各加工工序的危害分析，借助于关键控制点判断树并查阅相关文献资料来确定关键控制点。原料冻藏、解冻、修整、晒腿、成品包装检验工序中均存在危害因素，分别为生物性、化学性、物理性的，但是这些危害因素均可以通过监控并采取一般管理措施（如 GMP、SSOP、ISO 90001 以及我国其他的食品生产安全法规等）或在后道工序得到遏制，因此上述五道工序被认定为基本控制点。

原料腿中的微生物若得不到控制，直接影响产品风味的形成，生猪体内药物残留带入原料腿中以及金属异物都会成为引起火腿不安全因素,且这些在后道工序中是无法控制的。因此原料腿接收工序应定为关键控制点。

在腌制工序中严格控制腌制温度和时间,设立库管员定期检查产品以及严格按《食品添加剂使用卫生标准》(GB 2760—2014)规定添加使用亚硝酸钠等食品添加剂,可有效抑制微生物繁殖并避免安全事故发生,若此处不设为关键控制点加以控制则直接影响到发酵工序产品风味的形成,因此,把腌制工序定为关键控制点。

浸腿洗腿工序严格控制浸泡、清洗的水温和时间,能有效抑制微生物的污染,避免影响后道发酵工序产品风味的形成,故把该步骤设为关键控制点。

发酵过程直接决定着产品中有利于风味形成的微生物数量的多少且后道工序无法加以控制。发酵温度直接影响着乳酸菌的生长繁殖,发酵终点如果控制不当则影响产品的口感和组织状态。因此发酵工序是关键控制点。

(四)确定关键限值

火腿生产加工中确定的关键控制点为原料腿接收、腌制、浸腿洗腿和发酵,根据我国食品卫生法规、文献、工艺设计的要求以及生产设备的实际情况,对每个关键控制点确定关键限值和操作限值,关键限值和操作限值是根据有关标准和实际生产过程的经验获得的。

(1)原料腿接收 原料腿应健康无病,统一采用经兽医检疫检验合格的来自非疫区的新鲜或冷冻后腿(由于新鲜腿受屠宰季节和储存周期的限制,一般采用冷冻猪腿);菌落总数关键限值≤10^6 cfu/g、操作限值≤$5×10^5$ cfu/g(接收标准以操作限值为准);大肠菌群关键限值≤1 000 MPN/100 g、操作限值≤500 MPN/100 g(接收标准以操作限值为准);致病菌不得检出,并符合《鲜(冻)畜肉卫生标准》(GB 2707—2016)及其他相关国家标准质量要求;要求原料腿 pH 值在5.8~6.2,偏酸性;具备产品合格证、检疫合格证,以确保质量与品质。

(2)腌制 腌制阶段用盐量的多少直接影响最终成品的风味和质量,用盐量过少,不能很好地抑制腐败菌的繁殖,容易导致火腿变质发臭;用盐量过多,会抑制酶的活性,导致火腿缺乏香气。经试验观察结果,最后将新工艺的用盐总量控制在6%~7%,并分6次用盐,时间25天,既降低了火腿中食盐含量,同时又避免了因食盐含量过低而导致火腿变质。严格控制腌制间环境温度在0~4 ℃,相对湿度在75%~85%。

(3)浸腿洗腿 在此过程中,主要依靠低温和腿肉中的盐分来抑制微生物的生长繁殖,起到防腐作用。把腌腿放入水温0~5 ℃符合卫生要求的水池中浸泡6~10 h。然后进行洗刷,刷去腌腿皮上的残毛、油污和杂质。清洗用水必须符合《生活饮用水卫生标准》(GB 5749—2006)的要求。

(4)发酵 发酵前期模拟春天室温,温度控制在20~25 ℃,相对湿度70%~75%;发酵后期温度控制在30~32 ℃,相对湿度在80%~85%,能有效地减少火腿内部的水分蒸发,提高火腿成品的水分含量。发酵期间适时调换挂腿位置,上下前后置换方位,保持室内微风,保证火腿内外失水均衡。定时循环室内外空气,保持发酵库空气新鲜。

(五)确定关键控制点的监控程序

1.原料腿监控

原料腿到厂后需经严格的检验方可入库。

(1)检验项目:感官检验(填写"原料评价单");理化检验、微生物检验(填写"化验室报告单");产品合格证,检疫合格证。

(2)检验方法

1)感官检验按照火腿感官检验规定执行。

2)理化检验:取样方法按 GB/T 9695.19—2008《肉与肉制品　取样方法》;检验项目和方法执行《原料肉的理化检验》程序。

3)微生物检验:取样方法按 GB/T 4789.17—2008《食品卫生微生物学检验　肉与肉制品检验》;检验项目和方法按照《原料肉的微生物检验》程序。

4)检查是否有产品合格证和检疫合格证。

5)监控频率:每批原料腿。

2.发酵间监控

(1)监控对象:自动控制仪表显示的发酵间温度、湿度,填写"发酵间记录"。

(2)监控频率:每个发酵周期。

3.注意事项

监控结果必须记录于相关各记录表中(如原料评价单、化验室报告、发酵间监控记录),同时由监控者和当班品管员两人共同签字。

记录表填写要求:按项目要求认真填写,要求字迹清晰、工整、数字准确、内容真实,不随意涂改,如填写记录发生书写错误需更改时,需要填写人盖章,然后注明正确内容。

(六)建立纠偏措施

(1)原料腿接收　制定与实际情况相符的金华火腿原料腿接收标准,各种证件不全或无检验证明的拒收,新鲜度差、菌落总数超标也要拒收,并要将检验结果及时通知供应商以便加强管理,提高原料腿的卫生指标;若一项微生物检测结果超过操作限值,但低于关键限值,该批次原料腿可以接收但要通知供货厂家下次改进。含有兽残和消毒剂的原料腿不适合做火腿,当品控人员发现原料腿不符合质量要求时,即可拒绝接收该批原料。

(2)腌制　当操作工发现腌制间温度、湿度偏离临界值的时候,要及时调整控制温湿度阀门予以校正。另外,当发现腌制剂比例不合理或复配、混合不充分时,要进行核准,并重新混合至均匀。

(3)浸腿洗腿　定期对浸腿洗腿用水的卫生状况进行抽检,不能出现污染现象,并要注意洗刷方式,及时纠偏。

(4)发酵　当操作员工发现发酵温度有比较大的波动时要及时调整。准确控制发酵终点以确保火腿产品的风味和质地。温湿度阶梯过渡,经常检查,不符合的及时纠正。

(5)纠偏措施记录　出现偏差时要及时通知当班品管员,并认真填写"纠偏记录表",同时分析出现偏差的原因所在,对经常出现的偏差 HACCP 小组成员应深入调查并找出预防此类偏差出现的方法。

任务二　乳制品的安全与质量控制

我国乳制品市售的产品品种繁多,但基本可以分为液态乳类、乳粉类、炼乳类、乳脂肪类、干酪类、乳冰激凌类等;液态乳类又分为超巴氏杀菌乳、灭菌乳和酸牛乳等三大类。虽然各品种产品在市场均占有一定比例,但是液态乳中的巴氏杀菌乳以其营养好、口味好、价格合理、新鲜而增长速度最快。超巴氏杀菌乳是经高压均质,90~95 ℃,5~10 min杀菌后包装而成的,因此类产品中有一定的细菌含量,加上该类产品是营养丰富的液体状态,很容易产生产品质量问题。酸牛乳是以牛奶为原料,添加适量的砂糖,经杀菌后冷却,再加入纯乳酸菌发酵剂经保温发酵而制得的产品。因此,酸牛乳以其丰富的营养,贻人的口味越来越博得消费者的青睐。酸牛乳成品中含有大量的活性乳酸菌,乳酸菌是一类能发酵利用碳水化合物产生大量乳酸的细菌,具有许多功能特性如预防及治疗胃肠炎的效果,而且其蛋白质易于消化吸收,含有的乳酸可以减轻人体胃酸的分泌从而减轻胃的负担。酸牛乳在肠道内具有抑制异常发酵的效果,而且具有抑菌作用,对于肠道内有害菌不仅能抑制,而且能消灭,同时,酸牛乳可以提高钙、磷和铁的利用率,促进铁和维生素 D 的吸收,由于其营养丰富,才极易导致产品的质量问题。所以,液态乳要求从原料、加工、成品储存到运输各个环节必须保持 2~6 ℃冷链。调查显示,无论设备先进的大企业,还是中小企业,每年尤其是夏季都会发生一定比例的产品变质事件,同时还有少量的由细菌如李斯特菌、沙门菌、大肠菌群和链球菌等引起的突发性食源性疾病事件,既损坏了消费者利益,又损坏了企业形象,并给企业造成一定的经济损失。从保证产品质量,维持企业和消费者利益出发,采用比传统质量控制系统更为有效的质量管理体系具有重要的意义。

一、巴氏杀菌乳的安全与质量控制

巴氏杀菌乳是以牛乳为原料,经巴氏杀菌制成的液体乳,具有牛乳固有的滋味和气味,呈均匀的乳白色,无凝块、无沉淀、无黏稠现象,其脂肪含量不低于 3.1%,蛋白质含量不低于 2.9%,非脂乳固体含量不低于 8.1%,在 2~6 ℃储存保质期为 7 天,适合所有消费者食用。

(一)工艺流程

巴氏杀菌乳的工艺流程如图 9.3 所示。

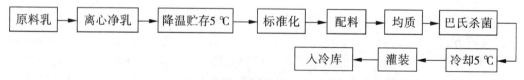

图 9.3　巴氏杀菌乳的生产工艺流程

（二）危害分析

1. 原料乳验收

原料乳中的蛋白质含量、脂肪含量、非脂乳固体含量、酸度、感官、卫生等指标都将对产品质量造成影响。利用乳成分分析仪可同时测定蛋白质、脂肪、非脂乳固体等指标，通过测定酸度可鉴别原料乳的新鲜度，如果酸度高，说明乳被微生物污染，新鲜乳存放的时间过长或储存不当，也会使营养成分被分解，影响乳的风味，同时对乳制品的保存有直接的影响。鲜乳中掺入水、淀粉等物质，也会影响乳的质量，可根据感官和仪器分析来进行判断。

2. 离心净乳和降温储存

原料乳中会混有杂质，验收后必须净化，使用离心净乳机去除乳中的机械杂质并减少微生物数量。净化后的原料乳迅速冷却至 5 ℃，降低微生物的发育和繁殖。储存时要求储罐有良好的绝热保温措施和适当的搅拌，以防止温度升高和乳脂肪上浮，造成原料乳成分分布不均匀、变质和腐败。

3. 标准化

原料乳中的脂肪和非脂乳固体的含量随乳牛品种、地区、季节和饲养管理等因素不同而有很大的差别。因此，必须对原料乳进行标准化。如果原料乳中脂肪含量不足，则添加稀奶油或分离出去一部分脱脂乳，当脂肪含量过高时，则可添加脱脂乳或提取一部分稀奶油。

4. 配料

在配料中，针对乳制品的营养缺陷，可以补充添加一些营养素，如维生素 A、维生素 D、矿物质如钙锌和双歧杆菌增长因子等，要严格按照《食品安全国家标准　食品营养强化剂使用标准》(GB 14880—2012) 中的添加量，添加不足达不到强化的目的，添加过量可能会对人体造成危害。

5. 均质

均质的主要目的是防止成品发生脂肪上浮，经过高压均质处理后，使脂肪球变小，增加其表面积，从而增加脂肪球表面的酪蛋白吸附量，使脂肪球的比重增大，上浮能力减小。在均质时最重要的是压力和温度，均质的温度为 55～60 ℃、压力为 15～20 MPa。控制不当易使产品质地不均匀。均质效果可通过显微镜观察。

6. 巴氏杀菌

为使产品安全和增加保存性，必须进行杀菌或灭菌。杀菌是指通过加热来杀灭牛乳中的所有病原菌，抑制其他微生物的生长繁殖，并且不破坏牛乳的风味和营养价值的加热处理方法。超巴氏杀菌的温度为 90～95 ℃、时间 5 min。此方法对牛乳的物理化学变化影响较小，并可以使用 CIP 清洗系统进行设备清洗。如果杀菌不彻底，则会残留耐热细菌或致病菌，会对人体造成危害。

7. 冷却、灌装

杀菌后的牛乳应立即冷却至 5 ℃，用板式热交换器冷却，然后再用冷水冷却。冷却后的牛乳即可进行灌装和封口。如果冷却速度较慢或者温度较高，也会引起微生物的繁殖和污染。

(三)关键控制点的确定

借助于 CCP 判断树并查阅相关文献资料,确定原料乳、配料、巴氏杀菌和生产设备四个关键控制点。

(四)关键限值、监控程序和纠偏措施

1. 原料乳验收

巴氏杀菌乳的生产应选择新鲜的牛乳做原料,牛乳中细菌菌数不能太高,一般控制在 50 万 cfu/mL 以下。原料乳不论是已杀菌还是未杀菌的,如果在 3 h 内不使用,则必须在 3 ℃以下的温度贮乳,否则会引起细菌总数的增加,因此要定期监控贮乳温度。乳中绝对不可含有抗生素、防腐剂及其他的有害菌素类。因为制造酸牛乳用的纯培养发酵剂对抗生素及防腐剂特别敏感。不同总乳固体含量影响产品的质量。文献资料及实验结果都表明,总乳固体含量在 11.1% ~11.8%时酸牛乳的质量最佳。严格按照验收标准进行验收,并做好验收记录。

2. 配料

强化的营养物质有维生素 A、维生素 D_3、钙盐、锌盐、双歧杆菌增长因子等。维生素 A 和维生素 D_3 可利用浓缩鱼肝油添加,添加量维生素 A 控制在 70 ~140 μg/100 g、维生素 D_3 为 10 ~40 μg/kg,葡萄糖酸钙的添加量控制在 4.5 ~9.0 g/kg,葡萄糖酸锌的添加量为 230 ~470 mg/kg,双歧杆菌增长因子添加量为 1.0 ~1.5 g/kg。每月监测一次,如果使用不同的生产厂家的产品,则需按说明添加。

3. 巴氏杀菌

要严格控制杀菌温度和时间,一般温度控制在 90 ~95 ℃,杀菌时间为 5 min,根据最终乳监测的质量反馈,检查杀菌温度和时间,对不适当的控制要进行修正,并记录杀菌情况和意外情况的出现。

4. 生产设备的清洗工序

(1)清洗过程　先用清水将奶液冲洗出,时间约 5 min;用 75 ~85 ℃1.2% ~1.5%的碱液循环 15 ~20 min;用 65 ~75 ℃ 2%的酸液循环 15 ~20 min;最后用清水冲至中性,用 pH 试纸检验。最终清洗效果为细菌总数≤20 cfu/cm^2,大肠菌群数≤1 MPN/100 cm^2,霉菌<1 cfu/100 cm^2。

(2)消毒过程　要用蒸汽消毒 40 min,蒸汽压力大于 0.3 MPa,消毒时间计算从蒸汽放满,温度达 95 ℃以上开始计算。

(五)巴氏杀菌乳的 HACCP 计划

确定的巴氏杀菌乳的 HACCP 计划见表 9.8。

表 9.8　巴氏杀菌乳的 HACCP 计划

操作工序	潜在危害	预防措施与纠正措施	是否是 CCP	关键限值	检验对象和频率	记录	验证
原料乳验收	致病菌、腐败菌；总固型物含量(S)不足	细菌总数超标则拒收；总固型物含量过低则拒收	是	细菌总数<50 万 cfu/mL；致病菌不得检出；S>11.1%	原料乳；每批一测	收乳记录	评估供货商信誉
净乳与储存	杂质，腐败菌，致病菌	重新过滤净乳；变质则丢弃	否	无可见杂质、无异味，储存时间<2 h	每罐一测	储乳记录	
标准化	蛋白质、脂肪、非脂乳固体含量低	重新标准化	否	脂肪≥3.1%；蛋白质≥2.9%；非脂乳固体≥8.1%	每罐一测	标准化记录	
配料	维生素、矿物质含量过低或过高	严格控制添加量	是	维生素 A70～140 μg/100 g；维生素 D_3 10～40 μg/kg；Ca 1.0～1.5 g/kg；Zn 230～470 μg/kg	配料乳；每批一测	配料记录	据国家标准限量核算
预热与均质	物料颗粒过大；分散不均；脂肪上浮	控制均质温度和压力	否	15～20 MPa；55～65 ℃	每天一测	用机记录	
巴氏杀菌	腐败菌、病原菌	控制温度和时间	是	90～95 ℃,5 min	杀菌系统；每次一测	杀菌记录	检测微生物数量
冷却	腐败菌	控制温度	否	5 ℃	每次一测	冷却记录	
灌装	包材、设备、环境卫生	包材、空气紫外线杀菌；设备蒸汽杀菌	否	成品乳的细菌总数≤300 cfu/mL；大肠菌群≤90 MPN/100 mL；致病菌不得检出。紫外线杀菌30 min，蒸汽杀菌3～5 min	每批一测	包装记录	
储存	微生物	控制储存室的温度	否	温度2～6 ℃	每2 h一测	仓库记录	仓库温度
生产设备	腐败菌、致病菌残留奶垢	控制清洗时间和消毒液用量	是	清洁和消毒化学剂浓度；管道蒸汽温度	设备设施；每班一次	清洗记录	SSOP验证实验

二、凝固型酸牛乳的安全与质量控制

凝固型酸牛乳是以鲜牛乳为原料,添加或不添加辅料,使用含有保加利亚乳杆菌和嗜热链球菌的菌种经发酵制成的产品,产品呈均匀一致的乳白色或微黄色,具有酸牛乳固有的滋味和气味,组织细腻、均匀,允许有少量乳清析出,其蛋白质含量不低于 2.9%,非脂乳固体不低 8.1%,成品的酸度不小于 70.0 °T,乳酸菌活菌数不得低于 1×10^6 cfu/mL。

它比鲜乳易于消化吸收,并能改善肠道菌群,调节胃肠功能,是一种老少皆宜的营养食品。在0~5 ℃时储存其保质期为7天。

(一)危害分析

1.加工过程的危害分析及预防控制

根据酸牛乳生产工艺及产品性能,对生产过程各个环节进行危害分析。根据实际检验结果并查阅相关食品方面的资料和标准,确定各步骤的显著危害。凝固型酸牛乳的生产工艺流程如图9.4所示。

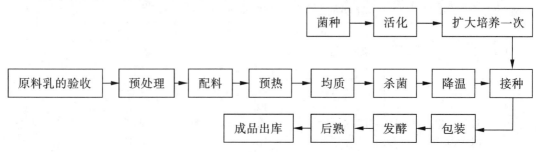

图9.4　凝固型酸牛乳的生产工艺流程

(1)原料的验收　鲜奶、奶粉、糖等都是微生物最好的营养物质,原料乳是微生物良好的培养基,极易腐败变质。国家标准明确规定了生鲜乳成分的含量(表9.9)。乳中总固形物的含量直接影响到产品的品质,总固形物含量过低会影响发酵时蛋白质的凝胶作用,从而造成凝乳不良。原料乳中若含有抗生素等抑制物则酸乳不能发酵,因此原料乳使用前必须作发酵实验检验原料乳是否可用来制造酸乳。另外,原料乳中掺杂使假也会影响酸乳的质量。感官是判定牛乳质量好坏的最直接方法,一般的感官指标要求见表9.10。

表9.9　生鲜牛乳收购标准

项目	感官指标	项目	理化指标	细菌总数	卫生指标
色泽	乳白色或微带黄色	脂肪	≥3.1%	Ⅰ级	≤50 万 cfu/mL
杂质	无可见杂质	蛋白质	≥2.95%	Ⅱ级	≤100 万 cfu/mL
气味	无异味	相对密度	≥1.028	Ⅲ级	≤200 万 cfu/mL
		酸度(以乳酸计)	≤0.162%	Ⅳ级	≤400 万 cfu/mL
		杂质度	≤ $4×10^{-6}$		
		六六六、滴滴涕	≤ $0.1×10^{-6}$		
		汞	≤ $0.01×10^{-6}$		

表 9.10　原料奶的感官指标

项目	感官要求
色泽	呈均匀一致的乳白色或微带黄色;不得有红色、绿色或其他异色
滋味和气味	具有新鲜牛乳固有的香味,无苦、咸、涩的滋味和饲料、青贮、霉等其他异常气味
组织状态	呈均匀的液体;无沉淀、无凝块;不得含有肉眼可见的异物

（2）原料乳的预处理　验收后的原料乳必须立即进行净化以除去乳中的机械杂质,减少微生物的数量。净化的原料乳应立即冷却到 5～10 ℃,以抑制细菌的增长,保持乳的新鲜度。选用的贮乳罐应保证储存的原料乳在 24 h 内温度升高不超过 2～3 ℃。储存时间一般不宜超过 48 h,否则,由于乳温升高细菌将大量增加。

（3）配料　辅料的分散度影响产品的质量,分散度不同会导致产品质量不稳定。使用微生物含量超标的辅料会增加微生物的污染,因此应严格控制各种辅料的质量,不得使用微生物超标的原料。

（4）预热、均质　对生产酸牛乳的牛奶进行预热处理有两方面的作用:一方面对形成良好的质构非常重要;另一方面使牛乳中乳清蛋白变性,有助于形成更为细密、坚实的酸乳凝块。均质温度和压力对产品品质具有一定的影响,温度和压力控制不当会出现物料颗粒过大、分散不均和脂肪上浮的现象。均质的温度为 55～60 ℃、压力为 15～20 MPa。

（5）杀菌　采用超巴氏（90～95 ℃）杀菌工艺,此方法能杀死原料乳中的致病菌、腐败菌等影响人体健康的有害菌,减少食源性疾病。若杀菌不彻底,则原料乳中残存有一定量的致病菌及一些耐热的细菌,会使乳中的细菌毒素分泌增加,同时也会导致乳产品的腐败。采用 90～95 ℃、5～10 min 杀菌参数,产品的细菌总数小于 1×10^3 cfu/mL。

（6）冷却温度　冷却温度过高或过低均对发酵有影响。若冷却温度不合适则会不适合乳酸菌的生长,造成品质下降。冷却温度应控制在 43～45 ℃。另外冷却速度要快速,任何延缓都会增加污染的机会和不良的细菌产生。

（7）发酵剂的制备　发酵剂的活性高低、杆菌和球菌的比例直接影响到产品的风味及组织状态。菌种在多次传代后,易发生变异和菌相变化,致使菌种活力降低,而且传代过程中可能感染噬菌体造成发酵迟缓,甚至不发酵。直投式菌种进行扩大培养 1 代后作为生产菌种用,既能降低成本,又能有效保证菌种活力。杆菌和球菌的比例会影响发酵和产品的酸度。另外,要保证菌种的质量,应定时观察菌种的质地、组织状态、色泽以及有无乳清析出,测定大肠杆菌数量;定期检测霉菌和酵母菌,要求生产发酵剂中的霉菌和酵母菌数量小于 10 cfu/mL,测定菌种酸度一般应在 80～95 °T 为宜。应按无菌操作要求进行,注意防止污染,必须在无菌室内制备发酵剂,减少空气中杂菌污染,以保证发酵剂中无酵母菌、霉菌等杂菌。对菌种保藏、活化菌种及制备发酵剂所使用的脱脂乳应严格灭菌,一般采用 0.1 MPa 高压蒸汽灭菌 20～30 min。需严格操作,控制乳酸菌的活菌数超过 10^6 cfu/mL 才符合生产要求,否则发酵活力不足,产酸低,导致发酵不良。

（8）接种　接种过程要严格无菌操作防止二次污染。添加量要合适,通常采用的接种量在 1%～4% 的范围内,最适接种量为 2%。为了使菌种完全扩散、分布均匀,接种后应缓慢搅拌 10～15 min。在投放菌种时,要避免与原料乳表面的泡沫或乳罐壁接触,以确保菌种在无结聚的情况下在牛乳中得以分散。对于直投式发酵剂开袋后的菌种最好是一次性用完,否则菌种活力会降低,此应该正确选择包装规格。

(9)发酵　发酵温度过高或过低都会改变菌种的菌相,使发酵产物发生变化引起产品风味和质地的变化,凝乳能力下降,酸度凝固性就差。通过测定酸度来确定发酵终点(即滴定酸度达到 70 °T),发酵终点确定过早,酸牛乳还未完全凝固就停止发酵,会导致组织软嫩、风味差;发酵时间过长,乳酸菌继续生长繁殖,产酸量不断增加,致使乳蛋白质变性凝固,破坏了已形成的胶体结构,使乳清上浮。随温度变化,发酵乳的发酵时间有所不同,对酸牛乳的质量有很大的影响。

(10)后熟　发酵后的冷却温度和时间同样对产品品质有影响。冷却温度偏高,后酸化严重;时间不够,则风味不足。为防止酸牛乳 pH 值过低以及杂菌繁殖污染,发酵成熟后的酸牛乳应立即转入 2～6 ℃的冷库中冷藏后熟。在温度高的地方储藏,则会使其继续发酵造成 pH 值太低且芳香味物质形成量减少。后熟终点以酸度滴定达到 90～95 °T 为准。个别产品的大肠菌群可能有超标现象。这种现象的出现一方面是发酵过程中杂菌污染引起的,另一方面是后熟温度过高引起大肠菌群的快速繁殖。

2. 车间的卫生状况

从酸牛乳车间的空气以及地面、墙壁表面均可检出酵母菌和霉菌,这是由于温度高、换气不良、卫生条件差,致使酵母菌和霉菌大量繁殖,而使其孢子飘浮于空气之中造成空气的污染。一般情况下,要保持车间良好的通风(需有空气过滤设施),用紫外线照射和消毒剂(过氧乙酸)对生产车间和包装车间进行喷雾,每天清洁和消毒所有的地板。排水口需有防止有害动物侵入的装置。

3. 加工设备的卫生状况

如果加工设备(如储罐、搅拌机、均质机、发酵罐、包装机等)清洗杀菌不彻底,会残留奶垢和大量微生物,成为酸奶生产的主要污染源。此外,包装材料由厂家购进时如未严格消毒其表面可检出一定量的微生物。

4. 操作人员

生产者素质较低不能严格按照操作规程进行生产,会严重影响产品质量其至造成产品微生物或物理化学污染。加工人员严格遵守卫生规范要求,保证个人卫生,进入生产车间时应对手和鞋靴消毒。

(二)关键控制点的确定

以微生物的摸底检测为基础,根据上述对酸奶生产过程各个加工工序的危害分析,借助于 CCP 判断树并查阅相关文献资料来确定关键控制点。原料储存、标准化、均质、冷却、接种、包装、后熟工序中均存在危害因素,并均以致病微生物危害为主,但是该危害因素均可通过监控和采取一般管理措施(如 GMP、SSOP、ISO 90001 我国食品生产安全法规等)或后道工序而得到遏制,因此上述七步工序被认定为基本控制点。

原料乳中的微生物可在后续工序中控制,总固形物含量可在标准化工序中调整。但是若存在抗生素抑制物则后道工序无法控制。因此需严格控制原料乳中抗生素等抑制物的含量,原料乳应定为关键控制点。

在杀菌工序中设置适当的温度和时间可杀死乳中的微生物,若此处不设为 CCP 加以控制则后道工序则很难杀灭致病菌,因此,把杀菌定为关键控制点。

发酵剂的活力、杆菌和球菌的比例直接影响到产品的风味及组织形态。发酵剂制作过程中染菌则直接影响到产品中细菌含量且后道工序无法加以控制。因此发酵剂的制备是关键控制点。发酵的温度影响着乳酸菌的生长繁殖。发酵终点的控制不当则影响产品的口感和组织状态。因此发酵的温度和控制发酵终点是关键控制点。

另外,生产设备和管道清洗也应定为关键控制点,尤其是杀菌之后的管道和设备若清洗不彻底则将引入杂菌直接影响发酵的风味和产品的质量。

(三)关键限值、监控程序及监控记录

依据上述分析选定原料乳、杀菌、发酵剂的制备、发酵及加工设备与管路的清洗 5 个 CCP。依据我国食品卫生法规、工艺设计的要求以及生产设备的实际情况,在生产流程中建立相应控制项目与控制界限,并对监控结果进行详细的记录。

1. 原料乳的验收

酸牛乳的生产应选择新鲜的牛乳做原料,牛乳中细菌菌数不能太高,一般控制在 50 万 cfu/mL 以下。原料乳不论是已杀菌还是未杀菌的,如果在 3 h 内不使用,则必须在 3 ℃ 以下的温度贮乳,否则会引起细菌总数的增加,因此要定期监控贮乳温度。乳中绝对不可含有抗生素、防腐剂及其他的有害菌素类。因为制造酸牛乳用的纯培养发酵剂对抗生素及防腐剂特别敏感。不同总乳固体含量影响产品的质量。总乳固体含量在 11.1% ~ 11.8% 时酸牛乳的质量最佳。严格按照验收标准进行验收,并做好验收记录。

2. 杀菌

采取 90 ~ 95 ℃ ,5 ~ 10 min 的超巴氏杀菌法对成品酸牛乳产生非常良好的效果,可提高酸乳的凝胶程度,防止乳清分离。生产过程中根据工艺设计要求严格控制杀菌温度及时间,以杀死乳中的病原菌和其他全部繁殖体。观察仪表显示的数据并做好记录,及时纠偏,保证良好的杀菌效果。

3. 发酵剂的制备(直投式发酵剂)

生产发酵剂中乳酸菌的数量达到 10^8 cfu/mL 以上时产品的凝固状态好,实际生产中可以测定发酵剂的活力来决定是否需要改换菌种。

无菌室的杀菌消毒:发酵剂室应与生产车间完全隔离。移植菌种和制备发酵剂时用紫外线杀菌灯消毒 20 min,净化工作台杀菌 20 min,再进行工作。工作前净化工作台要用消毒水擦拭干净。记录消毒时间和菌种培养时间。

发酵剂制备时要做到:使用菌种前,从冰箱中取出菌种包,在常温下放置 20 min,使其适当提高活力。用酒精棉将袋口、剪刀等用具消毒,开袋加入到 40 ℃ 的 500 mL 灭菌乳中,轻轻摇动、搅拌至菌种粉末完全溶解。整个过程的操作要在无菌室内进行,严格避免污染杂菌。接种好的 500 mL 灭菌奶倒入相应量的原料乳中,42 ℃ 培养发酵。

4. 发酵

发酵温度依所采用的乳酸菌的种类的不同而异,从生产实际的效果来看,控制发酵温度在 40 ~ 43 ℃ ,时间在 2 ~ 3 h 时酸牛乳质量最好。具体发酵时间的确定可取样来滴定酸度。发酵终点(65 ~ 70 °T)到后,酸牛乳要及时从发酵室移入冷库进行后熟,否则,

产品的酸度会不一致。发酵过程中要观察并记录发酵温度。

5. 管道和设备的清洗工序

(1)清洗过程　先用清水将奶液冲洗出,时间约 5 min;用 75 ~ 85 ℃ 1.2% ~ 1.5% 的碱液循环 15 ~ 20 min;用 65 ~ 75 ℃ 2% 的酸液循环 15 ~ 20 min;最后用清水冲至中性,用 pH 试纸检验。最终清洗效果为细菌总数 ≤20 cfu/cm², 大肠菌群数 ≤1 MPN/100 cm², 霉菌 <1 cfu/100 cm²。

(2)消毒过程　要用蒸汽消毒 40 min,蒸汽压力大于 0.3 MPa,消毒时间计算从蒸汽放满,温度达 95 ℃ 以上开始计算。

(四)纠偏措施

(1)原料乳的验收　制定与实际情况相符的酸牛乳原料乳标准,细菌总数超标就拒收,总固形物含量过低拒收,并及时通知牛乳厂检验结果以便加强管理,提高原料乳的卫生指标。含有抗生素和消毒剂等抑制物的乳不适合用来做酸牛乳,当质检人员发现原料乳不符合质量要求即可拒绝接受原料。

(2)杀菌　当操作工发现杀菌温度偏离其临界值时,要及时调整蒸汽压力予以校正。

(3)发酵剂的制备　发现发酵剂污染了杂菌时应立即停止使用,采用乳酸菌培养基(如乳清培养基、改良番茄汁琼脂培养基等)重新分离培养,经纯粹培养、显微镜检查无杂菌后菌种方可使用。当发现菌种活力低、比例不合理时要及时调整杆菌和球菌的比例或更换菌种重新换代。

(4)发酵　当操作人员发现发酵温度变化时要及时调整。准确控制发酵终点保证酸奶产品的风味和质地。

(5)管道、设备的清洗　设备管道使用之前要进行消毒,生产结束之后要及时清洗。质检人员发现生产设备及连接管道的清洗消毒不符合卫生要求时,要及时通知生产人员由操作工重新清洗消毒。

(五)凝固型酸牛乳 HACCP 计划

凝固型酸牛乳的 HACCP 计划见表9.11。

表9.11　凝固型酸牛乳的 HACCP 计划

| CCP | 监控 | | | | | | 纠偏行为 | 记录 | 验证 |
	危害	关键限值	对象	方法	频率	人员			
原料乳	致病菌、腐败菌;总固形物含量(S)不足;抑制物存在	细菌总数<50 万 cfu/mL;S≥11.1%;抗生素含量<0.002 1 U/mL	鲜乳	乳成分分析仪和制作小样	每批一测	质检人员	不符合要求拒收	收奶记录	供货商信誉;第三方检测

续表 9.11

CCP	监控								
	危害	关键限值	对象	方法	频率	人员	纠偏行为	记录	验证
杀菌	微生物未被充分杀死;乳清蛋白未充分变性	90～95 ℃,5 min	杀菌温度和时间	记录杀菌温度和时间	每10 min一次	操作工	校正杀菌温度并重新杀菌	杀菌温度和时间记录	验证杀菌设施
发酵剂的制备	菌种活力低;比例不合理;杂菌污染	乳酸菌活菌数为 10^8～10^9 cfu/mL	菌种	微生物检测	每周一次	质检人员	更换菌种或重新分离	发酵记录	检测酸度验证
发酵	质地不均匀;乳清析出;酸度不合格	温度40～43 ℃酸度65～70 °T	发酵温度终点酸度	温度计测定;NaOH滴定	每30 min一测	质检人员	调整发酵室温度和控制发酵	发酵记录	检测酸度验证
管道设备清洗	致病菌、腐败菌;残留奶垢	细菌总数 ≤20 cfu/cm²	管道	微生物检测	每班一次	操作工、质检人员	重新清洗	清洗记录	清洁消毒SSOP验证

任务三　水产品的安全与质量控制

我国水产食品的加工历史悠久,加工方式多种多样,一般可分为传统加工和现代加工两大类。传统加工主要是将水产品进行腌制、干制、熏制、糟制和天然发酵等手段进行保藏处理,方式简单,长期以来大多是以小作坊和个体户生产为主,加工环境粗放,加工方式落后,工业化程度很低,所以水产食品的生产一直处于较封闭的农业经济圈子里,与其他工业产业的交流很少,新工艺、新技术、新包装引进慢、消化慢,产业相对落后,在国民经济中所占的比重很小。然而随着我国经济的高速发展和科学技术的不断进步以及国外先进技术和设备的引入,水产食品加工方法和手段也发生了根本性的改变,工业化程度以及技术含量都得到了很大的提高,已经形成十多种包括罐装和软包装加工、冷冻制品加工、鱼糜制品加工、海藻加工、干制品加工、调理食品加工、综合利用等在内的现代化水产食品的加工技术体系,成为推动渔业生产可持续发展的重要动力。

一、带鱼软罐头的安全与质量控制

(一)带鱼软罐头的生产工艺流程

冷冻带鱼→解冻→75 ℃水热烫去鱼鳞→去鱼鳍、剖腹去内脏、去鱼头、去鱼尾→流动水漂洗 20 min→修整、切块(鱼块长 6~8 cm)→盐渍(8 °Be′食盐水 8~10 min)→油炸→浸调味汁(味精、红辣椒、食盐等)→沥干→称量、装袋→抽真空、封口、打码→杀菌→冷却→检验→装箱。

(二)带鱼软罐头生产的 HACCP 分析

根据带鱼软罐头的生产工艺可知,生产过程中出现的危害类型主要是微生物危害,危害程度与原料的新鲜度、环境卫生状况以及杀菌的工艺参数等因素有关。下面从带鱼生产的原料、生产工艺和环境因素三方面来分析带鱼软罐头生产过程中的主要危害和关键控制点。

1.原料的新鲜度与污染程度

(1)应严格原料的验收制度,坚决弃用鲜度不合要求的原料鱼　鱼类的组织比畜禽类脆弱,含水量高,更易发生腐败变质。引起鱼类腐败变质的微生物主要有两大类:一类是具有水解蛋白酶的细菌如变形杆菌、假单胞菌、液化荧光杆菌、分枝杆菌等;另一类是具有肠肽酶的细菌,能将缩氨酸、胨进一步分解,如埃希氏大肠杆菌、产芽孢梭菌等。带鱼的新鲜度指标如表 9.12。

表 9.12　带鱼生化和细菌总数的鲜度指标

等级	挥发性盐基氮含量/(mg/100 g)	pH 值	细菌总数/(cfu/g)
新鲜	≤15	<6.8	≤10^4
次新鲜	≤35	<7.2	≤10^5

鱼类变质首先表现出浑浊、无光泽、表面组织因被分解而变得疏松,鱼鳞脱落,鱼体组织溃烂,进而组织分解产生吲哚、粪臭素、硫醇、氨、硫化氢等物质,发臭程度与腐败的程度相一致。无论鱼体原来带有多少细菌,当观察到腐败状态时,菌数一般可达 10^8 cfu/g,pH 值往往增加到 7~8。

(2)进厂的原料应严格执行低温储藏　许多细菌在低于 10 ℃的温度下是不能繁殖的,当温度为 0 ℃时,嗜冷菌的繁殖也很缓慢,例如 She-wanella putrificiens(一种鱼类腐败菌),在 0 ℃时的繁殖速率要低于它在最适温度下速率的1/10。

(3)加强捕捞水域水质污染情况的检测　鱼类生长水域环境的化学物质污染,不可避免地会造成鱼贝类化学物质的积累。水产生物对有些化学物质比较敏感,摄入少量便中毒死亡;但对某些化学物质特别是重金属(如铅、汞、铬等)则有较强的耐受性,能把摄入的重金属不断浓缩蓄积在体内,其含量、浓度比水域中的浓度大数百、数千倍而本身不致病。

2. 水产软罐头的高压杀菌

水产软罐头大多属于低酸性食品,必须采用 100 ℃以上的高温杀菌工艺。杀菌温度偏低或杀菌时间不足都会使某些细菌的芽孢得以残存,使软罐头在储藏、运输以及销售过程中发生腐败变质。

(1)根据罐头类食品的腐败现象,可看出嗜热性菌在软罐头食品中有残存的可能。这些腐败菌中以嗜热脂肪芽孢杆菌、致黑梭菌、热解糖梭菌等为代表菌。

(2)在蒸煮袋包装的加热杀菌食品标准中规定,食品中心部位需要在 120 ℃下加热 4 min。实验表明,120 ℃,4 min 的加热条件意味着可以把耐热性芽孢菌肉毒梭菌完全致死。

3. 软罐头的加热杀菌和冷却过程中的破袋

水产软罐头食品需经 100 ℃以上的加热杀菌,由于封入蒸煮袋内的空气及内容物受热膨胀便产生压力,呈现膨胀状态,严重者可能导致蒸煮袋破裂。为了防止蒸煮袋破裂,除了在封口时采用真空封口机,在蒸汽杀菌过程中应采用压缩空气加压杀菌及加压冷却。

根据蒸煮袋在 121 ℃、30 min 条件下进行的各种不同反压试验,证实软罐头的临界破袋压力为 0.123 MPa。在 121 ℃杀菌时,如果杀菌锅内的压力低于 0.123 MPa 时,破袋急剧上升;当杀菌锅内的压力高于 0.125 MPa 时,破袋率减少到零。

4. 操作过程中的环境污染

原料鱼进厂后,在解冻、剖腹去内脏、称量、装袋过程中会受到环境中微生物的污染。工厂的器具、操作台、工人的手指等细菌数都很高。要搞好环境卫生,水产品加工企业必须建立健全卫生管理制度;必须重视对操作工人的专业知识培训,使他们懂得环境卫生对产品质量的重要性。

(三)带鱼软罐头生产中 HACCP 系统的建立

根据带鱼软罐头生产过程的 HACCP 分析,可制定出带鱼软罐头加工过程的主要卫生操作规范(SSOP)和 HACCP 系统见表 9.13。

表 9.13　带鱼软罐头加工过程的 HACCP 系统

工序	危害因素	是否是 CCP	卫生操作规范	监控测定	修正措施
原料	原料鱼细菌总数超标,或挥发性盐基氮含量超标,可能引入细菌毒素	是	原料鱼应为一级或二级鲜鱼,细菌总数 $\leq 10^5$ cfu/g,$TVBN$ 值 ≤ 35 mg/100 g	原料鱼的细菌总数及 $TVBN$ 值	弃用不合格原料
解冻	解冻时鱼的交叉污染		解冻水温 10~20 ℃	解冻槽水的 pH 值和细菌总数	

续表 9.13

工序	危害因素	是否是 CCP	卫生操作规范	监控测定	修正措施
修整与切割	不清洁的手会污染鱼肉;加工前案板不清洗会污染鱼肉		车间应保持温度 ≤15 ℃、相对湿度 ≤65%	手、案板表面及空气中微生物数量	
盐渍	食盐水浓度偏低		盐水浓度为 8 °Be′	盐水的浓度与温度	
油炸	炸油使用时间过长会因高度氧化而产生致癌物质	是	油脂周转率控制在 12～16 h	每隔 2 h 检测炸油的 AV 值、POV 值	如煎炸油 AV 值超过 1.2,全部更换新油
称量与装袋	称量盘、勺子不清洁带来的污染;包装间高温、高湿空气带来的污染		称量盘、勺子用后应严格用热碱水清洗;烟熏后的带鱼应冷却到 25 ℃ 以下	温度、湿度及空气中的细菌数	
杀菌	杀菌不彻底引起产芽孢梭菌等嗜热菌的生长	是	严格执行杀菌公式 15′-20′-15′/ 116 ℃	记录杀菌的温度与时间;杀菌后的软罐头进行细菌试验	若保温试验或细菌试验不合格,应调整杀菌的温度与时间
冷却	冷却水不加反压,会使包装袋破裂而引起污染		给冷却水加压至1.4～1.7 kg/cm²	冷却水压力	

二、冷冻水产品的安全与质量控制

(一)HACCP 在冷冻鱼生产中的应用

1. 工艺流程

原料鱼→洗鱼→整理→称量、装盘→冻结→脱盘→镀冰衣→包装、标签→金属探测仪→冻藏→成品。

2. 新鲜和冻鱼产品的原料鱼及加工过程危害分析

从海水或淡水捕获的活鱼可能被大量的病原菌污染,但因大多采用冷却作为保鲜方法,在低温条件下病原菌不宜生长,而腐败细菌生长较好,当其毒素产生前或大量繁殖前,鱼已腐败了,所以鱼食用前将鱼品完全煮透,风险将完全消除。然而摩尔摩根氏菌生长过程中产生的组胺经烹调或任何热处理都不能消除,其耐热性很高,鱼在较高温度下保持一定时间,其组胺中毒的风险增加。

鱼体中存在的生物毒素、化学物质与鱼种、渔区及季节有关。生物毒素的热稳定性使其食后(生食或烹调食用)中毒的风险高,这种安全危害涉及新鲜或冷冻鱼原料的进一步加工和食用。

3. 新鲜和冷冻鱼产品的危害、预防措施及关键控制点

对冷冻鱼产品从所用原料,加工制造到消费的全过程的各个环节进行分析,确定有哪些潜在的有损消费者身体健康的因素。分析发现危害因素有三方面:一是生物方面的危害,有致病或产毒的微生物、病毒、寄生虫等;二是化学方面的危害,如重金属、原料腐败等;三是来自物理方面的危害,主要是金属碎片、玻璃、石头和木屑混到产品中,为了控制这些危害,在生产中可实行预防措施。

当产品制造体系中某一个或多个环节失控,会导致人们不能接受的危害,为了将危害消除或将危害减少到最低限度,对冷冻鱼生产中的每道工序确定了关键控制点。结合实际判断,原料接受、冷却、漂洗、整理等是冷冻鱼加工厂清洁卫生工艺中关键控制点。只有在切实执行遵守良好的操作规范和有效的卫生管理前提下,对水质、工厂清洁卫生严格监督管理的基础上,加强对工艺关键控制点的控制,消除危害产品安全的因子,保证产品安全。

在冷冻鱼生产中要减少危害的产生,还应采取的措施有:厂区、车间环境要符合 CAC 标准,车间设有消毒间,安装纱窗防蝇、鼠、蟑螂,要划分加工车间内作业区,控制产品流向和人员走向,防止交叉感染和二次感染,对工人进行卫生和操作方面的培训,提高工人感官检查的能力。生产用水一定使用饮用水,避免水质方面的污染。

4. 实行监测程序

确定工艺的关键控制点和临界值以后,必须对这些临界值进行监测,以保证对关键控制点的有效管理。监测方法要求迅速、准确地获得结果。冷冻鱼生产中常用的监测手段有:在每道工序中运用感官检查确定产品的质量,对操作进行监督检查,对成品和半成品的微生物和化学指标进行测定;对涉及温度控制的工序都要用温度计检查产品、水、冻结间、冷库的温度等;对进入冻结前的鱼和成品作微生物检查;水中氯的残留量测定;成品的水分活度检验。这些监测都是定时进行,并对监测结果记录。

5. 建立纠偏措施

当生产过程中的关键控制点偏离临界值时,要立即针对存在的问题采取纠偏措施,消除影响产品卫生安全的因素。冷冻鱼生产中的纠偏措施有以下几项。

(1)原料、包装材料不合格时,应予以退货或转作其他用途。

(2)当冷却的时间过长,用感官分析判断原料是否进入下面的生产,如果原料已经腐败变质,则终止生产过程。

(3)洗鱼、镀冰衣过程中氯浓度超过正常值时,立即通知供水车间,对氯浓度进行调整,水温>4 ℃时,立即补充加冰。

(4)速冻温度不到-18 ℃,迅速调整速冻温度。

(5)冷库储藏时,当冷冻机出现故障,应转移产品到运转正常的冷库;万一发现制冷机污染,可进行臭氧处理,污染严重时产品销毁或改作其他用途。

除了关键控制点的纠偏措施外,对其他工序采取的纠偏措施有:发现称量故障,导致产品重量小于规定重量,要对整批产品重新称量,由于鱼在冻结、冻藏中易产生干耗,应考虑让水量的问题,抽查发现产品混入污物或头发、饰物、金属碎片、玻璃等,要对产品重新检查,销售产品要全部追回。

（二）HACCP 在冻煮龙虾仁生产中的应用

1. 产品描述

（1）产品名称：冻煮龙虾仁。

（2）产品特性：不添加任何添加剂。

（3）产品包装：聚乙烯尼龙复合袋真空包装/热封口包装。

（4）货架寿命：在−18 ℃冷藏两年。

（5）食用方法：烹饪后食用。

（6）销售方式：冷冻、分发、出售预期消费者，一般公众。

（7）标签说明：没有特殊安全要求。

（8）特殊分销：没有物理损伤或漏气。

（9）原材料：来自官方备案合格水域的淡水龙虾。

2. 工艺流程

冻煮龙虾仁的工艺流程如图9.5所示。

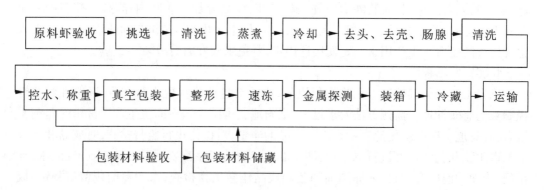

图9.5　冻煮龙虾仁的工艺流程

3. 危害分析

对照冻煮龙虾仁加工工艺流程，对整个生产过程每道工序进行危害分析，研究可能构成危害的生物、物理、化学等因素，并提出相应的控制方法，为确定关键控制点提供可靠依据。

（1）原料虾的验收　原料虾在生长的水环境中可能带有致病性弧菌、沙门菌和金黄色葡萄球菌等致病菌，或由于工业污水排放和农药、化肥等的使用造成水体污染，出现农药、重金属残留，潜在危害人类健康，同时在龙虾的捕获过程中可能带入水体中的金属异物，影响原料虾品质。因此原料虾必须来自经检验检疫机构备案的原料产区和收购点，严格检查供货证明，并定期对备案区水样和虾样进行氯霉素、硝基呋喃残留、重金属等检测监控。

（2）挑选和清洗　由于操作者和加工车间环境可能携带或存在的病原微生物会造成虾体的二次微生物污染和致病菌生长，工器具消毒及操作工接触或涂抹抗生素可能造成化学消毒液与抗生素残留。因此应按照企业卫生标准操作程序（SSOP）要求执行，严格环境、工器具消毒和人员的健康与卫生控制。

（3）蒸煮　蒸煮工艺是冻煮龙虾加工的关键环节，若蒸煮温度不够、蒸煮时间不足、蒸煮机转速不当等可导致杀菌不彻底,造成致病菌残存。因此要确保蒸煮机的正常运行,各项技术参数符合加工工艺要求,蒸煮温度、时间、频率准确。

(4)冷却 蒸煮后的龙虾需放入常温冷却槽冷却 3 min,使虾体中心温度降至 50 ℃以下,再进入冰水冷却槽用 4 ℃以下冰水冷却 3 min,待虾体中心温度降至 8 ℃以下时送入冰水暂存槽内,使虾体中心温度保持在 8 ℃以下。在此过程中,虾体的接触面及操作工同样有可能造成消毒剂、抗生素残留和微生物污染。只要严格 SSOP 控制就可以消除危害。

(5)去头、去壳、去肠腺 在这个加工环节,要求车间环境温度在 16 ℃以下,如果车间环境温度控制不适宜,或者工器具如不锈钢镊子消毒处理不彻底及操作工因素,可能造成虾仁的化学和微生物污染。因此需严格 SSOP 控制。

(6)清洗消毒 去头、壳、肠腺后的虾仁需在 0~8 ℃冷却水和浓度为 3~4 mg/L 的臭氧水中淘洗、浸泡 2 min,以达到消毒、保鲜和去除异味作用。要求臭氧水浓度必须达到规定的值,否则难以保证杀菌效果,同时要保证浸泡槽中的臭氧水是流动的,并使产品从低浓度向高浓度移动,又有足够的处理时间,否则,无法保证消毒效果,有可能造成微生物污染。

(7)控水、称重、真空包装、整形、速冻 这些环节有可能造成操作工或环境微生物污染以及由于操作工因涂抹抗生素造成化学污染,或者由于速冻时间、速冻温度不够、真空包装不严密导致致病菌生长,要严格按照 SSOP 执行。

(8)金属探测 原料虾及虾仁在加工过程中所用工器具、水槽、机械设备等可使虾仁中带入金属碎片等异物,或金属探测仪灵敏度降低从而造成速冻后产品的物理性危害。因此要确保金属探测仪的灵敏度,及时检出警报指示灯亮区的产品并进行隔离处理,合格品方可进入下道工序。

(9)装箱、冷藏 有可能出现的操作者或环境病原微生物污染和冷藏温度不够导致的致病菌生长。装箱要求在 10 ℃以下的环境中进行,箱体要保持干燥整洁,装箱后立即转入 -18 ℃以下冷藏库储藏。

(10)包装材料验收、储藏 内包装材料须有食品包装许可证、出厂合格证,外包装材料须有包装性能检验合格证,干燥、整洁、无污物,不会对产品造成危害,因此只要严格验收标准即可,包装材料的储藏应在专用的库房分类存放,严格库房卫生管理。

4.确定关键控制点

关键控制点的确定可根据关键控制点判断树来进行确认。根据以上原则和危害分析结果,确定冻煮龙虾仁的关键控制点分别为原料虾验收、蒸煮和成品金属探测。

(1)原料虾验收 在冻煮龙虾仁加工过程中,原料虾存在着致病菌、农药和重金属残留等显著危害,其中药物残留危害不能在后续工艺步骤中得以降低或消除,只能通过本步骤的预防措施使其控制在可以接受的水平,因此原料虾验收是关键控制点之一。

(2)蒸煮 蒸煮的温度和时间对杀灭致病菌或将其降低到可接受水平是至关重要的。蒸煮温度和时间中的任何一项达不到要求均有可能造成致病菌的残活,蒸煮不足残存的致病菌在后续工序中无法消除或降低,因此其危害是显著的。

影响淡水龙虾卫生的几种微生物的耐热性不同。沙门菌是一种肠道致病菌,对热的抵抗力不强,加热到 60 ℃保持 15 min 即可被杀死。金黄色葡萄球菌的耐热性较其他菌强,加热 80 ℃ 保持 30 min 才能被杀死。李斯特菌对热的抵抗力较强,但只要食品的中心温度达到 70 ℃ 保持 5 min 就被杀死。霍乱弧菌对热较敏感,经过 55 ℃ 湿热保持 15 min,或者煮沸 1～2 min 即可被杀死。副溶血性弧菌、溶藻弧菌和创伤弧菌,这些弧菌的耐热性均较差,轻微热处理就可将其杀死。一般加热到 90 ℃ 保持 1 min 即可将其杀灭。由此说明,蒸煮是消除生物危害因素的关键加工环节。

同时,蒸煮也是美国向冻煮小龙虾生产加工企业推荐使用的控制微生物的主要方法。蒸煮时一般采用不低于 100 ℃,保持不少于 3 min 的时间(实际操作限值),以杀灭微生物,使产品符合卫生要求。多年来,出口冻煮龙虾生产企业加工出口的冻煮龙虾从未发生过微生物超标或被检出现象,这充分证明蒸煮是控制冻煮龙虾微生物的关键所在,同时也证明了淡水龙虾仁加工工艺中将蒸煮设定为关键控制点是科学合理有效的,而且确定的关键限值是正确和准确的。

(3)金属探测　金属探测是保证虾仁加工成品中不会混有超过 2.5 mm 金属异物的关键步骤,若金属探测仪工作不正常或灵敏度降低,可导致成品掺入金属异物影响食用,成为有显著物理性危害的不合格产品,因此金属探测是加工流程中的关键控制环节。

5.确定关键限值

关键限值是表示在关键控制点(CCP)上用于控制危害的生物、化学或物理参数,是一个或一组最大值或最小值,是确定食品安全与不安全的指标,这些值能够保证把发现的食品安全危害预防、消除或降低到可接受水平。关键限值是为了区分食品中的危害可接受与不可接受而设定的控制指标,是确保食品安全的界限。每个 CCP 必须有一个或多个关键限值。需要提醒的是,在许多情况下,关键限值不一定能明显或容易得到。合适的关键限值可以从科技刊物、法规性指标、专家及实验研究等渠道获取。也可以通过自行的实验并结合已有经验来确定。关键限值的建立应具有合理性、适宜性。如果过严,就会造成不影响产品安全的危害也要去采取纠正措施,浪费人力、物力,造成企业生产成本上升。如果过松,则不能保证最终产品的安全。

另外,关键限值选取必须具有可操作性,如金黄色葡萄球菌等致病菌是淡水龙虾仁加工中存在显著的生物危害,但仅设定一个微生物限度作为蒸煮的关键限值,就不具有操作性,因为确定偏离关键限值的试验可能需要几天才能出结果,而且需要大量的样品验证才会有意义,如果通过温度、蒸煮时间监测来控制微生物危害就会变得可行,而且具有及时性。

根据冻煮龙虾仁生产加工过程关键控制点的确定,结合食品安全有关规定和加工过程中安全危害检测结果与分析,确定了冻煮龙虾仁生产关键控制点的关键限值,如表9.14。

表9.14　冻煮龙虾仁生产关键控制点限值

CCP	显著危害	关键限值
原料验收	药物残留	原料虾必须凭检验检疫备案的收购区域、收购点提供的供货证明方可收购
蒸煮	致病菌	蒸煮温度 98 ℃,蒸煮机转速 350 r/min 或变频频率 16.5 Hz,时间 5 min
金属探测	金属异物	成品不得含有 ≥2.5 mm 的铁、金属异物;不得含有 ≥3.0 mm 的非铁金属异物

项目小结

　　动物性食品安全是指动物性食品中不应含有可能损害或威胁人体健康的因素,不应导致消费者急性或慢性毒害或感染疾病,或产生危及消费者及其后代健康的隐患,简单地说,即指动物产品无疫病、无污染、无残留。

　　动物性食品安全是农业发展与食品政策研究中的重要问题,保障动物性食品安全也是国家政策与管理职能的主要目标之一。我国动物性食品安全问题却十分突出,近年来相继发生"瘦肉精"、三聚氰胺等动物性食品污染和有害物质残留事件,使消费者缺乏安全感。国际社会对动物性食品质量安全的关注程度逐步加强。

　　多年以来,中国对动物性食品安全管理侧重于生产后的控制,而很少注意到生产中预防控制的重要性,体现在动物性食品标准体系方面就是关于食品、检测方法的标准很多,而关于加工技术规程、卫生规范以及生产中认证的标准很不够。这种抓一头的标准模式对保证中国动物性食品的质量安全起到了一定的作用,但随着科技的发展以及中国加入 WTO 后国际竞争的加剧,对动物性食品的安全卫生要求也日益严格,技术壁垒已严重地制约着中国动物性食品的出口。在这种严峻的国际形势下,为了应对国际竞争需要,分析中国动物性食品安全问题产生的原因,对切实改善中国动物性食品安全状况意义重大。

课后测验

1. 名词解释

动物性食品安全;香肠;巴氏杀菌乳。

2. 判断题

(1)HACCP 体系实际上它已作为食品行业中的一项强制性标准。　　　(　　)

(2)GMP 是执行 HACCP 的基础,SSOP 是改善产品安全、执行 HACCP 的主要前提。

　　　　　　　　　　　　　　　　　　　　　　　　　　　　　　(　　)

3. 简答题

(1)找出香肠和火腿生产中的关键控制点。

(2)写出巴氏杀菌奶和凝固型酸奶的 CCP 分析表。

(3)选取一种冷冻水产品,介绍其 HACCP 体系的建立过程。

拓展阅读

我国水产品加工 HACCP 体系应用现状

20 世纪 90 年代以来,我国就已逐步引入和推广 HACCP 体系理论。早在 1991 年,农业部渔业局派遣有关专家参加了美国在马来西亚举办的 HACCP 和新的水产品检验规范研讨会。1993 年 6 月,山东商检部门牵头起草《出口冻对虾加工 HACCP 实施方法》在生产企业中试点应用,使我国水产品出口企业更直接采用水产进口国的有关 HACCP 法规和规范。

1996 年 12 月开始,农业部结合水产品出口贸易的形势和新颁布的冻虾仁、冻扇贝等五项水产品行业标准的宣讲贯彻,开始了较大规模的 HACCP 培训活动。

1999 年由国家水产品质量监督检验中心起草的行业标准《水产品加工质量管理规范》(SC/T 3009—1999)发布。该标准采用了 HACCP 原则作为产品质量保证体系。

2002 年中国国家认证监管委员会发布了 HACCP 认证管理规定,对促进 HACCP 在中国的推广应用有着极为重要的影响。自 2002 年 5 月 20 日起,我国开始施行《出口食品生产企业卫生注册登记管理规定》,首次强制要求六类生产出口食品的企业必须实施 HACCP 体系,这标志着我国应用 HACCP 进入新的高速发展阶段。

随着水产品加工业的不断进展,水产品加工原料种类逐步增多,包括鱼类、贝类、虾类、藻类等;产品形式也逐步增多,已形成冷冻、冷藏、腌制、烟熏、干制、罐藏、调味休闲食品、鱼糜制品、鱼粉、鱼油、海藻食品、海藻化工、海洋保健食品、海洋药物、鱼皮制革及化妆品等。部分沿海地区企业水产品加工工艺逐步向发达国家靠近。HACCP 体系在水产加工业越来越广泛的应用,从事水产品 HACCP 计划制订、体系认证和管理方面的相关人员也越来越多。

目前,对于参与国际竞争的出口水产品加工企业,由于进口国和国外客户的严格要求以及出口水产品企业卫生注册的严格监督管理,其相关的卫生设施以及 HACCP 实施状况,已经达到了良好的水平。

HACCP 体系的逐步完善与我国水产品加工业迅速发展是相互促进的。一方面,随着我国市场经济的发展,国际水产品贸易扩大及我国水产品加工业的迅猛发展,水产品的安全卫生管理越来越严格,卫生质量控制将成为我国以加工贸易为主的水产品加工企业的立业与竞争之本;另一方面,目前我国水产品加工业的迅猛发展取得了瞩目的成绩,除了国际市场旺盛的水产品消费需求和美元持续走低是我水产品出口大幅增长的外部因素外,国内水产品企业加工能力增强,质量管理力度加大,HACCP 体系在我国水产品加工业的引入及率先强制性实施,淘汰了部分卫生质量监管不规范的中小型企业,保证了企业加工水产品的卫生质量水平,为我国水产品出口赢得了良好的声誉,也为增强我国水产品国际竞争力、拓展水产业的发展空间打下了坚实的基础。

　　我国引入 HACCP 体系以后,水产品质量安全控制水平正逐步与国际先进水平接轨。但是也存在一些问题,仍需要继续加强 HACCP 基本原理与中国水产品加工业现状的结合,研究和规范 HACCP 在中国的推广模式;加大对 HACCP 体系核心思想的研究力度,重点是对 HACCP 体系与 GMP、SSOP 内在联系的研究,通过 GMP 等基础计划的有效实施、对水产品加工行业从业人员进行培训等方式,强化我国 HACCP 计划实施的有效性。

参考文献

［1］高志胜. 食品安全与卫生的关系及发展展望［J］. 中国食品卫生杂志,2007,19（4）：312-317.

［2］任小英. 我国食品安全隐患及防治对策［J］. 福建轻纺,2012（2）:33-37.

［3］徐金春. 论我国当前食品安全问题［J］. 商业经济,2011（5）:13-15.

［4］姚卫蓉,童斌. 食品安全与质量控制［M］. 北京:中国轻工业出版社,2015.

［5］李威娜,罗通彪. 食品安全与质量控制［M］. 武汉:武汉理工大学出版社,2013.

［6］许牡丹,毛跟年. 食品安全性与分析检测［M］. 北京:化学工业出版社,2003.

［7］贲智强. 食品安全风险评估的方法与应用［J］. 中国农村卫生事业管理,2010,30（2）：132-134.

［8］张勇,柴邦衡. ISO 9000 质量管理体系［M］.3 版. 北京:机械工业出版社,2016.

［9］李保红,余根强. 现代质量管理［M］. 开封:河南大学出版社,2010.

［10］阮喜珍. 现代质量管理实务［M］. 武汉:武汉大学出版社,2012.

［11］宫智勇,刘建学,黄和. 食品质量与安全管理［M］. 郑州:郑州大学出版社,2011.

［12］贝惠玲. 食品安全与质量控制技术［M］. 北京:科学出版社,2011.

［13］郑火国. 食品安全可追溯系统研究［D］. 北京:中国农业科学院,2012.

［14］童奕航,李金月. 基于我国有机食品安全管理的分析［J］. 科研,2016,11（08）：178-179.

［15］蔡诚. 我国有机食品认证与监管体系研究［J］. 现代农业科技,2015（20）：259-260.

［16］朱珠. 软饮料加工技术［M］.2 版. 北京:化学工业出版社,2010.

［17］洪文龙,李冬霞. 焙烤食品加工与生产管理［M］. 北京:北京师范大学出版社,2016.

［18］孟宏昌,李慧东,华景清. 粮油食品加工技术［M］. 北京:化学工业出版社,2008.

［19］杨永清,叶瑞洪,曾昭英,等. HACCP 在果汁饮料生产中的应用［J］. 食品研究与开发,2004,25（4）:58-60.

［20］李梦琴,冯志强,李争艳,等. HACCP 系统在速冻水饺生产中的应用［J］. 现代食品科技,2005,21（2）:133-137.

［21］孙军. 猪肉香肠生产中 HACCP 体系的建立［D］. 南京:南京农业大学,2010.

［22］陈松. 传统发酵火腿 HACCP 体系建立及低盐工艺研究［D］. 咸阳:西北农林科技大学,2010.

［23］孙建全. 液态乳生产中 HACCP 体系的建立［D］. 南京:南京农业大学,2004.

［24］蒋予箭. HACCP 系统在水产品软罐头生产中的应用［J］. 水产科学,2002,21（4）：34-36.

［25］李明彦. HACCP 体系在冻煮龙虾仁生产中的应用研究［D］. 咸阳:西北农林科技大学,2008.

［26］杨志娟,郑贤德. HACCP 在冷冻鱼生产中的应用［J］. 食品研究与开发,2003,24（1）：86-88.